藏文信息处理技术

Kylin ཅོག་ངོས་བཀོལ་སྤྱོད་རྒྱུད་ཁོངས་རྒྱ་བོད་སྐད་གཉིས་བསླབ་གཞི།

银河麒麟桌面操作系统汉藏双语教程

尼玛扎西 策划 审定

高定国 普次仁 索南尖措 编著

西南交通大学出版社

·成 都·

图书在版编目（CIP）数据

银河麒麟桌面操作系统汉藏双语教程 / 高定国，普次仁，索南尖措编著. —成都：西南交通大学出版社，2023.4

ISBN 978-7-5643-9257-4

Ⅰ. ①银… Ⅱ. ①高… ②普… ③索… Ⅲ. ①操作系统－教材－汉、藏 Ⅳ. ①TP316

中国国家版本馆 CIP 数据核字（2023）第 068594 号

Yinhe Qilin Zhuomian Caozuo Xitong Hanzang Shuangyu Jiaocheng

银河麒麟桌面操作系统汉藏双语教程

高定国　普次仁　索南尖措 / **编著**

责任编辑 / 李华宇
封面设计 / 墨创文化

西南交通大学出版社出版发行
（四川省成都市金牛区二环路北一段 111 号西南交通大学创新大厦 21 楼　610031）
发行部电话：028-87600564　028-87600533
网址：http://www.xnjdcbs.com
印刷：四川森林印务有限责任公司

成品尺寸　185 mm×260 mm
印张　12.5　字数　307 千
版次　2023 年 4 月第 1 版　印次　2023 年 4 月第 1 次

书号　ISBN 978-7-5643-9257-4
定价　42.00 元

课件咨询电话：028-81435775
图书如有印装质量问题　本社负责退换

前 言

preface

随着我国计算机技术的发展，国产软硬件正在逐步占领市场，替换国外产品。麒麟操作系统是面向通用领域和国防专用领域打造的高安全性和高可靠性操作系统，与飞腾、龙芯、申威、兆芯、海光、鲲鹏等国产 CPU 一起广泛应用于我国的党政、国防、金融、电信、能源、交通、教育、医疗等行业。该操作系统的界面不仅有汉文版，还结合涉藏地区的需求翻译推出了藏文版。本书为迎合各界广大汉藏用户学习使用该操作系统的需求，用汉藏双语编写的银河麒麟操作系统最新版的基础教程。

本书共分为 7 章。第 1 章介绍了麒麟操作系统及其安装方法；第 2 章介绍了开机与关机、桌面操作和窗口操作等麒麟操作系统的基本操作；第 3 章介绍了系统配置和硬件配置的设置方法；第 4 章介绍了文件有关的概念以及文件管理、文件传递和文件保护等文件操作；第 5 章介绍了系统备份和还原、工具箱、安全中心等操作方法；第 6 章介绍了搜索、下载、升级、卸载等软件管理方法；第 7 章介绍了音视频软件、图像软件、归档管理软件、系统工具和其他小工具等系统自带软件的应用方法。

本书由西藏大学高定国、普次仁、索南尖措编著。具体编写分工如下：第 1 章和第 6、7 章由普次仁编著和翻译，第 2、3 章由高定国编著和翻译，第 4、5 章由索南尖措编著和翻译。尼玛扎西教授牵头推进了麒麟操作系统藏文版的研发，联系麒麟软件有限公司，协调了各方面的工作，并审定了全书。按照《西藏大学与麒麟软件有限公司产教融合合作框架协议》，麒麟软件有限公司提供了协助，本书在编写过程中还得到了西藏大学信息科学技术学院各位领导、同仁的帮助，在此一并表示感谢。

本书得到了西藏自治区教育厅“计算机及藏文信息技术国家级团队和重点实验室建设”（藏教财指〔2018〕81 号）项目、国家自然科学基金（62166038）、西藏大学人才创新团队与实验室平台建设“计算机及藏文信息技术创新团队”和西藏大学人才发展激励计划“教学名师岗位”、2019 年国家级一流本科“计算机科学与技术”建设、2021 年度自治区一流课程建设等的资助。

本书可作为普通高等学校、职业技术学校计算机公共课程的教材和参考书，也可作为各行各业在职人员培训、学习国产软件的培训教程。

由于作者水平有限，加之时间仓促，书中难免有不当之处，恳请广大读者批评指正。

高定国

2023 年 3 月

འགོ་བརྗོད།

preface

རང་རེའི་རྒྱལ་ཁབ་ཀྱི་རྩིས་འཁོར་ལག་རྩལ་གོང་དུ་འཕེལ་བ་དང་བསྟུན་ནས་རྒྱལ་བཟོས་མཉེན་ཆས་དང་སྲ་ཆས་ཀྱིས་ཚོང་རའི་ཁྱབ་ཁོངས་ཡོངས་སུ་བཟུང་ཞིང་། རིམ་གྱིས་ཕྱི་རྒྱལ་གྱི་ཐོན་རྫས་ལ་ཚབ་བརྗེ་བྱས་དང་བྱེད་བཞིན་ཡོད་ལ། དེ་ལས་ཆི་ལིན་བཀོལ་སྤྱོད་རྒྱུད་ཁོངས་ཀྱིས་བདེ་འཛུགས་དང་ཡིད་རྟོན་ཆེ་བའི་བཀོལ་སྤྱོད་རྒྱུད་ཁོངས་གསར་གཏོད་ཀྱི་ལག་རྩལ་དམིགས་གཞི་གཙོ་བོར་བཟུང་ཐོག སྲི་སྤྱོད་དང་རྒྱལ་སྲུང་ཆེད་སྤྱོད་ཁྱབ་ཁོངས་སུ་ཁ་ཕྱོགས་ཏེ་བདེ་འཛུགས་དང་ཡིད་རྟོན་ཆེན་པོ་ཡོད་པའི་བཀོལ་སྤྱོད་རྒྱུད་ཁོངས་གསར་བཟོ་བྱས་པ་མ་ཟད། ཧྭ་ཐེང་དང་། ལུང་ཞིན། ཧྲེན་ཝེ། ཀྲའོ་ཞིན། ཏའི་གོང་། ཁྲུང་ཐེང་སོགས་རྒྱལ་བཟོསCPUཐོན་རྫས་དང་མཉམ་དུ་རྒྱལ་ཡོངས་ཏང་སྲིད་ཀྱི་རིམ་པ་ཁག་གི་ལས་རིགས་དང་། རྒྱལ་སྲུང་། དངུལ་རྩ། གློག་འཕྲིན། ནུས་ཁུངས། འགྲིམ་འགྲུལ། སློབ་གསོ། སྨན་བཅོས་སོགས་ཀྱི་ལས་རིགས་ཁྲོད་བེད་སྤྱོད་བྱེད་བཞིན་ཡོད། བཀོལ་སྤྱོད་རྒྱུད་ཁོངས་འདིའི་འཆར་ངོས་སུ་རྒྱ་ཡིག་གི་པར་གཞི་བཟོས་ཡོད་ལ། བོད་ལྗོངས་སོགས་བོད་རིགས་ས་ཁུལ་གྱི་དགོས་མཁོར་བསྟུན་ནས་བོད་འགྱུར་པར་གཞི་ཡང་གསར་སྤེལ་བྱས་ཡོད། དེའི་ཕྱིར་དེབ་འདི་ནི་བཀོལ་སྤྱོད་རྒྱུད་ཁོངས་འདིར་ཐོག་མར་འཇུག་མཁན་རྣམས་ཀྱི་སློབ་གཉེར་ཁོ་ནར་དམིགས་ཏེ་བརྩམས་པའི་རྒྱ་བོད་སྐད་གཉིས་ཀྱི་ཆི་ལིན་བཀོལ་སྤྱོད་རྒྱུད་ཁོངས་གསར་ཤོས་ཀྱི་ཚང་གཞིའི་བསླབ་གཞི་ཞིག་ཡིན།

དེབ་འདིར་ཁྲོན་ལེའུ་བདུན་ཡོད་ཅིང་། ལེའུ་དང་པོར་ཆི་ལིན་བཀོལ་སྤྱོད་རྒྱུད་ཁོངས་དང་དེའི་སྒྲིག་འཇུག་བྱེད་ཚུལ་ངོ་སྤྲོད་བྱས་ཡོད། ལེའུ་གཉིས་པར་རྒྱུད་ཁོངས་ཀྱི་ཁ་འབྱེད་སྟངས་དང་རྒྱག་སྟངས། ཅོག་ངོས་ཀྱི་བཀོལ་སྤྱོད། སྒེའུ་ཁུང་ངོས་ཀྱི་བཀོལ་སྤྱོད་སོགས་ཆི་ལིན་བཀོལ་སྤྱོད་རྒྱུད་ཁོངས་ཀྱི་གཞི་རྩའི་བཀོལ་སྤྱོད་བྱེད་སྟངས་སྐོར་བཤད་ཡོད། ལེའུ་གསུམ་པར་རྒྱུད་ཁོངས་སྡེབ་སྒྲིག་དང་སྲ་ཆས་སྡེབ་སྒྲིག་སོགས་རྒྱུད་ཁོངས་ཀྱི་སྒྲིག་འགོད་སྐོར་བཤད་ཡོད། ལེའུ་བཞི་བར་ཡིག་ཆའི་འབྲེལ་ཡོད་ཀྱི་ཐ་སྙད་དང་། ཡིག་ཆའི་ངོ་དམ། ཡིག་ཆ་བརྒྱུད་སྤྲོད། ཡིག་ཆ་སྲུང་ཉར་སོགས་ཡིག་ཆའི་བཀོལ་སྤྱོད་སྐོར་བཤད་ཡོད། ལེའུ་ལྔ་བར་རྒྱུད་ཁོངས་གྲབས་ཉར་དང་སོར་ལོག ལག་ཆའི་སྒམ། བདེ་འཛུགས་ལྟེ་གནས་སོགས་རྒྱུད་ཁོངས་ཀྱི་བདེ་འཛུགས་སྐོར་བཤད་ཡོད། ལེའུ་དྲུག་པར་མཉེན་ཆས་འཚོལ་ཞིབ་དང་། ཕབ་ལེན། རིམ་སྤོར། སྒྲུབ་འདོར་སོགས་མཉེན་ཆས་ཀྱི་དོ་དམ་བྱ་ཐབས་སྐོར་ངོ་སྤྲོད་བྱས་ཡོད། ལེའུ་བདུན་པར་སྒྲ་ཟློས་དང་བརྙན་ཟློས་ཀྱི་མཉེན་ཆས། བརྙན་རིས་ཀྱི་མཉེན་ཆས། ཡིག་ཚགས་དོ་དམ་མཉེན་ཆས། རྒྱུད་ཁོངས་ཡོ་ཆས་དང་ཉེར་སྤྱོད་ཡོ་ཆས་ཆུང་བའི་རིགས་སོགས་རྒྱུད་ཁོངས་སུ་རང་སྒྲིག་བྱས་པའི་མཉེན་ཆས་དག་གི་བཀོལ་སྤྱོད་བྱེད་ཐབས་སྐོར་བཤད་ཡོད།

དེབ་འདི་བོད་ལྗོངས་སློབ་ཆེན་གྱི་དབང་གྲགས་སྐྱབས་དང་། ཕུར་བུ་ཚེ་རིང་། བསོད་ནམས་རྒྱ་མཚོ་སོགས་ཀྱི་རྩོམ་སྒྲུར་བྱས་ཤིང་། ལེའུ་དང་པོ་དང་དྲུག་པ། བདུན་པ་ནི་ཕུར་བུ་ཚེ་རིང་གིས་རྩོམ་སྒྲིག་དང་ཡིག་སྒྲུར་བྱས་པ་ཡིན། ལེའུ་གཉིས་པ་དང་གསུམ་པ་ནི་དབང་གྲངས་སྐྱབས་ཀྱིས་རྩོམ་སྒྲིག་དང་ཡིག་སྒྲུར་བྱས་པ་ཡིན། ལེའུ་བཞི་བ་དང་ལྔ་བ་ནི་བསོད་ནམས་རྒྱ་མཚོས་རྩོམ་སྒྲིག་དང་ཡིག་སྒྲུར་བྱས་པ་ཡིན། དགེ་རྒན་ཆེན་མོ་ཉི་མ་བཀྲ་ཤིས་ལགས་ཀྱིས་སྡེ་ཁྲིད་དེ་ཆི་ལིན་བཀོལ་སྤྱོད་རྒྱུད་ཁོངས་བོད་ཡིག་པར་གཞི་གསར་སྤེལ་ལ་སྐུལ་འདེད་བཏང་བ་དང་། ཆི་ལིན་ཀུང་སི་དང་འབྲེལ་གཏུགས་བྱས་ཏེ་ཕྱོགས་ཡོངས་ཀྱི་ལས་དོན་མཐུན་སྦྱོར་བྱས་ཤིང་། དེབ་སྤྱིའི་ནང་དོན་དག་བཤེར་གཏན་འབེབས་ཀྱང་བྱས་པ་ཡིན། ལས་གཞི་འདིར་ད་དུང་《བོད་ལྗོངས་སློབ་ཆེན་དང་ཆི་ལིན་མཉེན་ཆས་ཚད་ཡོད་ཀུང་སིའི་ཐོན་སློབ་མཉམ་འདྲེས་མཉམ་ལས་སྒྲོམ་གཞིའི་གྲོས་མཐུན》ལྟར་ཆི་ལིན་མཉེན་ཆས་ཚད་ཡོད་ཀུང་སིས་གཞོགས་འདེགས་ཐོབ་ཡོད། དེབ་འདི་རྩོམ་སྒྲིག་བྱེད་སྐབས་བོད་ལྗོངས་སློབ་ཆེན་ཆ་འཕྲིན་ཚན་རིག་ལག་རྩལ་སློབ་གླིང་གི་འགོ་ཁྲིད་རྣམ་པ་དང་ལས་རོགས་ཚོས་རོགས་རམ་གང་མང་བྱས་པར་ཐུགས་རྗེ་ཆེ་ཞུ་བ་ཡིན།

དེབ་འདིར་བོད་རང་སྐྱོང་ལྗོངས་སློབ་གསོ་ཐིང་གི"རྩིས་འཁོར་དང་བོད་ཡིག་ཆ་འཕྲིན་ལག་རྩལ་གྱི་རྒྱལ་ཁབ་རིམ་པའི་ལས་ཚོགས་དང་གཙོ་གནད་ཚོད་ལྟ་ཁང་འཛུགས་སྐྲུན"(བོད་སློབ་ནོར་སྦྱོར〔2018〕ཡིག་ཨང་81པ)ཡི་ལས་གཞི་དང་། རྒྱལ་ཁབ་རང་བྱུང་ཚན་རིག་ཐེབས་རྩ(62166038)། བོད་ལྗོངས་སློབ་ཆེན་ཤེས་ལྡན་མི་སྣའི་གསར་གཏོད་ཚོགས་པ་དང་ཚོད་ལྟ་ཁང་གི་ལས་སྡེགས་འཛུགས་སྐྲུན"རྩིས་འཁོར་དང་བོད་ཡིག་ཆ་འཕྲིན་ལག་རྩལ་གསར་གཏོད་ལས་ཚོགས།" བོད་ལྗོངས་སློབ་ཆེན་ཤེས་ལྡན་མི་སྣའི་འཕེལ་རྒྱས་ལ་སྐུལ་འདེད་ལས་འཆར"སློབ་ཁྲིད་དགེ་རྒན་གྲགས་ཅན་གྱི་ལས་གནས།" 2019ལོའི་རྒྱལ་ཁབ་རིམ་པའི་དངོས་གཞིའི་ཚན་ཁག་རིམ་པ་དང་པོ"རྩིས་འཁོར་ཚན་རིག་དང་ལག་རྩལ"འཛུགས་སྐྲུན། 2021ལོའི་རང་སྐྱོང་ལྗོངས་ཀྱི་རིམ་པ་དང་པོའི་སློབ་ཚན་འཛུགས་སྐྲུན་སོགས་ཀྱི་ལས་གཞིས་མཐུན་རྐྱེན་བསྐྲུན་པ་ཡིན།

དེབ་འདི་མཐོ་རིམ་སློབ་གྲྭ་དང་། ལས་རིགས་ལག་རྩལ་སློབ་གྲྭའི་རྩིས་འཁོར་གྱི་སྤྱོད་སློབ་ཚན་གྱི་བསླབ་དེབ་དང་དཔྱད་གཞིར་བཀོལ་ཆོག་ལ། ལས་རིགས་ཁག་སོ་སོའི་མི་སྣའི་གསབ་སྦྱོང་དང་། རྒྱལ་བཟོས་མཉེན་ཆས་ལ་སློབ་གཉེར་བྱེད་སྐབས་ཀྱི་གསབ་སྦྱོང་བསླབ་དེབ་ཀྱང་བྱ་ཆོག

མཐར་ངེད་རྩོམ་པ་པོ་རྣམས་ཀྱི་ཡོན་ཚད་ཞན་ཁར་དུས་ཚོད་བྲེལ་ཟིང་ཆེ་བའི་དབང་གིས་དེབ་འདིར་སྐྱོན་དང་ནོར་འཁྲུལ་ཅི་ནས་ཡོད་སྲིད་ན། རྒྱ་ཆེའི་ཀློག་པ་པོས་སྐྱོན་བརྗོད་དང་ཡོ་བསྲང་གནང་རོགས་ཞུ་རྒྱུ་ཡིན།

དབང་གྲགས་སྐྱབས་ཀྱིས།
༢༠༢༣ལོའི་ཟླ༣པར།

目 录
contents

དཀར་ཆག

contents

1 认识和安装麒麟操作系统

1.1 认识麒麟操作系统

1.1.1 GNU/Linux 的历史

GNU/Linux 是 Linux 的全称，通常大家习惯地简称为 Linux。Linux 操作系统诞生于 1991 年，创始人是林纳斯·托瓦兹（Linus Torvalds）。Linux 操作系统的诞生、发展和成长过程始终依赖着五个重要支柱：UNIX 操作系统、MINX 操作系统、GNU 计划、POSIX 标准和互联网。

1. UNIX 操作系统

1969 年，贝尔实验室的研究员 Ken Thompson 和 Dennis Ritchie 编写了新的多任务操作系统，称其为“UNIX”。1974 年，贝尔实验室正式对外公布了 UNIX 操作系统。

2. MINIX 操作系统

MINIX 是 Andrew S. Tanenbaum 教授于 1987 编写的一个类 UNIX 的操作系统，MINIX 的名称取自英语 MINI UNIX，是一个迷你版本的类 UNIX 操作系统。

3. GNU 计划

UNIX 爱好者 Richard M. Stallman 于 1984 年创立了自由软件体系 GNU（GNU 是“GNU is Not UNIX”的递归缩写），并推出了 GPL（GNU 通用公共许可证）协议。GPL 协议规定了所有 GPL 协议下的自由软件都要遵循非版权的原则：自由软件允许用户自由拷贝、修改和销售，但是对其源代码的任何修改都必须向所有用户公开。

4. POSIX 标准

POSIX（Portable Operating System Interface of UNIX）为可移植操作系统接口，POSIX 标准定义了操作系统应该为应用程序提供的接口标准，其正式称呼为 IEEE 1003。

5. 互联网对 Linux 发展的意义

1991 年，Linus Torvalds 以 MINIX 作为平台和参考，开发了与 UNIX 兼容的 Linux 操作系统内核并在 GPL 条款下发布，代码完全开源。借助互联网，Linux 在网上广泛流传，许多程序员参与了 Linux 的开发与修改。从此，Linux 提供内核，GNU 提供外围软件，GNU/Linux 成为一套密不可分的体系。

1.1.2 从 Linux 到麒麟

从严格意义上讲，Linux 仅仅是一个操作系统内核程序，常见各种版本的“Linux”通常是一个采用了 Linux 内核的一组操作系统发行版。一个完整的操作系统发行版除了内核之外，通常还必须选择及适配其他工具和库。

麒麟操作系统是使用 Linux 内核的一种操作系统软件，由于集成了卓越的桌面应用系统，以往复杂的 Linux 操作变得更加容易，此外麒麟提供了 GUI、Shell 和众多实用工具，便于用户运行程序、管理文件。经过十余年的发展，麒麟在桌面环境、安全和图形显示等方面不断增强和优化，形成了服务器版、桌面版、定制版等多种产品形态。

1.1.3 银河麒麟

麒麟操作系统从命名至今已历经数十年，其发展经历过不同时期。2007 年，依托原国防科技大学计算机学院的技术力量，湖南麒麟信息工程技术有限公司使用“麒麟”商标和品牌。2010 年 12 月，“中标 Linux”操作系统和国防科技大学研制的“银河麒麟”操作系统进行品牌整合，共同推出“中标麒麟”操作系统品牌。2014 年，国防科技大学、中国电子信息产业集团有限公司（China Electronics Corporation，CEC）和天津市政府共同成立了天津麒麟信息技术有限公司（以下简称“天津麒麟”），为了体现国防科技大学的技术传承恢复使用“银河麒麟”品牌，并获得“麒麟”“银河麒麟”“Kylin”“YHKYLIN”等商标和知识产权。

天津麒麟成立以来，凭借国防科技大学雄厚的技术研发能力、CEC 集团强大的产业化能力和天津市政府的大力支持，银河麒麟操作系统和云计算平台已经成为我国自主信息系统的坚强基石。

1.2 安装麒麟操作系统

1.2.1 安装系统的配置要求

安装麒麟操作系统的计算机硬件要满足最低配置要求，其最低配置与推荐配置如表 1-1 所示。

表 1-1 最低配置与推荐配置

版本形态	最小内存	推荐内存	最小硬盘空间	推荐硬盘空间
桌面系统	2 GB	4 GB 以上	10 GB（安装时不选备份还原）； 20 GB（安装时选择备份还原）	20 GB 以上（安装时不选备份还原）； 40 GB 以上（安装时选择备份还原）

1.2.2 安装准备

1. 准备所需组件

安装光盘、《银河麒麟桌面操作系统安装手册》。

2. 检查硬件兼容性

银河麒麟桌面操作系统具有良好的硬件兼容性，与近年来生产的大多数硬件兼容。由于硬件的技术规范改变频繁，难以保证系统会百分之百地兼容硬件。

3. 备份数据

安装系统之前，应将硬盘上的重要数据备份到其他存储设备中。

4. 硬盘分区

一块硬盘可以被划分为多个分区，分区之间是相互独立的，访问不同的分区如同访问不同的硬盘。一块硬盘最多可以有 4 个主分区，如果想在一块硬盘上拥有多于 4 个分区，就需要把分区类型设为逻辑分区。

1.2.3 安装引导

1. 启动引导

将安装光盘放入光驱中，重启机器。根据固件启动时的提醒，进入固件管理界面。若使用的是内置光驱，“第一启动选项”选择“光驱”；若使用的是 USB 或者 USB 外置光驱，“第一启动选项”选择“USB”。本系统支持体验模式，可试用一个全功能的操作系统而不安装，如图 1-1 所示。

图 1-1 Live 系统

2. 系统安装

操作 1：双击图标“安装 Kylin”，开始安装引导，此处可选择语言，如图 1-2 所示。

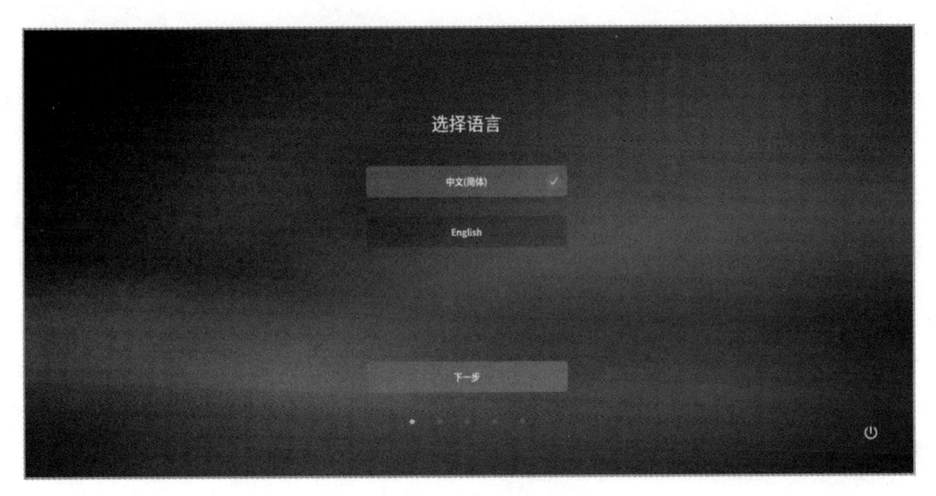

图 1-2　选择语言

操作 2：点击“下一步”，阅读许可协议，如图 1-3 所示。

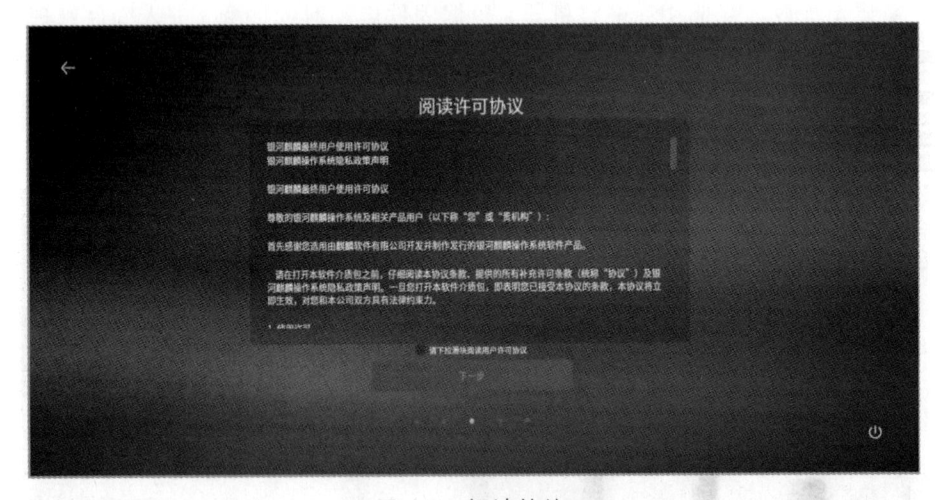

图 1-3　阅读协议

操作 3：点击“下一步”，选择所在时区。

操作 4：点击“下一步”创建用户。这里创建用户名、主机名，设置登录密码。可以在此设置登录系统时不需要密码，如图 1-4 所示。之后点击“下一步”。

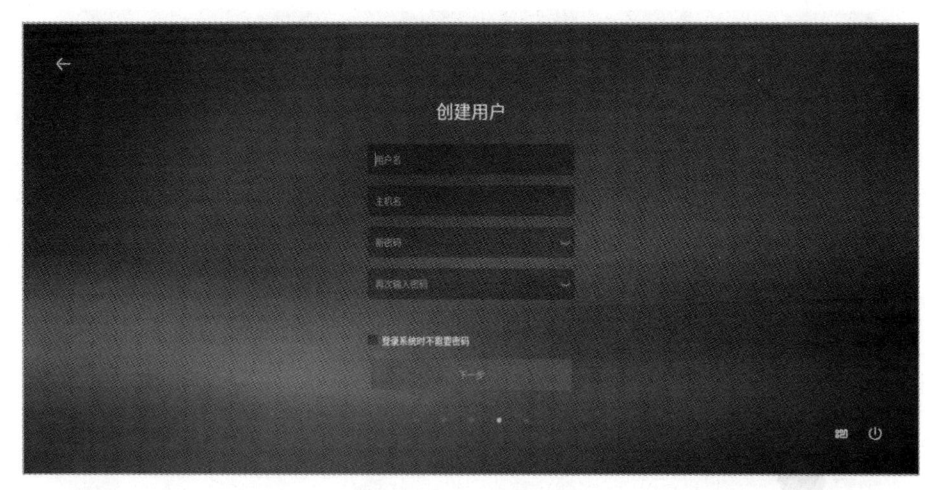

图 1-4　创建用户

操作 5：进入选择安装方式界面，如果选择“全盘安装”，将会格式化整个硬盘，并进行自动分区；如果选择“自定义安装”，用户可自行根据实际需求进行分区创建和分区大小分配。

1.2.4　全盘安装

操作 1：选择“全盘安装”选项，点击“下一步”，如图 1-5 所示。

图 1-5　全盘安装

操作 2：弹出快速安装格式化安装警告，选中“格式化整个磁盘”，然后点击“开始安装”后，系统将开始自动安装，如图 1-6 和图 1-7 所示。

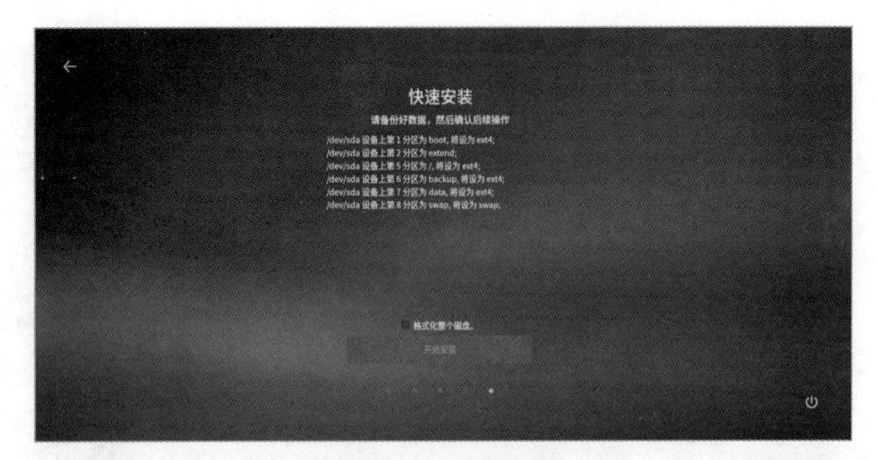

图 1-6　格式化安装警告

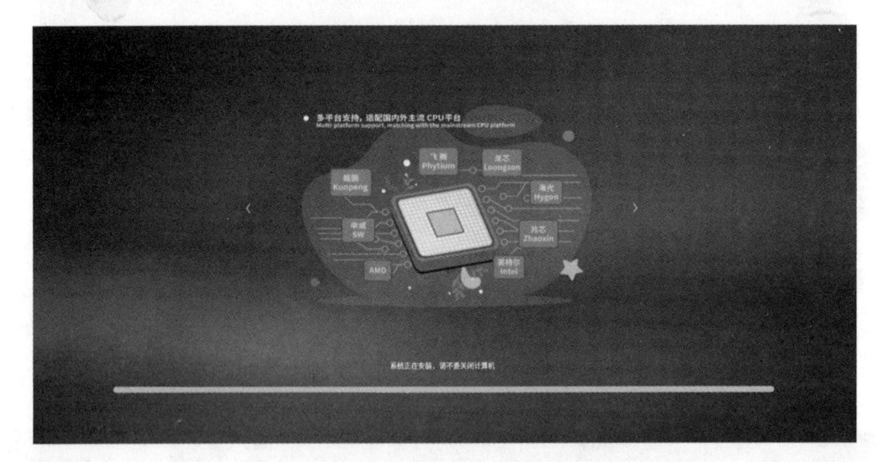

图 1-7　系统安装信息

操作 3：安装完成后，提示取出介质，按回车键自动重启，如图 1-8 所示。

图 1-8　系统安装完成

操作 4：点击“现在重启”按钮，系统会重新启动。重启过程中系统会自动弹出光驱或提示拔出 U 盘。取回光盘或 U 盘后，等待系统进入登录界面，输入密码后即可进入系统。

1.2.5 自定义安装

使用自定义安装可以自行设计各硬盘分区大小。在安装类型界面选择“自定义安装”，出现硬盘分区界面。点击“创建分区表”，弹出提示窗口，选择“+添加”，即可创建硬盘分区，如图 1-9 所示。

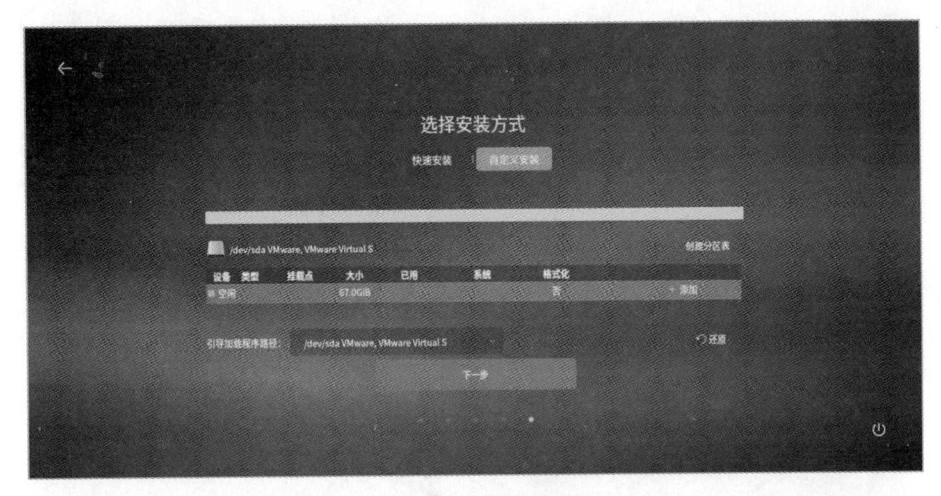

图 1-9 自定义安装

操作 1：需要注意的是，“/boot”必须是主分区中的第一个分区。“/boot”分区创建如图 1-10 所示。

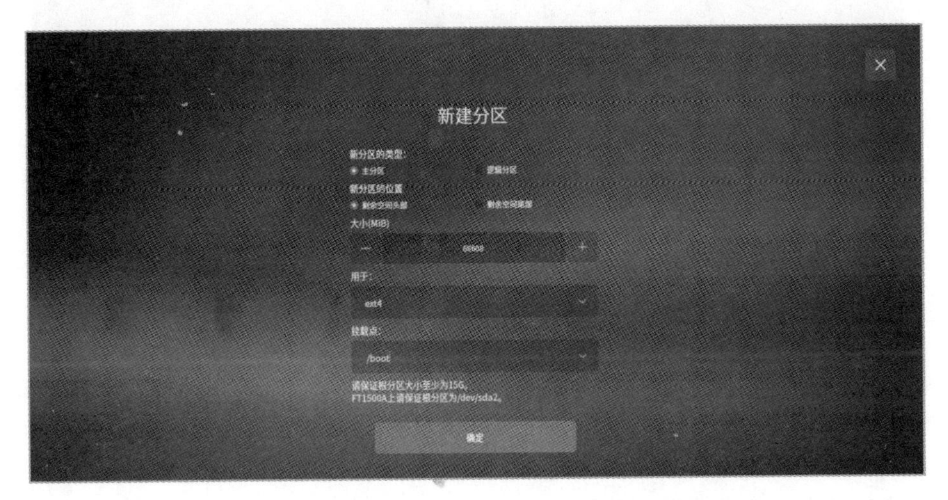

图 1-10 创建/boot 分区

操作 2：“/分区”创建如图 1-11 所示，创建根分区时，“新分区的类型”选择“主分区”，“新分区的位置”默认为“空间起始位置”，“用于”选择“ext4”。

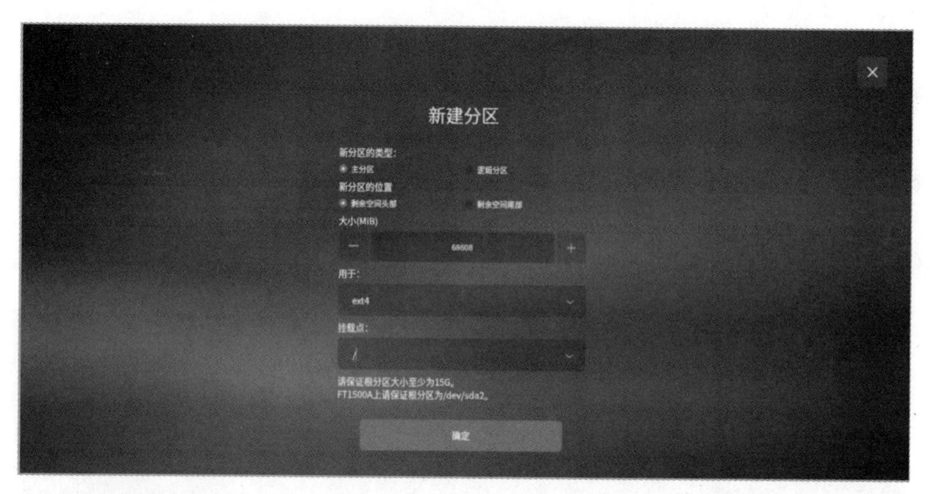

图 1-11　创建/分区

操作 3：交换分区如图 1-12 所示。在创建交换分区时，交换分区大小一般设置为内存的 2 倍大小，“新分区的类型”选择“逻辑分区”，“新分区的位置”保持默认，“用于”选择“linux-swap”。

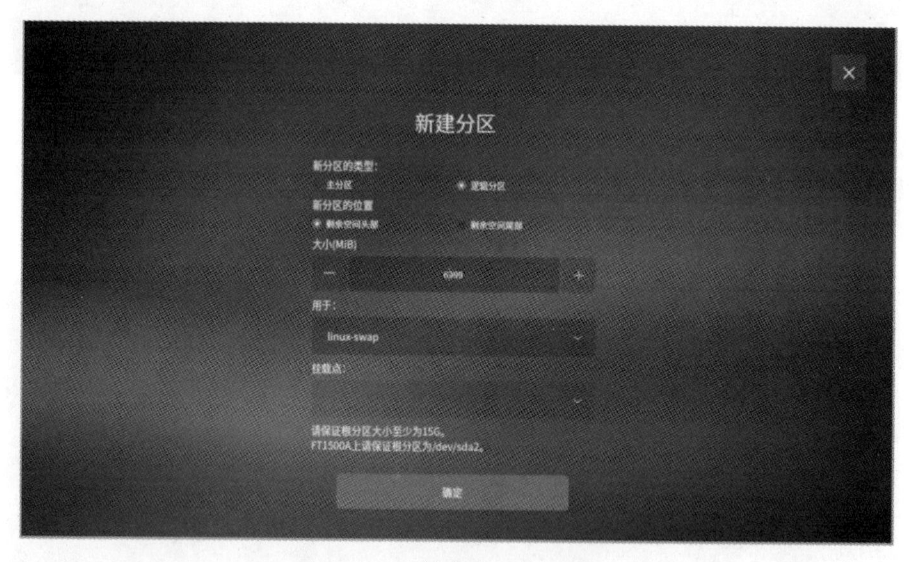

图 1-12　创建 Linux-swap

操作 4：用户可以创建“/backup”分区和“/data”分区。“创建备份还原分区”挂载点为“/backup”。勾选后，选择“全盘安装”时，分区大小默认与根分区相同。只有创建了该分区，备份还原功能才可以使用。备份还原对用户恢复数据或系统非常有帮助，建议“自定义安装”创建。

“创建数据盘”挂载点为“/data”，选择“全盘安装”时，分区大小为整个磁盘除掉其他分区外的所有空间。/data 类似于 Windows 系统除 C 盘外的其他盘符，建议“自定义安装”创建。

这两个分区创建时，“新分区的类型”选择“逻辑分区”，“新分区的位置”默认为“空间起始位置”，“用于”选择“Ext4”，挂载点选择对应的/backup、/data 即可。建议/backup 分区和根分区大小一致，如图 1-13 和图 1-14 所示。

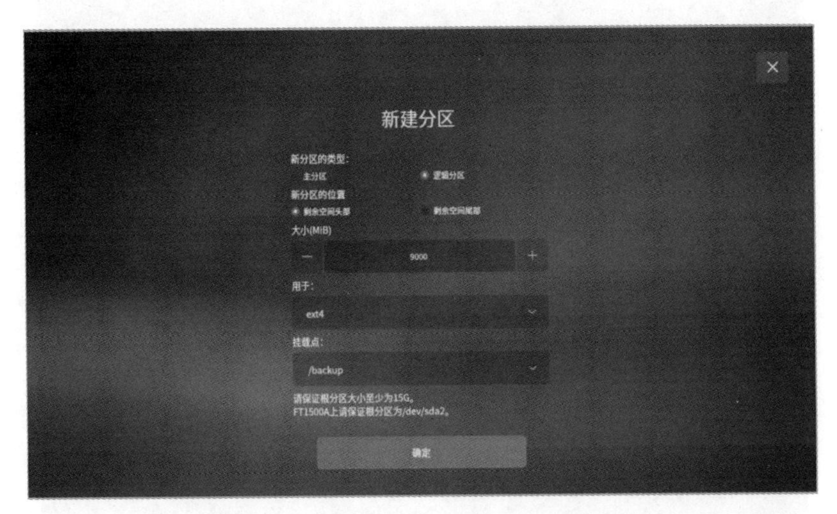

图 1-13 新分区

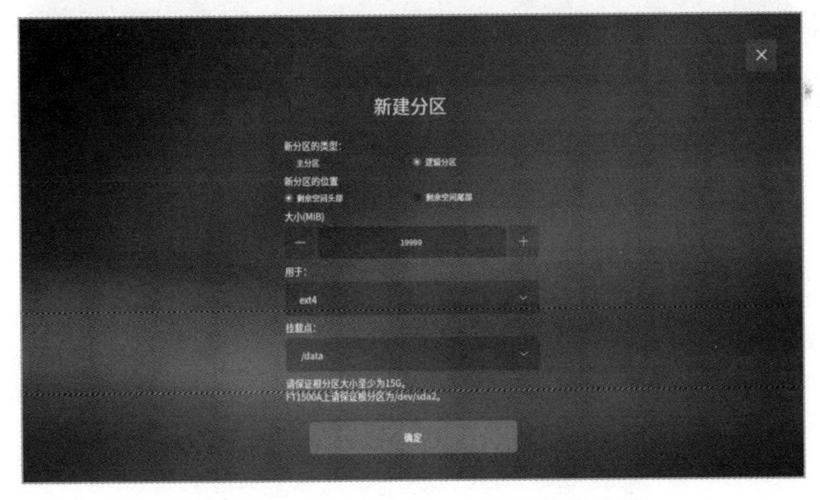

图 1-14 创建备份还原分区和数据盘分区

操作 5：若是中途需要改变已创建的分区，具体操作方法如下：

（1）添加分区：选中空闲分区所在行，点击“+”按钮。

（2）编辑分区：选中已创建的分区，点击“更改”按钮。

（3）删除分区：选中已创建的分区，点击“-”按钮。

创建分区完成后如图 1-15 所示，点击“下一步”进入“确认自定义安装”，如图 1-16 所示。

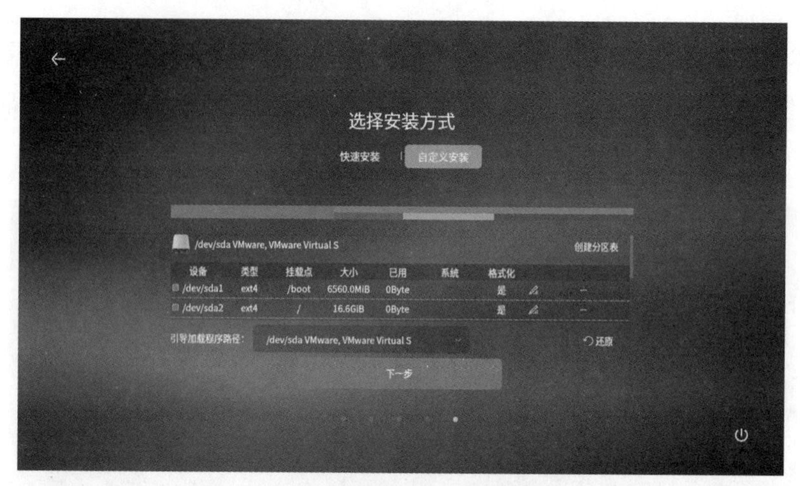

图 1-15 创建分区完成

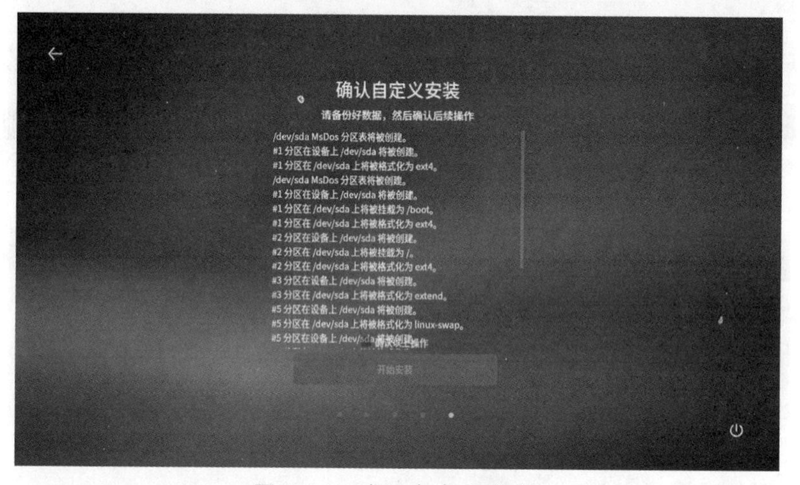

图 1-16 确认自定义安装

操作 6：分区完成后，点击“开始安装”，即可开始安装系统。

2 麒麟操作系统的基本操作

2.1 系统的开机与关机

2.1.1 系统的开机

操作系统安装完成后，重启计算机进入登录界面，如图 2-1 所示。使用安装过程中设置的用户名进行登录，系统会自动切换到默认用户。

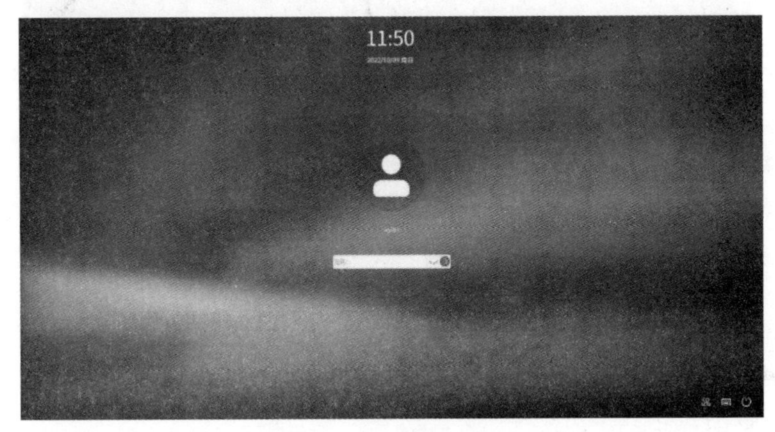

图 2-1 系统登录界面

例如：设置的默认的用户名为 kylin，则在密码框中输入 kylin 用户的密码，即可登录。登录成功后，进入操作系统的桌面，如图 2-2 所示。

图 2-2 操作系统的桌面

2.1.2 退出系统

当用户不使用计算机或要以不同的方式使用计算机时，需要退出系统重新登录。退出系统按照不同的方式分别有锁屏、注销和切换用户、关机与重启等。

1. 锁　屏

当用户暂时不需要使用计算机又不想影响系统当前的运行状态，可以选择锁屏。用户返回后，输入密码即可重新进入系统。在默认设置下，系统在一段空闲时间后，将自动锁定屏幕。

操作：“开始菜单”|“电源”|“锁屏”。

锁屏界面如图 2-3 所示。

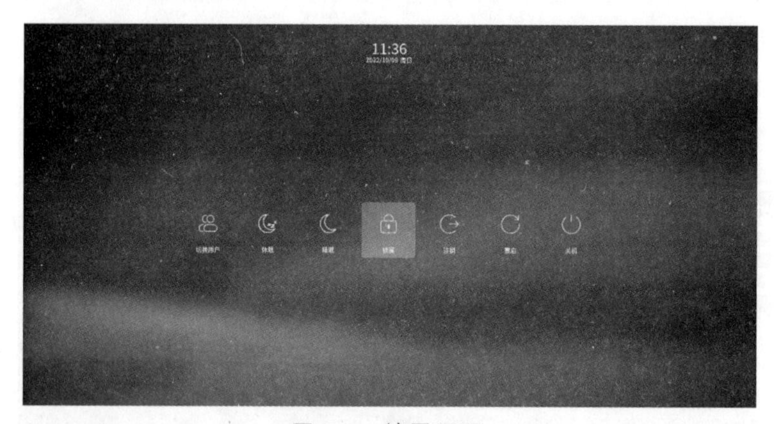

图 2-3　锁屏界面

2. 注销和切换用户

当要选择其他用户登录使用计算机时，可选择“注销”或“切换用户”。此时，系统会关闭当前用户所有正在运行的应用，以另一个用户的身份登录，所以在执行此操作前，应先保存当前工作。

操作 1：“开始菜单”|“电源”|“注销”或“切换用户”。

操作 2：选择新用户名，输入新用户的密码。

3. 关机与重启

关机或重启有两种操作方法：

操作 1：右击“开始菜单”|“电源”|“关机”或“重启”。

操作 2：单击“开始菜单”|“电源”|“关机”或“重启”。

当弹出如图 2-3 所示的对话框时，用户可根据需要选择重启或关机即可。

4. 定时关机

系统还提供了定时关机的功能，用户可根据需要设置关机时间和关机频率。

操作：右击“开始菜单”|“电源”|“定时关机”。

在如图 2-4 所示的“定时关机”窗口中设置后，单击“确定”即可。

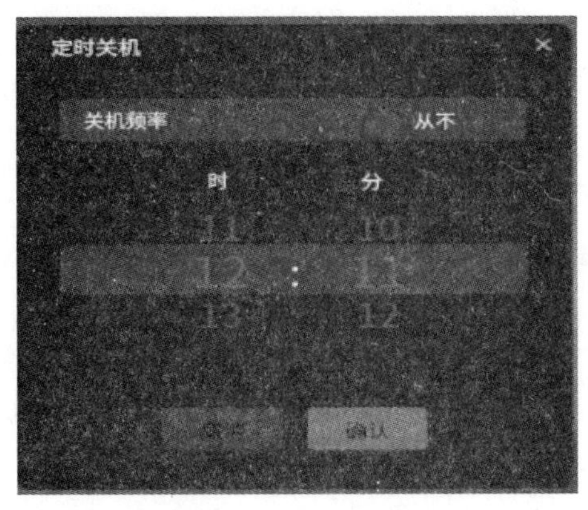

图 2-4 定时关机

2.1.3 用生物特征登录系统

随着模式识别技术的发展，指纹、虹膜、声纹等生物特征已用于系统管理。

1. 生物特征管理

由于每个人的指纹等生物特征具有唯一性和稳定性，不易伪造和假冒，利用生物特征进行身份认定，比传统口令密码更安全、可靠、准确。

打开“生物特征管理”：

操作：“开始”|“所有程序”|“生物特征管理工具”。

生物特征管理主界面如图 2-5 所示。管理工具有 5 种生物特征标签页：指纹、指静脉、虹膜、人脸和声纹。

图 2-5 生物特征管理主界面

“系统组件使用生物特征进行认证”是开启生物特征的开关，只有打开这个开关，才能使用生物认证。窗口左侧显示了生物特征的类型；右侧显示的是该类型所对应的驱动设备信息，包括设备名称、设备状态、驱动状态，以及是否为默认设备。当想要使用生物特征设备时，需要先连接上该设备，然后设置为默认，如图 2-6 所示。

设备名称	设备状态	驱动状态	默认
netherwind	已连接	（开关）	☑

图 2-6　连接并设置默认设备

2. 生物特征操作

指纹、指静脉、虹膜和声纹的页面组成相似，此处以指纹标签页为例，如图 2-7 所示。

图 2-7　指纹界面

左侧显示指纹驱动，右侧上半部分显示该驱动所对应的信息，包括设备简称、验证类型、总线类型等。右侧中间显示已录入的指纹信息，包括指纹名称和序列号。底部提供录入、验证、搜索、删除、清空等功能。

1）录入

操作 1：点击“录入”。

操作 2：在授权弹窗密码验证成功后，即可录入指纹，如图 2-8 所示。之后按照录入窗口上的提示，多次抬起、按压手指，直到完成。

图 2-8　指纹录入

2）验证

操作：选中一个指纹，点击“验证”。

此操作可以确保该特征的准确性和可用性。指纹验证成功如图 2-9 所示。

图 2-9　指纹验证成功

3）搜索

操作：点击“搜索”。

可在所有可用的指纹里，检索到符合当前验证指纹对应的序列号和名称，如图 2-10 所示。

图 2-10 指纹搜索

4）删除

用于删除选中的指纹。

5）清空

清空当前用户的所有指纹。

3. 登　录

设置生物特征识别的登录验证界面，如图 2-11 所示。

图 2-11 登录验证

操作 1：当存在多个设备时，用户可选择使用任意一个，如图 2-12 所示。

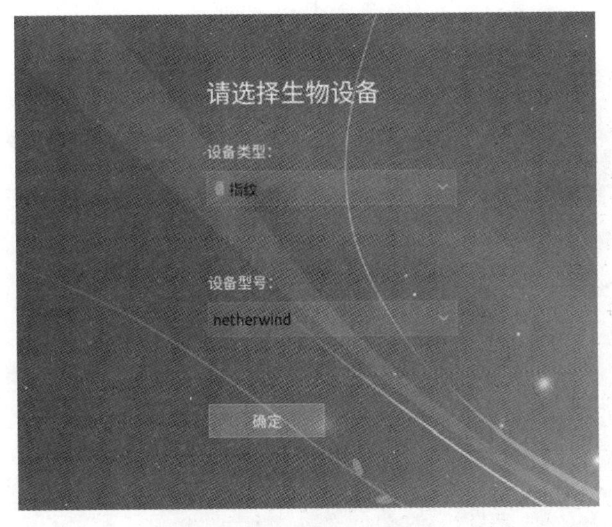

图 2-12　选择设备

操作 2：授权认证。

在图形上的授权认证（打开分区编辑器）如图 2-13 所示。

图 2-13　授权认证——图形

在终端上的授权认证如图 2-14 所示。

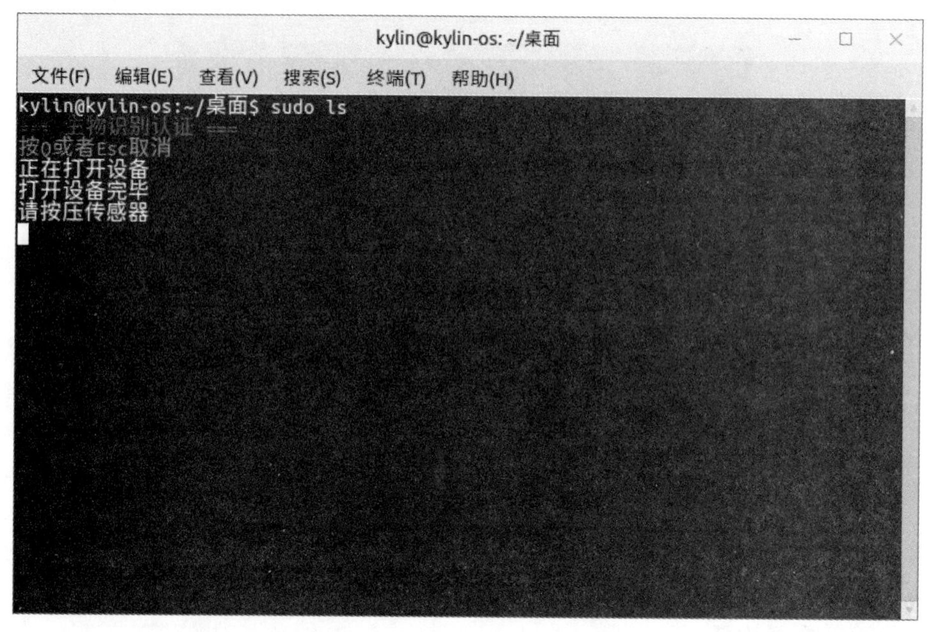

图 2-14　授权认证——终端

2.2　桌面的操作

桌面是用户进行图形界面操作的基础。麒麟操作系统的桌面包括桌面图标、任务栏、开始菜单等，如图 2-15 所示，虽然与传统的 Windows 桌面系统有区别，但麒麟桌面系统的操作与 Windows 桌面环境的操作基本上没有区别，很容易上手。

图 2-15　用户界面

2.2.1 桌面图标

桌面默认放置了“计算机”“回收站”“个人”三个图标。

操作：右键单击“计算机”，选择“属性”。

可显示当前系统版本、内核版本、激活状态等相关信息，如图 2-16 所示。

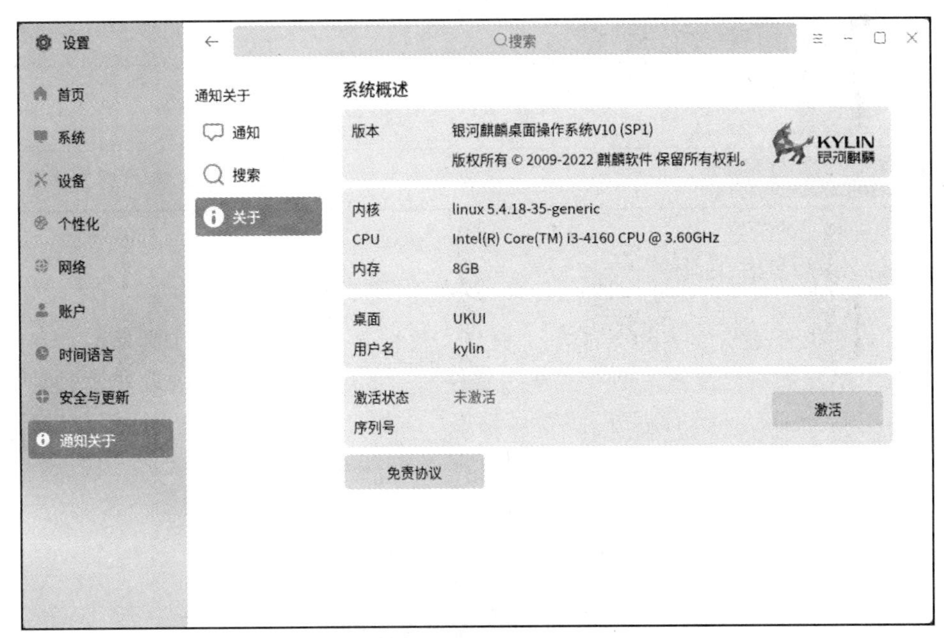

图 2-16 “计算机”属性

2.2.2 任务栏

任务栏位于底部，包括开始菜单、网络浏览器、文件管理器和状态菜单等，如图 2-17 所示。

图 2-17 任务栏

任务栏的操作说明见表 2-1。

表 2-1 任务栏操作说明

图标	说 明
	开始菜单，用于弹出系统菜单，可查找应用
	显示任务视图

续表

图标	说　明
	文件管理器，可浏览和管理系统中的文件
	软件商店
	奇安信可信浏览器，提供便捷、安全的上网方式
	状态菜单，包含对输入法、声音、网络连接、日期的设置

2.2.3 开始菜单

操作：单击任务栏上“开始菜单”按钮，弹出如图 2-18 所示的界面。

开始菜单左侧有“搜索”框和“常用软件”，“常用软件”列出最近使用过的软件。开始菜单右侧分别有“所有程序”“字母排序”“功能分类”“个人”“计算机”“设置”和“电源”等。

图 2-18　开始菜单

2.3 窗口的操作

文件浏览器窗口可划分为地址栏、侧边栏、窗口区、状态栏和一些操作按钮等，如图 2-19 所示。

图 2-19 窗口划分

2.3.1 窗口按钮

一些操作按钮的功能如表 2-2 所示。

表 2-2 窗口按钮的功能

图标	说 明
←	(1) 转到上一个访问过的位置；(2) 查看后退历史
→	(1) 转到下一个访问过的位置；(2) 查看前进历史
› home ⌄ kylin ⌄	文本框式地址栏，不仅可以输入本机的文件或目录路径，还可以输入一个局域网中共享的文件路径，或是一个 ftp 地址
Q	搜索栏，搜索用户所需要的文件
»	用于设置文件查看方式“视图类型”“排序类型”和“选项”
– □ ×	设置窗口的“最小化”“最大化/还原”和“关闭”

2.3.2 侧边栏和窗口区

侧边栏：列出了树状的目录层次结构，提供对操作系统中不同类型文件夹目录的浏览，显示外接的移动设备、远程连接的共享设备。

窗口区：列出了当前目录节点下的子目录、文件。如果单击侧边栏列表的一个目录，其中的内容就会在窗口区显示。

2.3.3 状态栏

进入某个目录时，显示当前位置下的文件个数；选中某个文件夹时，显示该文件夹中的文件个数；选中某个文件时，显示该文件的类型和大小。

3 系统设置

系统在使用过程中，为了满足自己的使用习惯，方便自己的使用，用户可以按照自己的需求配置系统和硬件。

3.1 系统配置

3.1.1 任务栏设置

用户可自定义任务栏，包括透明度、位置、高度等。

操作：右击任务栏，弹出如图 3-1 所示任务栏设置窗口，按照需求进行设置。

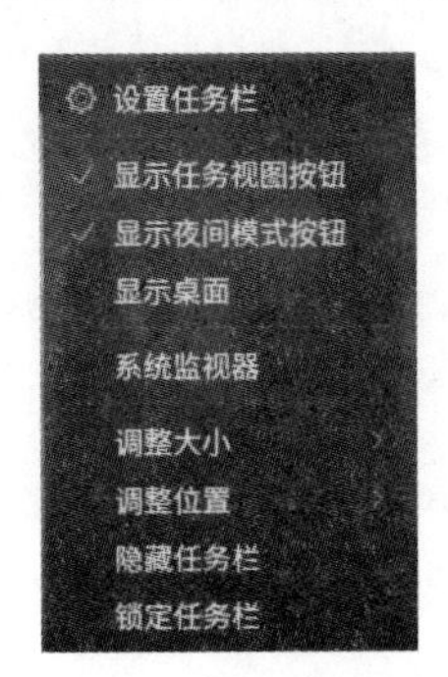

图 3-1 任务栏设置

3.1.2 工作区

用户可以通过工作区，把当前任务分类放置在不同区域中，便于管理窗口。

操作：右键单击工作区，可进行设置，如图 3-2 所示。

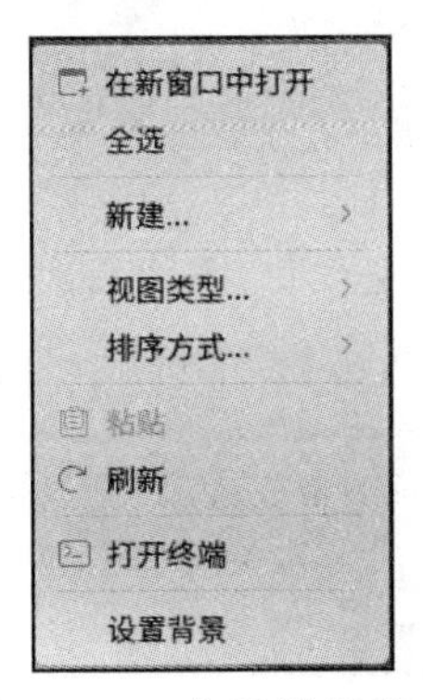

图 3-2 工作区设置窗口

3.1.3 开始菜单设置

操作：单击开始菜单图标|“功能分类”，如图 3-3 所示。

图 3-3 开始菜单设置

用“分类菜单”的“所有软件”对应用进行分类显示，如图 3-4 所示。

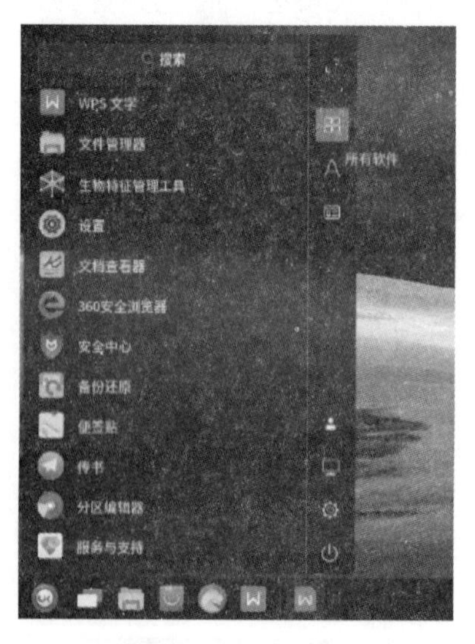

图 3-4 分类菜单

3.1.4 应用选项

操作：在开始菜单中，右键单击某个应用，弹出的菜单如图 3-5 所示。

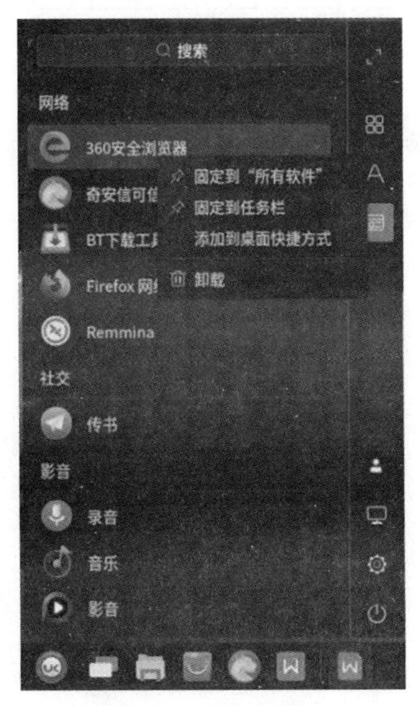

图 3-5 应用选项

利用菜单对应用程序进行设置：

“添加到桌面快捷方式”：在桌面生成应用的快捷方式图标；

“固定到任务栏”：在任务栏上生成应用的图标；

“固定到‘所有软件’”：在“所有软件”中添加应用；

“卸载”：卸载该应用程序。

3.1.5 系统配置

系统配置包括按照用户自己的需求对桌面背景、主题颜色、字体、锁屏背景进行的“个性化”设置，以及开机启动、默认应用、时间和日期、用户账号的系统设置。

1. 个性化

通过“个性化”更改桌面背景、主题颜色、字体和锁屏背景。

操作方法 1：在桌面空白处单击右键，选择“设置背景”，打开“个性化”窗口，如图 3-6 所示。

操作方法 2：点击“开始”|“设置”按钮|“个性化”，打开“个性化”窗口，如图 3-7 所示。

在打开的“个性化”设置界面，用户可以根据个人的喜好进行设置，如图 3-6 所示。

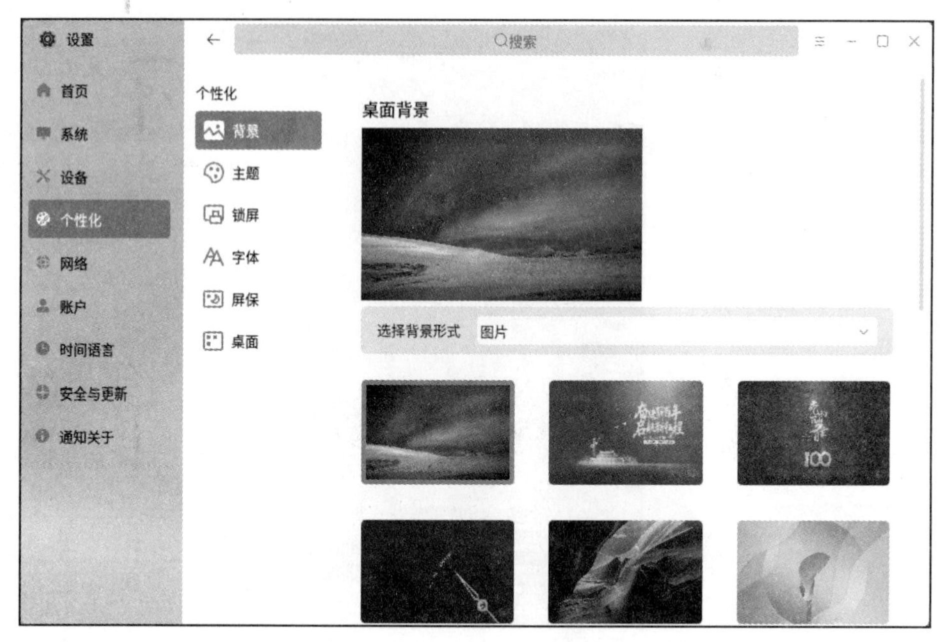

图 3-6 个性化设置界面

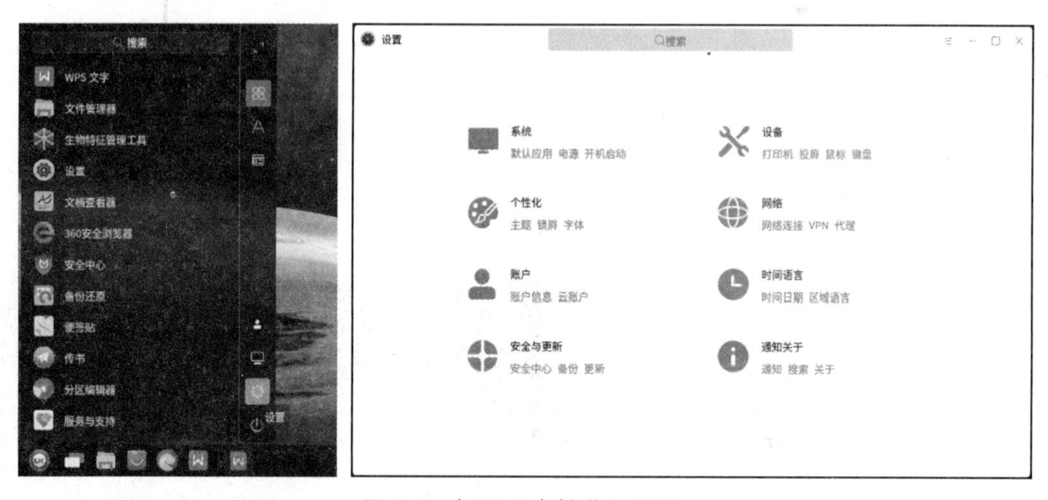

图 3-7 打开“个性化”设置

2. 设置开机启动

窗口中显示了当前系统已存在的开机启动软件：左侧为软件名称，右侧为对应开机启动状态，如图 3-8 所示。

操作：点击“开始”|“设置”|“系统”|“开机启动”。

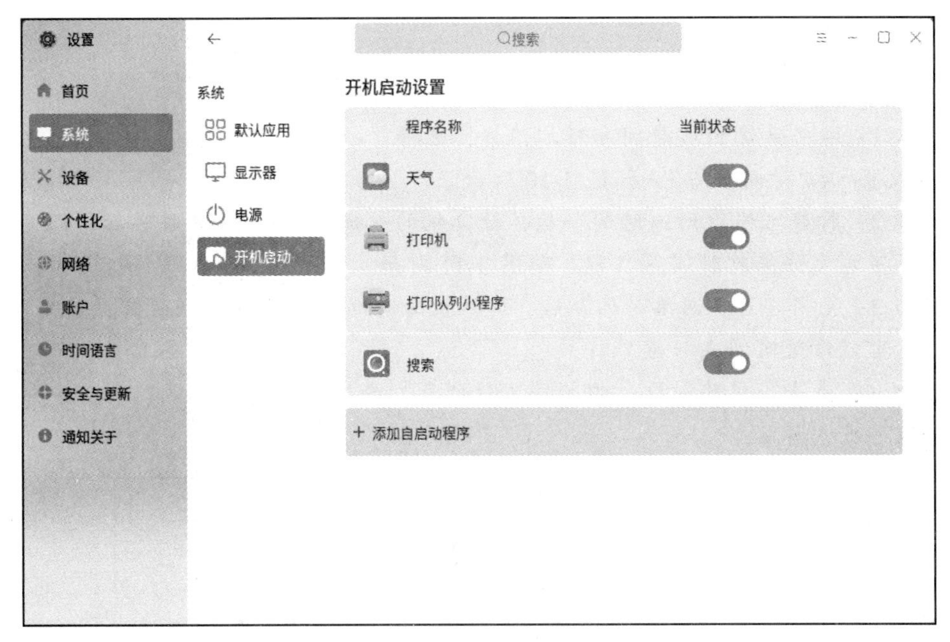

图 3-8 开机启动

3. 默认应用

用于设置打开不同类型文件的默认软件，如图 3-9 所示。

操作：点击“开始”|“设置”|“系统”|“默认应用”。

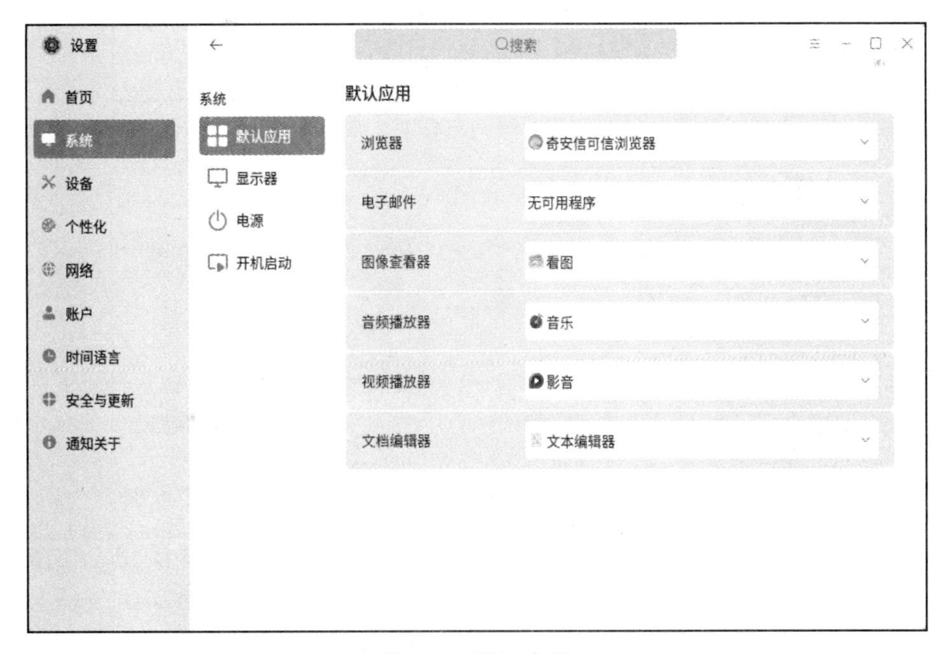

图 3-9 默认应用

4. 时间和日期设置

用于设置系统的时区、时间、日期和格式。设置如下：

操作 1：右击系统面板时间和日期图标，选择“时间和日期设置”；或者点击“开始”|“设置”|“时间语言”，如图 3-10 所示。

操作 2：打开“同步网络时间”后，计算机的时间与网络 NTP 服务器时间同步，此状态下不再允许修改时间或日期，如图 3-11 所示。

操作 3：关闭“同步网络时间”后，计算机的时间与本地计算机的时钟芯片同步，此状态下可以修改时间或日期。

操作 4：点击“更改时区”右侧的下拉列表，会显示所有的时区列表；搜索框可通过关键字搜索时区。

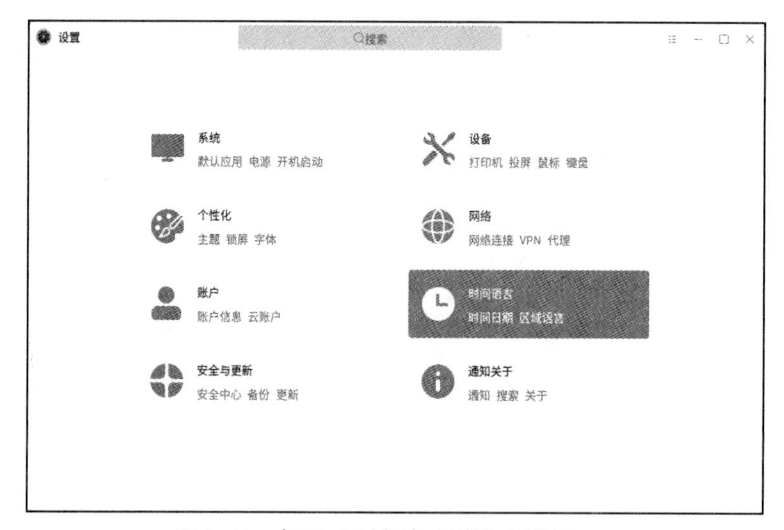

图 3-10 打开“时间与日期”设置窗口

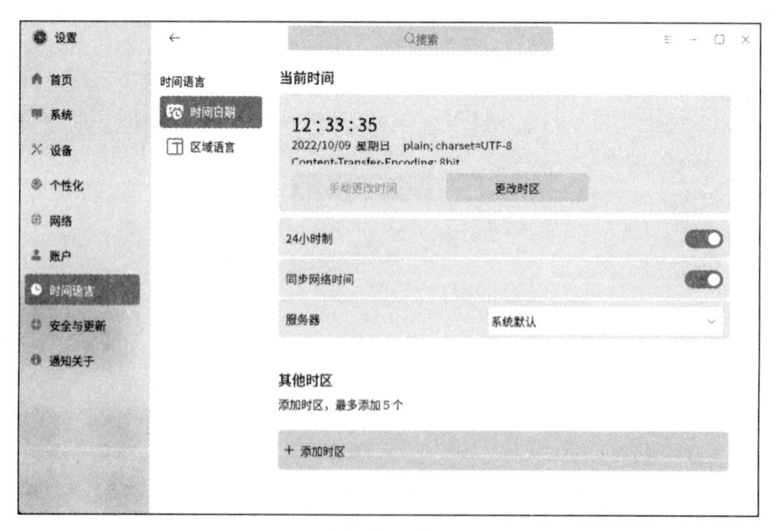

图 3-11 “时间与日期”设置窗口

操作 5：左键单击任务栏上的时间，会显示日历信息，如图 3-12 所示。

图 3-12　日历信息

5. 用户账户

提供对系统用户的管理配置，允许管理员创建用户、删除用户、修改用户信息。用户以行为单位显示，一行代表一个用户。首先显示“当前用户”，之后显示“其他用户”。当鼠标悬停在用户所在行时，会显示出更多设置选项，如图 3-13 所示。

图 3-13　用户账户

1）更改密码

点击“更改密码”，打开窗口如图 3-14 所示。更改密码的操作步骤如下：

操作 1：第一栏输入当前密码，第二栏输入新密码，第三栏重复输入新密码进行确认。

操作 2：在所有输入合法的情况下，点击“确定”，更新当前用户的密码。

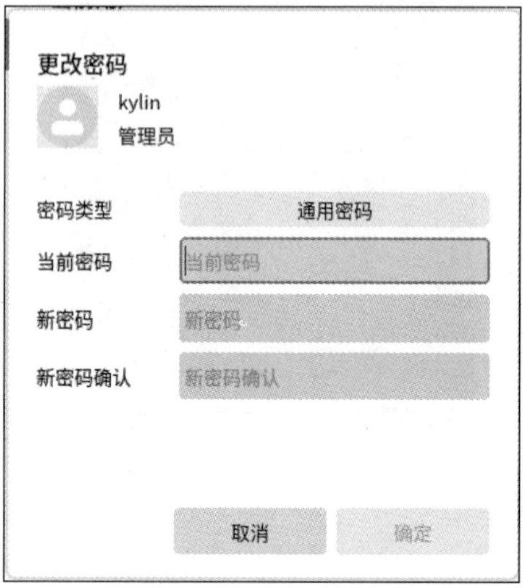

图 3-14　更改密码

2）更改头像

点击“更改头像”，打开窗口如图 3-15 所示。更改头像的操作步骤如下：

操作 1：点击头像图标后，选择一个新的头像。

操作 2：点击“确定”按钮，保存新头像。

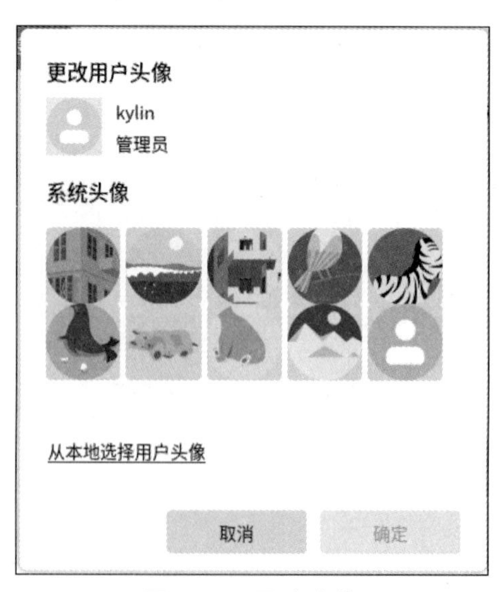

图 3-15　更改头像

3）更改用户类型

系统用户分为“标准用户”和“管理员用户”。“管理员用户”可以通过输入自己密码临时提升 root 权限。系统至少需要存在一个管理员用户，因此最后仅存的管理员用户无法修改为标准用户。标准用户需要知道系统管理员的密码，才能切换为管理员，窗口如图 3-16 所示。

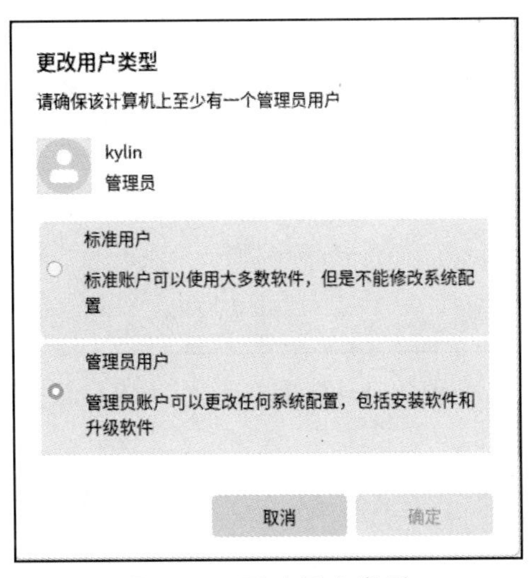

图 3-16 更改用户类型

4）创建与删除

点击“添加新账户”，打开“添加新用户”窗口，如图 3-17 所示。

左上方为头像设置区域，显示系统默认头像，点击可更改；右侧三个文本框分别对应用户名、密码、重复密码；选择用户类型后，点击“确定”按钮后输入“管理员”密码授权后即可，如图 3-18 所示。

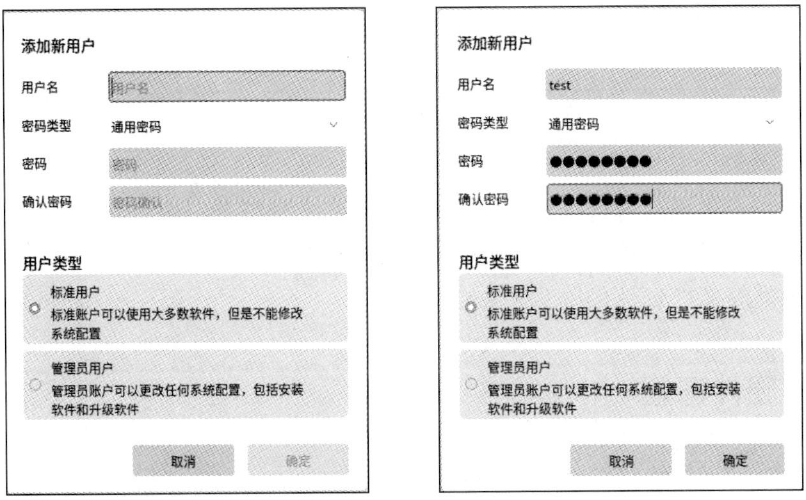

图 3-17 创建用户

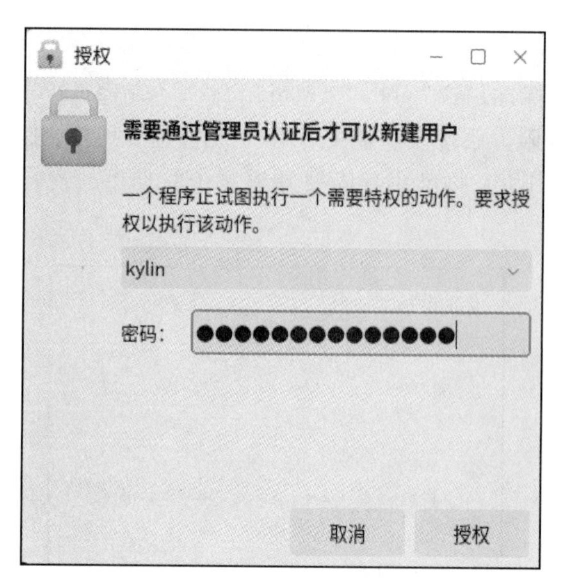

图 3-18 创建用户的“授权”

选择账户，点击“删除用户”，弹出“删除用户”提示框，如图 3-19 所示。

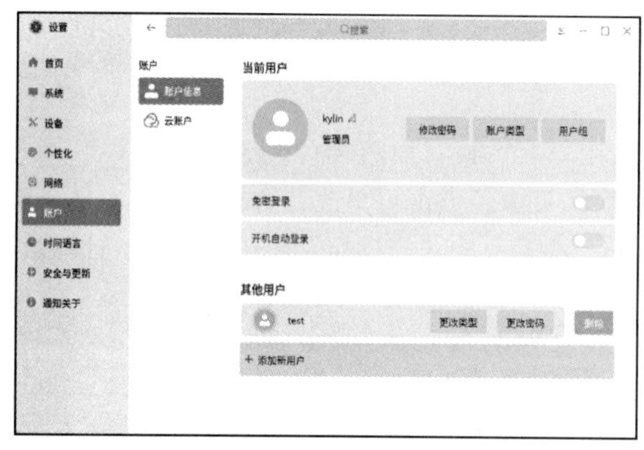

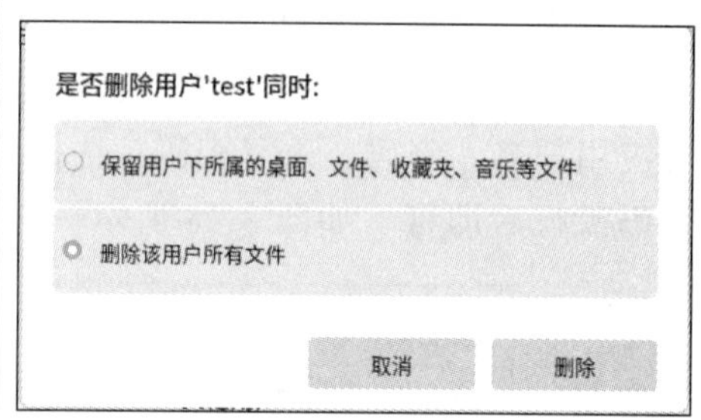

图 3-19 删除用户

当前用户无法删除自己。“保留用户下……等文件”表示用户从系统中被删除，保留其目录及目录下的文件；“删除该用户所有文件”表示用户从系统中被删除，同时其目录及目录下的文件也被删除。

3.2 硬件配置

系统中还可以按照自己的需求对电源、键盘、声音、鼠标、显示、网络等硬件设备进行配置。

3.2.1　电源管理

1. 电源设置

操作："开始"|"设置"|"系统"|"电源"。

用于管理电源的状态，界面如图 3-20 所示。"系统进入空闲状态并于此时间后睡眠"分两种状态：电源供电或者电池供电。

"系统进入空闲状态并于此时间后睡眠"下拉列表中如果选择"30 分钟"，则代表在电源供电情况下，空闲 30 分钟后，系统将进入睡眠状态。"系统进入空闲状态并于此时间后关闭显示器"下拉列表中如果选中"30 分钟"，则代表在电源供电的情况下，空闲 30 分钟后，系统将显示器关闭。

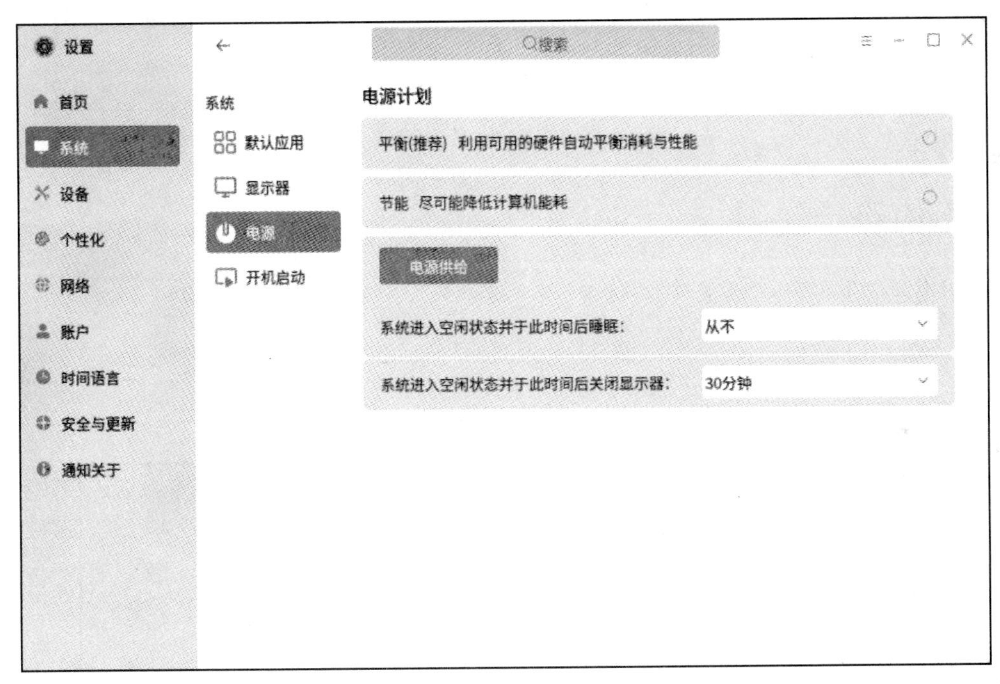

图 3-20　电源管理

2. 屏幕保护

操作方法 1：右击桌面|"设置背景"|"屏保"。

操作方法 2："开始"|"设置"|"个性化"|"屏保"。

如图 3-21 所示，窗口上半部显示的是当前屏保的预览效果图。

"屏幕保护程序"右侧下拉列表包含当前系统已安装的所有屏保程序，切换后立即生效。点击"预览"按钮会弹出全屏预览效果。

"更换时间"配置系统空闲时间，从停止操作开始计时。

图 3-21　屏幕保护

3.2.2 键　盘

操作："开始" | "设置" | "设备" | "键盘"。

1. 通用设置

键盘输入相关基础设置，如图 3-22 所示。

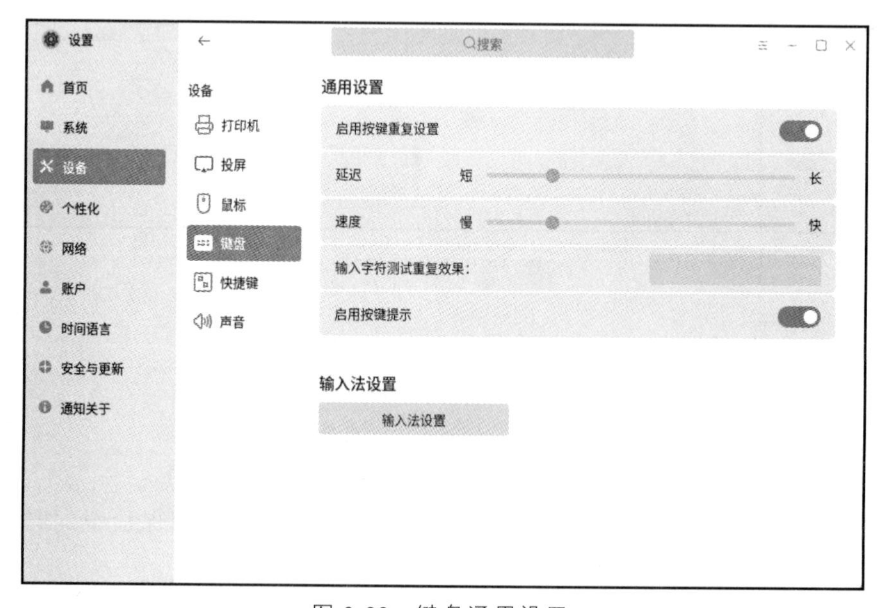

图 3-22　键盘通用设置

2. 布　局

设置当前系统的键盘布局，点击“输入法设置”，如图 3-23 所示。

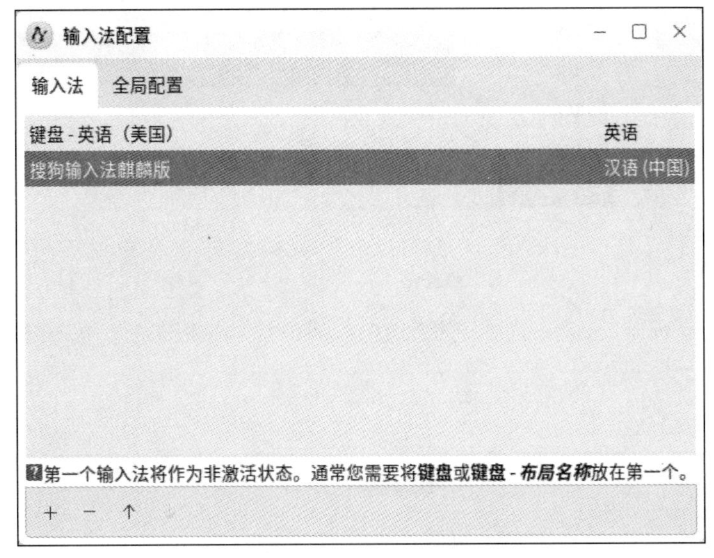

图 3-23　键盘布局

中间区域显示已安装的键盘布局，最多可以添加 4 个键盘布局。“向上”“向下”可以调节选中键盘布局的优先级，排在首位的是有效键盘布局。点击“+”按钮弹出添加键盘布局窗口，可按“国家/地区”或“语言”查找，如图 3-24 所示。

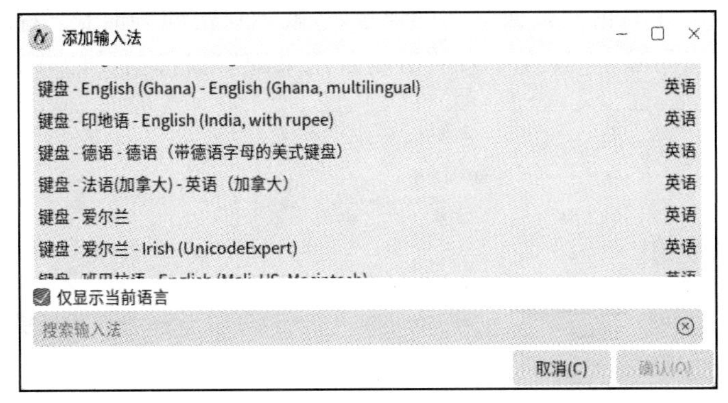

图 3-24　添加布局

3.2.3 声　音

设置系统音量、音效，输入、输出设备。

操作 1：“开始”|“设置”|“设备”|“声音”。

操作 2：也可通过右击系统面板上声音图标，选择“声音首选项”即可打开声音设置窗口，如图 3-25 所示。

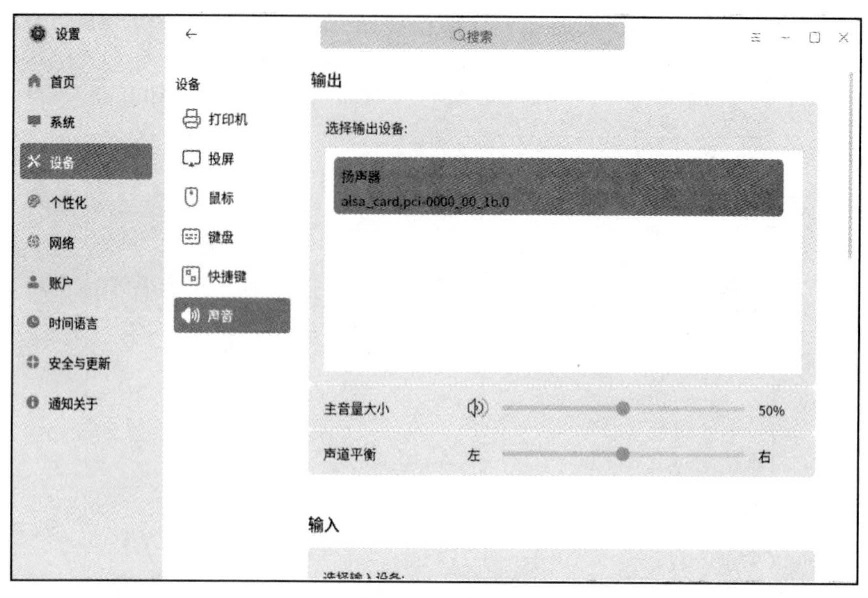

图 3-25　声音

3.2.4 鼠　标

操作:“开始”|“设置”|“设备”|“鼠标”。

窗口如图 3-26 所示。

鼠标设置包括“鼠标键设置”“指针设置”和“光标设置”。“鼠标滚轮速度”右侧滑动条用来配置鼠标滚轮使页面滚动的速度;“鼠标双击间隔时长”右侧滑动条用来设置鼠标双击的时间间隔。“速度”右侧滑动条用来配置鼠标指针的移动速度和灵敏度。

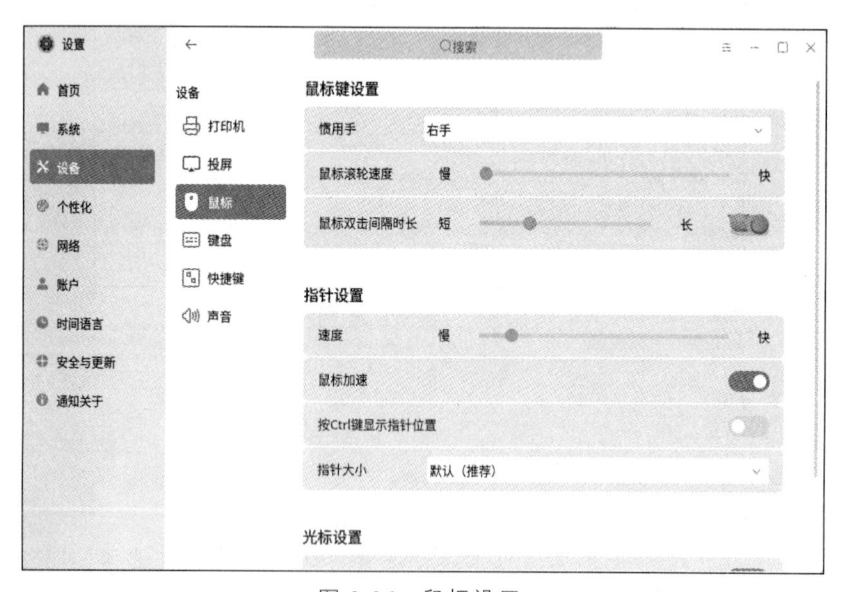

图 3-26　鼠标设置

3.2.5 显 示

操作："开始" 菜单|"设置"|"系统"|"显示器"。
配置显示相关的设置，界面如图 3-27 所示。

图 3-27 显示

"显示器" 右侧的下拉列表包含当前所有可选的显示器，并且分辨率、刷新率等所有配置的修改都是针对当前所选的显示器。多显示器情况下，如果当前显示器不是主屏幕，则 "设为主屏" 按钮可用。

3.2.6 网络连接

操作 1："开始"|"设置"|"网络"，如图 3-28 所示。

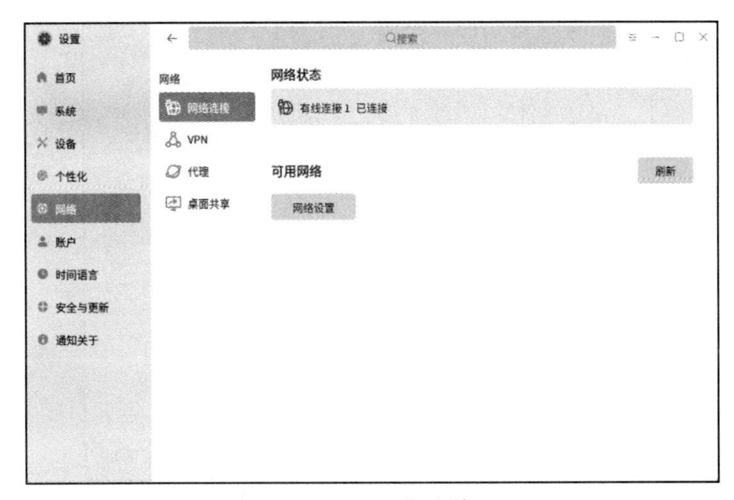

图 3-28 网络连接

操作 2：点击“网络设置”，如图 3-29 所示。

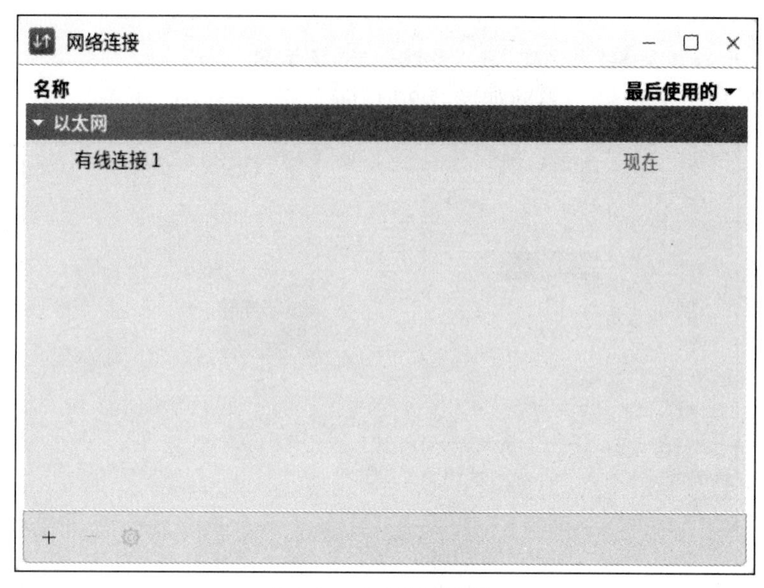

图 3-29 “网络设置”

用户可以编辑已有连接，选择一个已有的连接，点击“设置”按钮，如图 3-30 所示。“以太网”标签页设置网卡设备等选项；“IPv4 设置”标签页配置 IP、网关等，用户可根据实际情况选择“手动”或“自动（DHCP）”等连接方法。

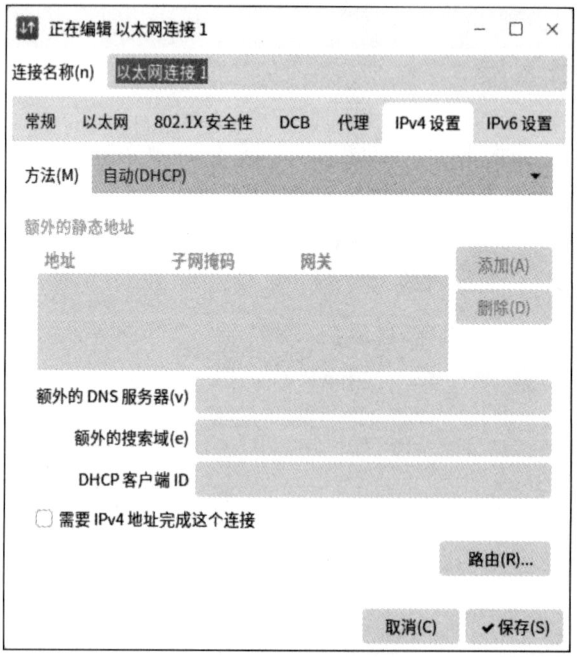

图 3-30 编辑已有的连接

操作 3：点击“+”按钮（添加一个新的连接），如图 3-31 所示。

用户可以编辑已有连接，也可以新增连接（点击“新建”按钮来设置）。

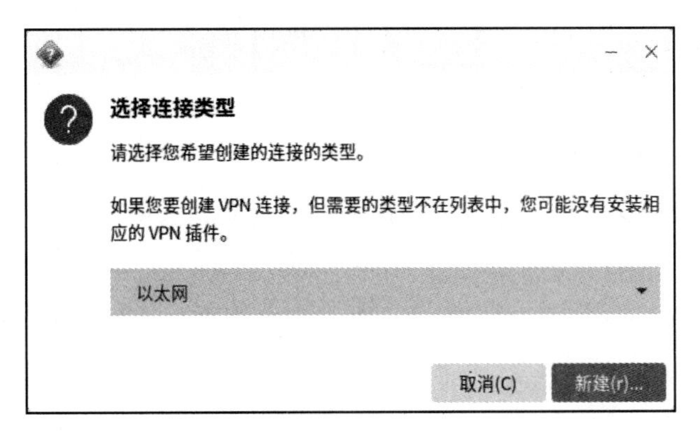

图 3-31 编辑连接

4 文件操作

与 Windows 操作系统类似，银河麒麟操作系统中也有文件夹和文件的概念，但是其目录结构不同于 Windows 系统。

4.1 文件有关的概念

银河麒麟操作系统采用分层的树形目录结构，即一个根目录含有多个子目录或文件，子目录中又可含有更下级的子目录或者文件的信息。

4.1.1 文件名

（1）系统文件名长度最大可以为 255 个字符，通常由字母、数字、“.”（点号）、“_”（下划线）和“-”（减号）组成。

（2）文件名不能含有“/”符号；因为“/”在操作系统目录树中，表示根目录或路径中的分隔符号。

4.1.2 路 径

（1）使用当前目录下的文件时，可以直接引用文件名；如果要使用其他目录下的文件，就必须指定该文件所在的目录。

（2）每个目录下都有代表当前目录的“.”文件，和代表当前目录上一级目录的“..”文件。

绝对路径与相对路径说明如表 4-1 所示。

表 4-1 文件路径

情 形	路径表示
绝对路径	/home/kylin/test
位于/home 目录下	kylin/test
位于/etc 目录下	../home/kylin/test

4.1.3 文件类型

系统支持的文件类型如表 4-2 所示。

表 4-2 文件类型

文件类型	说明
普通文件	包括文本文件、数据文件、可执行的二进制程序等
目录文件（目录）	系统把目录看成是一种特殊的文件，利用它构成文件系统的分层树形结构
设备文件（字符设备文件/块设备文件）	系统用它来识别各个设备驱动器，内核使用它们与硬件设备通信
符号链接	存放的数据是文件系统中通向某个文件的路径；当调用符号链接文件时，系统将自动访问保存在文件中的路径

4.1.4 系统目录及其说明

/bin：存放普通用户可以使用的命令文件。

/etc：系统的配置文件。

/root：系统管理员（root 或超级用户）的主目录。

/home：用户主目录的位置，保存用户文件，包括配置文件、文档等。

/usr：包括与系统用户直接相关的文件和目录，一些主要的应用程序也保存在该目录下。

/dev：设备文件所在目录。在银河麒麟操作系统中设备以文件形式管理，可按照操作文件的方式对设备进行操作。

/mnt：文件系统挂载点。一般用于安装移动介质、其他文件系统（如 DOS）的分区、网络共享文件系统或可安装文件系统。

/lib：包含许多由/bin 中的程序使用的共享库文件。

/boot：包含内核和其他系统程序启动时使用的文件。

/var：包含一些经常改变的文件。如假脱机（spool）目录、文件日志目录、锁文件和临时文件等。

/proc：操作系统的内存映像文件系统，是一个虚拟的文件系统（不占用磁盘空间）。查看时，看到的是内存里的信息，这些文件有助于了解系统内部信息。

/opt：存放可选择安装的文件和程序，主要是第三方开发者用于安装他们的软件包。

/tmp：用户和程序的临时目录，该目录中的文件系统会被系统定时自动清空。

/lost + found：在系统修复过程中被恢复的文件所在目录。

对于普通用户来说，只需要关注/home 目录。/home 目录下以用户名命名的目录即为用户个人目录，打开后界面如图 4-1 所示。用户个人的文件将会存储在这个目录下。

4.1.5 进入个人目录的方法

操作 1：双击桌面“个人”图标。

操作 2：桌面底部工具栏点击“文件管理器”图标。

操作 3：双击桌面“计算机”图标，然后点击左侧栏的“个人”图标。

打开的个人目录如图 4-1 所示。

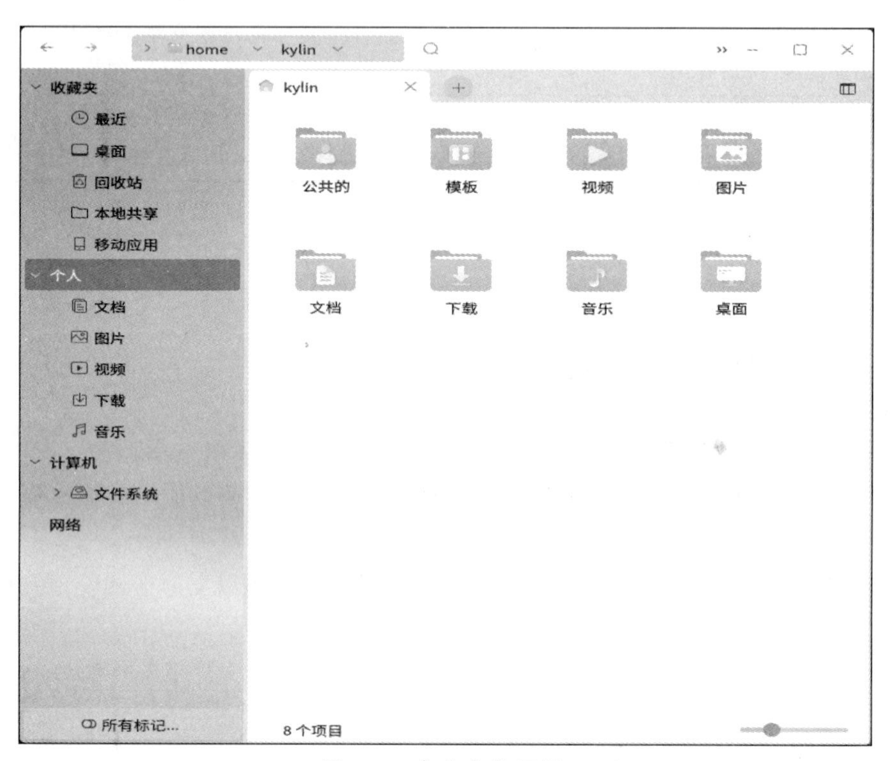

图 4-1 个人文件目录

4.2 文件管理

4.2.1 文件浏览器简介

双击桌面的“计算机”图标，可以打开银河麒麟操作系统的文件浏览器，文件浏览器是银河麒麟操作系统中的图形化文件管理工具，类似于 Windows 中的文件资源管理器，可用来控制对文件的访问，能够让我们高效、直观地管理文件和文件夹。点击进入“文件系统”，出现界面如图 4-2 所示。

图 4-2 文件浏览器

1. 文件浏览器的主要功能

(1) 分类查看文件和文件夹；

(2) 支持文件和文件夹的常用操作：剪切、复制、移动、删除、重命名等；

(3) 搜索文件。

说明：出于安全考虑，银河麒麟系统对目录和文件的操作有着严格的权限规定，如果在某些目录中无法对文件实施任何操作，这通常是因为没有权限导致的，不用担心系统出了问题。如果想获得更多的操作权限，可切换使用超级管理员权限。

2. 文件浏览器窗口

文件浏览器窗口可划分为工具栏、地址栏、文件夹标签预览区、侧边栏、窗口区和状态栏、预览窗口六个部分，如图 4-3 所示。

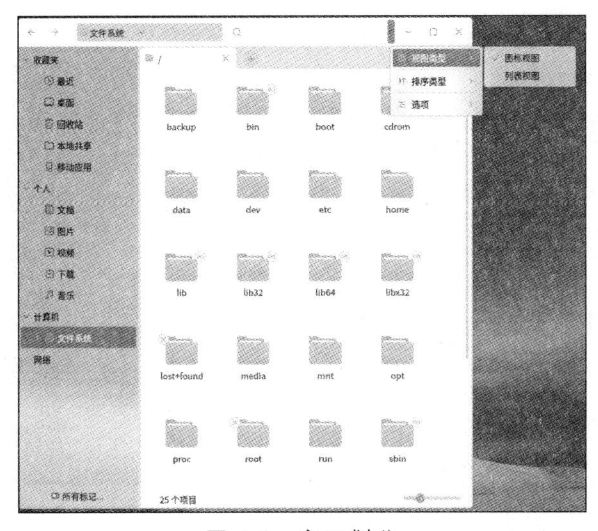

图 4-3 窗口划分

4.2.2 文件浏览器主要功能简介

1. 查看文件和文件夹

用户可以使用文件浏览器查看和管理本机文件、本地存储设备（如外置硬盘）、文件服务器和网络共享上的文件。

操作 1：在文件浏览器中，双击任何文件夹，可以查看其内容（使用文件的默认应用程序打开它）。

操作 2：也可以右键单击一个文件夹，选择在新标签页或新窗口中打开。

2. 排序方式

浏览时，用户可以用不同的方式对文件进行排序。排列文件的方式取决于当前使用的文件夹视图方式，用户可以单击工具栏上“>>”，选择“视图类型”的“列表视图”或“图标视图”图标按钮来更改，如图 4-4 所示。

图 4-4 以列表方式显示

当选择列表查看方式时，单击工具栏上“>>”，选择“排序类型”中的“文件名称”“文件大小”“文件类型”和“修改日期”，就可以对文件进行排序，如图 4-5 所示。

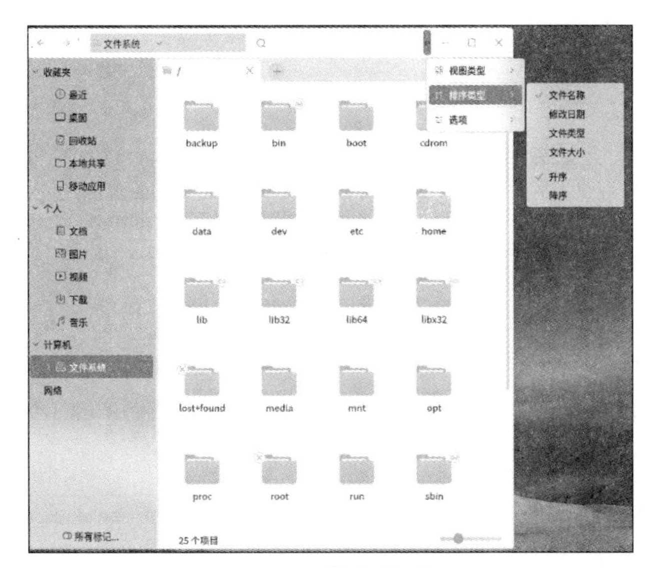

图 4-5　排序类型

各种文件排序方式介绍如下：

（1）按文件名称排序：按文件名以字母顺序排列。

（2）按文件大小排序：按文件大小（文件占用的磁盘空间）排序。默认情况下会从最小到最大排列。

（3）按文件类型排序：按文件类型以字母顺序排列。会将同类文件归并到一起，然后按名称排序。

（4）按修改日期排序：按上次更改文件的日期和时间排序。默认情况下会从最旧到最新排列。

3. 详细信息

选择一个图片文件，点击“详细信息”，如图 4-6 所示，将会在预览窗口显示图片的名称、类型、大小、创建时间、分辨率等信息。

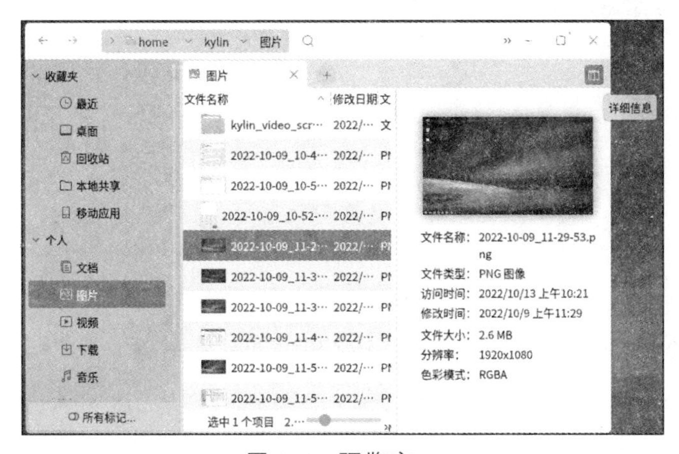

图 4-6　预览窗口

4. 文件和文件夹常用操作

1）复制

操作 1：选中，右键单击|“复制”|，目标位置|右键单击|“粘贴”。

操作 2：选中，Ctrl + C，目标位置，Ctrl + V。

操作 3：从项目所在文件夹窗口拖动至目的文件夹窗口。

在操作 3 中，如果两个文件夹都在计算机的同一硬盘设备上，项目将被移动；如果是从 U 盘拖拽到系统文件夹中，项目将被复制（因为这是从一个设备拖拽到另一个设备）。要在同一设备上进行拖动复制，需要在拖动同时按住 Ctrl 键。

2）移动

操作 1：选中，右键单击|“剪切”，目标位置，右键单击|“粘贴”。

操作 2：选中，Ctrl + X，目标位置，Ctrl + V。

3）删除

（1）删除至回收站：

操作 1：选中，右键单击|“删除到回收站”。

操作 2：选中，Delete。

操作 3：选中，拖入桌面上的“回收站”。

若删除的文件为可移动设备上的，在未进行清空回收站的情况下弹出设备，可移动设备上已删除的文件在其他操作系统上可能看不到，但这些文件仍然存在；当设备重新插入删除该文件所用的系统时，将能在回收站中看到。

（2）永久删除：

操作 1：在“回收站”中再删除。

操作 2：选中，Shift + Delete。

4）重命名

操作 1：选中，右键单击|“重命名”。

操作 2：选中，F2。

若要撤销重命名，按 Ctrl + Z 键即可恢复。

5. 访问网络

用于在局域网中共享文件。以共享“音乐”文件夹为例：

操作 1：右键单击“音乐”，选择“属性”选项，如图 4-7 所示，弹出对话框。用户可在“属性”选项中对共享的文件夹信息、权限进行设置，如图 4-8 所示。

图 4-7 “属性”选项

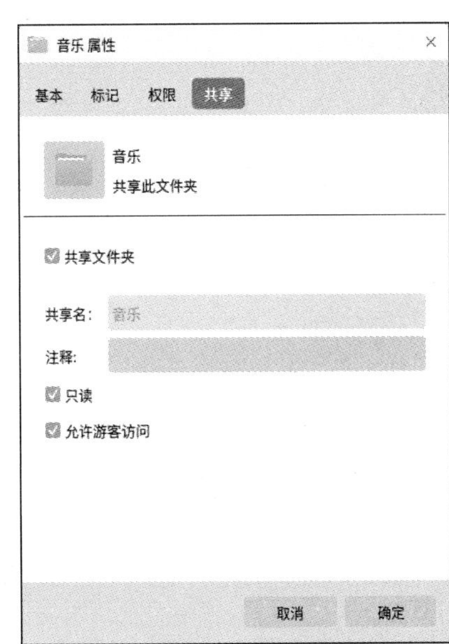

图 4-8 共享选项

操作 2：点击“确定”后，该文件夹已共享。

操作 3：在同一局域网中的另一个系统中，打开计算机目录，查看网上邻居下的项目，找到共享文件的主机名。打开后，可看到被共享的文件。双击该文件，弹出连接提示框，如图 4-9 所示。

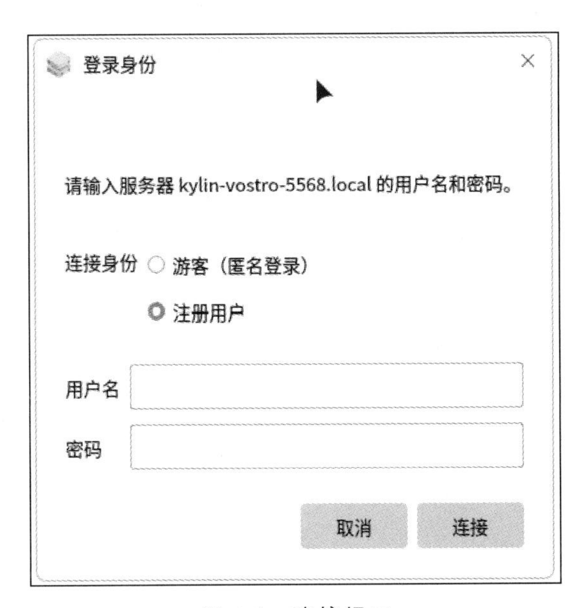

图 4-9 连接提示

操作 4：连接后，可看到共享文件内的内容，在侧边栏也会显示接入的主机，如图 4-10 所示。

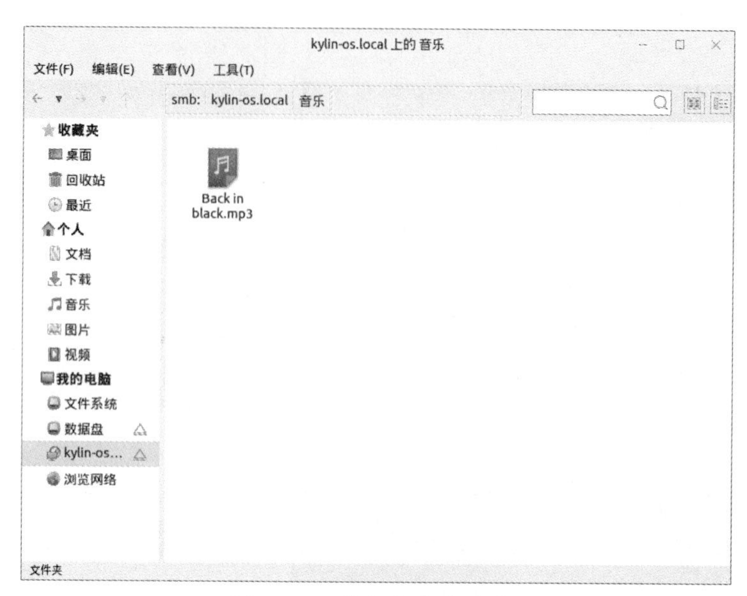

图 4-10　共享文件夹内容

操作 5：如果不想再共享该文件夹，可再次右键单击文件夹，在“共享选项”中取消共享的勾选。

4.3　文件互传

“传书”是一个跨平台、高效的文字或文件传输工具。“传书”无服务器设计，所有功能通过客户端完成。

操作：“开始菜单”|“传书”，打开界面如图 4-11 所示。

图 4-11　麒麟传书主界面

在麒麟传书主界面可以看到本机信息、已添加的好友，还能查看已接收文件、本机 IP 地址和选项设置。麒麟传书的操作主要包括添加好友、网络聊天、传送文件、传送文件夹等。

4.4 文件保护

麒麟操作系统提供便捷、安全的个人文件保护。

4.4.1 新建保护箱

操作 1：点击“开始菜单”|“文件保护箱”打开软件，如图 4-12 所示。

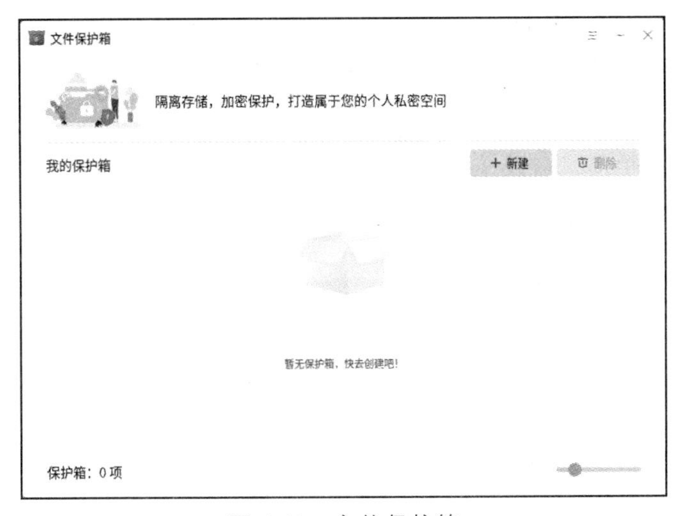

图 4-12 文件保护箱

操作 2：点击“新建”按钮，输入名称，设置密码后点击“确认”按钮，如图 4-13 所示。

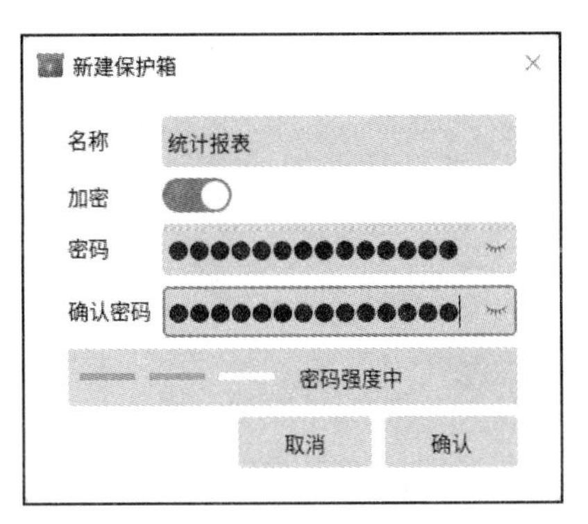

图 4-13 文件保护设置

对需要保护的文件或文件夹做完加密等设置后，可以在“我的保护箱”里看到相应的文件或文件夹，如图 4-14 所示。

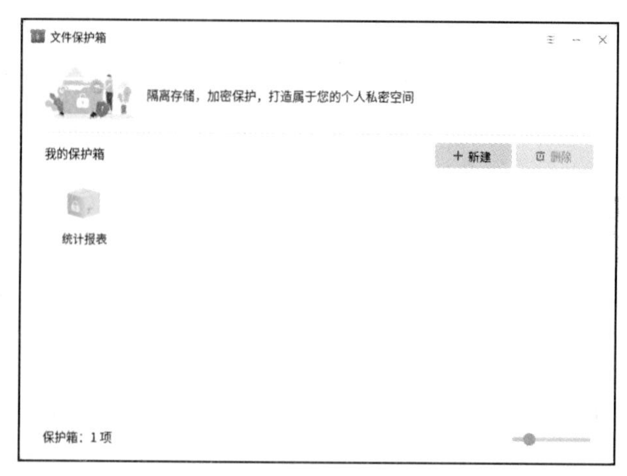

图 4-14　文件保护箱

麒麟文件保护箱通过隔离隐藏、加密保护和共享授权结合的方式，实现用户私有数据的安全保护与共享。文件保护箱具有如下特性：

（1）新建的保护箱，可以选择加密或者不加密。

（2）新创建的个人目录（保护箱、保护箱目录）仅对用户自己可见，对其他用户不可见。

（3）新建未加密保护箱，通过右键可以打开、删除和重命名。

（4）新建加密（已锁定）保护箱，通过右键可以进行打开、锁定、修改保护密码、删除和重命名操作。

4.4.2　保护箱的打开、删除与重命名

操作 1：右击需要删除的图标，在弹出的快捷菜单中选择“打开”“删除”或“重命名”，如图 4-15 所示。

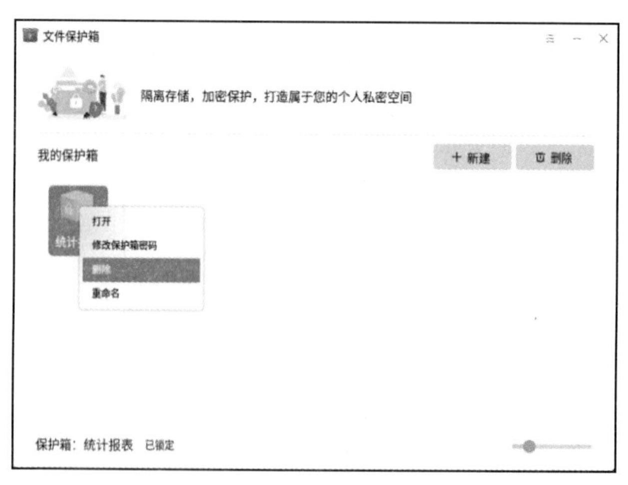

图 4-15　选择加密保护箱的操作

操作 2：输入密码后点击“确认”按钮，如图 4-16 和图 4-17 所示。

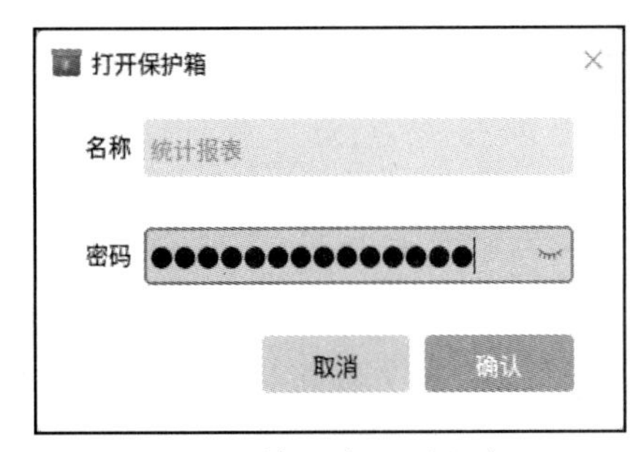

图 4-16 输入密码认证打开

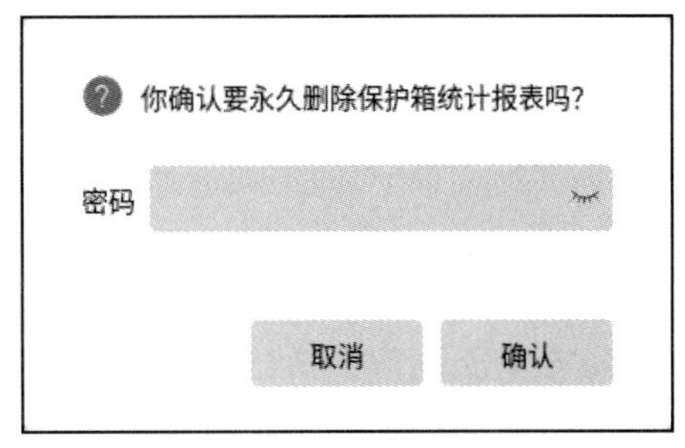

图 4-17 输入密码确认删除

4.4.3 修改保护密码

已加密的文件保护箱，可以修改密码或解除保护。

操作 1：右击已加密的文件保护箱，点击“修改保护箱密码”，如图 4-18 所示。

图 4-18 选择“修改保护箱密码”

操作 2：输入原密码和新密码后点击“确认”按钮即可，如图 4-19 所示。

修改保护箱密码
通过密码设置 通过密钥设置
名称 统计报表
密码
新密码
新密码确认
取消 确认

图 4-19 修改密码

5 系统安全

5.1 系统备份和还原

使用操作系统的过程中，建议定期对数据进行备份。一方面可以保护用户的数据，另一方面也可以节约系统损坏后的恢复时间。

麒麟备份还原工具可实现对麒麟操作系统备份和还原。若使用“备份还原”工具，需要在安装操作系统时为其分配标签为 KYLIN-BACKUP 的独立磁盘分区，该分区用于存储用户创建的备份数据，分区大小决定了备份数据大小和备份次数。若没有建立备份还原分区是不能正常使用备份还原工具的，在执行系统备份时会报错“找不到备份还原分区或相应的配置文件”。备份还原工具可针对操作系统、数据分别进行备份和还原。备份又分为新建备份和增量备份两种备份方式。新建备份对全盘备份，完成后在备份列表中会新增备份名称；增量备份在某次新建备份的基础上备份，完成后在备份列表中不会新增备份名称。

操作：点击“开始菜单”|“备份还原”，打开备份还原工具。

麒麟备份还原工具有 3 种模式：常规模式、Grub 备份还原、LiveCD 还原。工具包括六部分功能：系统备份、系统还原、数据备份、数据还原、操作日志和 Ghost 镜像。

5.1.1 常规模式

1. 系统备份

系统备份包括“高级系统备份”和“全盘系统备份”两个标签页，“高级系统备份”包括“新建系统备份”和“系统增量备份”，主界面如图 5-1 所示。

图 5-1 系统备份

1）新建系统备份

将除备份还原分区、数据分区外的整个系统备份。

操作 1：选择“新建系统备份”后，点击“开始备份”，会弹出一个对话框，用户指定路径，填写“备注信息”后点击“确认”按钮，如图 5-2 所示。

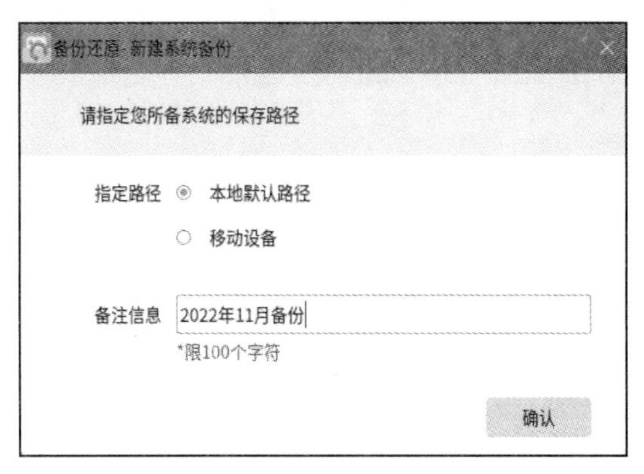

图 5-2 备份忽略目录或文件

操作 2：点击“确认”开始备份，如图 5-3 所示。

当确定进入备份时，系统查找备份还原分区是否有足够的空间来进行本次备份。若没有足够的空间，则会有报错弹窗；若有足够的空间，则会依次给出提示，如图 5-4 所示。

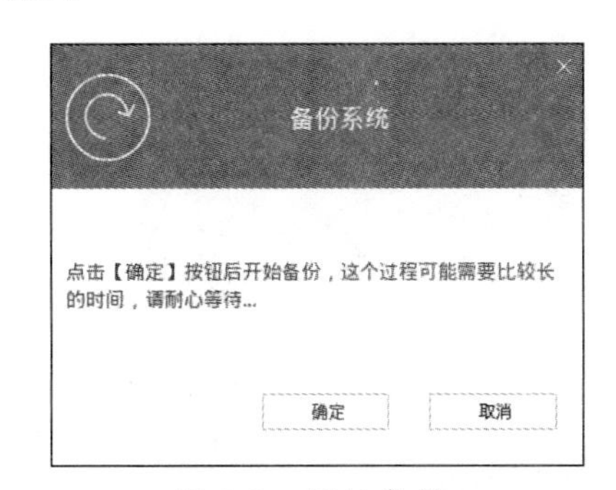

图 5-3 开始备份

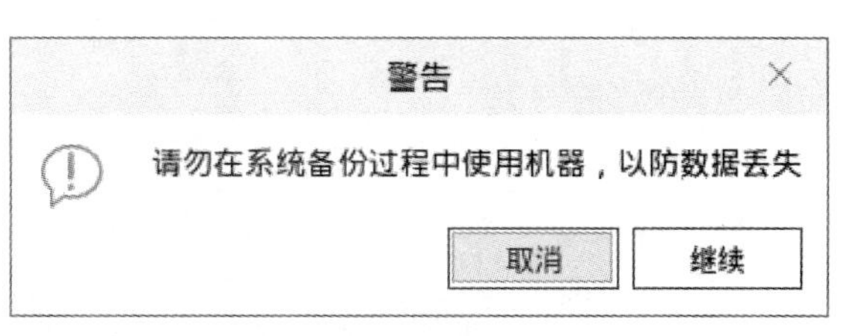

图 5-4 备份提示

操作 3：按“继续”按钮，则会在备份还原分区上新建一个备份。

在备份过程中，显示如图 5-5 所示的提示框。备份时间长短与备份内容大小有关。

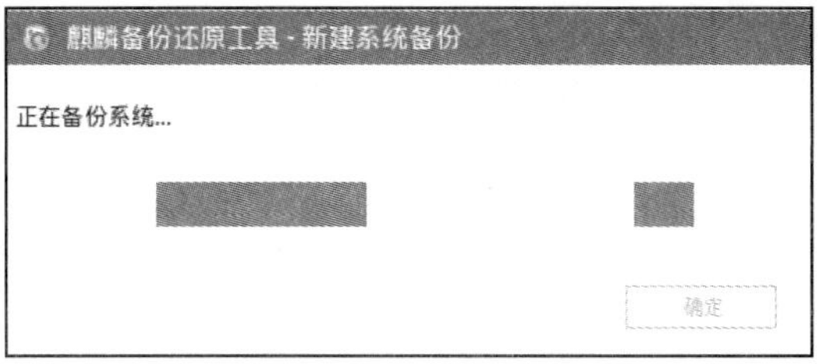

图 5-5 正在备份

“备份管理”可用来查看系统备份状态，删除无效备份，如图 5-6 所示。

麒麟备份还原工具 - 系统备份

你可以删除不需要的备份，更多细节请参照'操作日志'。

备份名称	识别码	备份大小	备份状态
20-01-01 02:26:33	{39f4411f-e23a-4bd5-9a2c-cade1f02cc01}	8.91GB	正常

删除

图 5-6　系统备份管理

2）系统增量备份

在一个已有备份的基础上，继续进行备份。当选择增量备份后，会弹出一个列出了所有备份的对话框，供用户选择。可以在失败的备份基础上进行增量备份。

2. 系统还原

“系统还原”可将系统还原到以前一个备份时的状态，如图 5-7 所示。

图 5-7　系统还原

点击“一键还原”，会弹出一个对话框，选择备份后点击“确定”按钮，如图 5-8 所示。还原成功后，系统会自动重启。

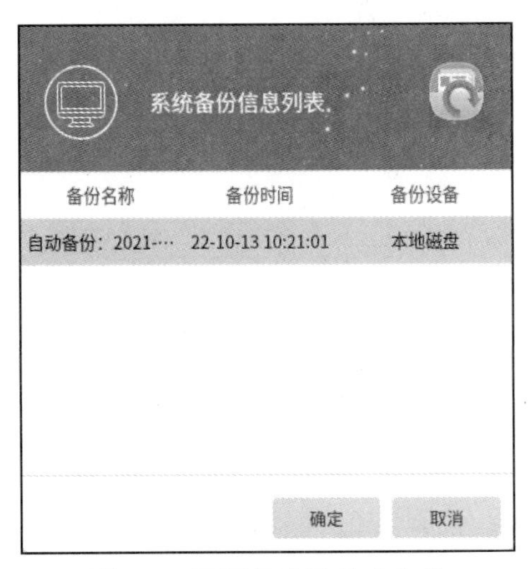

图 5-8 还原忽略目录或文件

3. 数据备份与数据增量备份

1）数据备份

“数据备份”用于备份用户想要备份的数据目录和文件，分为“新建数据备份”和“数据增量备份”两种，如图 5-9 所示。

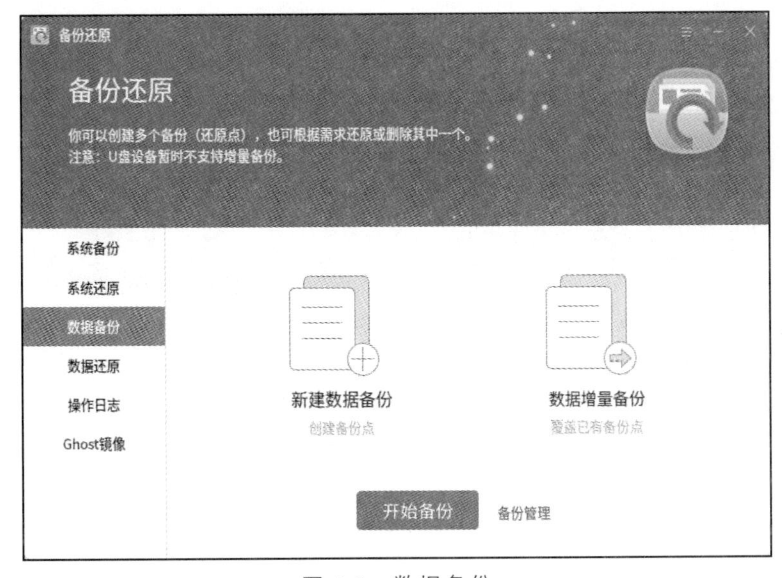

图 5-9 数据备份

操作：选择“新建数据备份”后，点击“开始备份”，会弹出一个对话框，供用户指定需要备份的目录或文件，如图 5-10 所示。

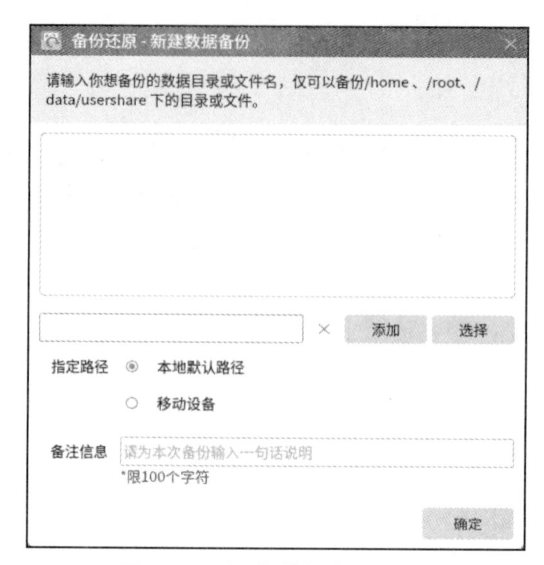

图 5-10　指定数据备份目录

“备份管理”可用来查看数据备份状态，删除无效备份。

2）数据增量备份

在某个数据备份的基础上，增加需要备份的数据。

4. 数据还原

“数据还原”将数据恢复到当时备份时刻的数据，如图 5-11 所示。

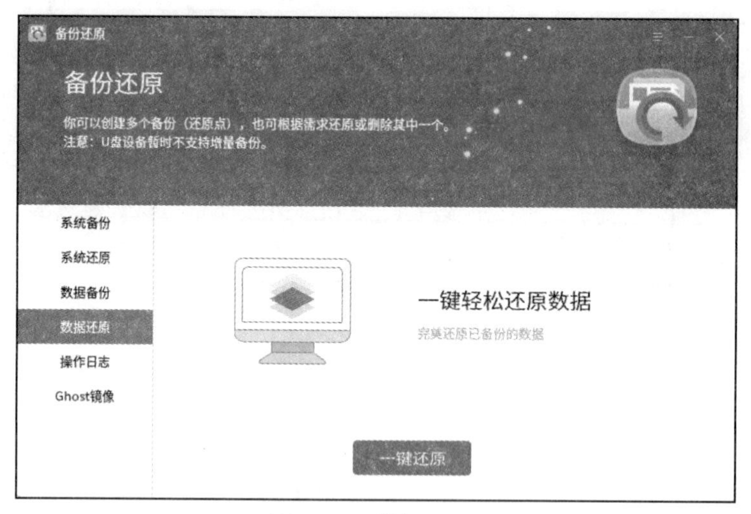

图 5-11　数据还原

5. 操作日志

记录了在备份还原工具上的所有操作，可通过“上一页”“下一页”按钮进行翻页查看，如图 5-12 所示。

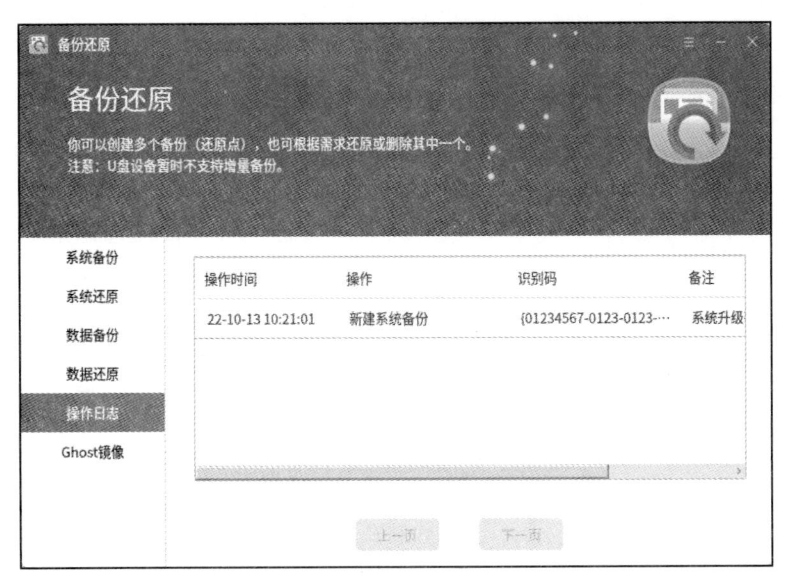

图 5-12　操作日志

6. Ghost 镜像

Ghost 镜像安装是指将一台机器上的系统生成一个镜像文件，然后使用该镜像文件来安装操作系统。要使用该功能，首先需要有一个备份。

1）创建 Ghost 镜像

操作 1：选择菜单“Ghost 镜像”，如图 5-13 所示。

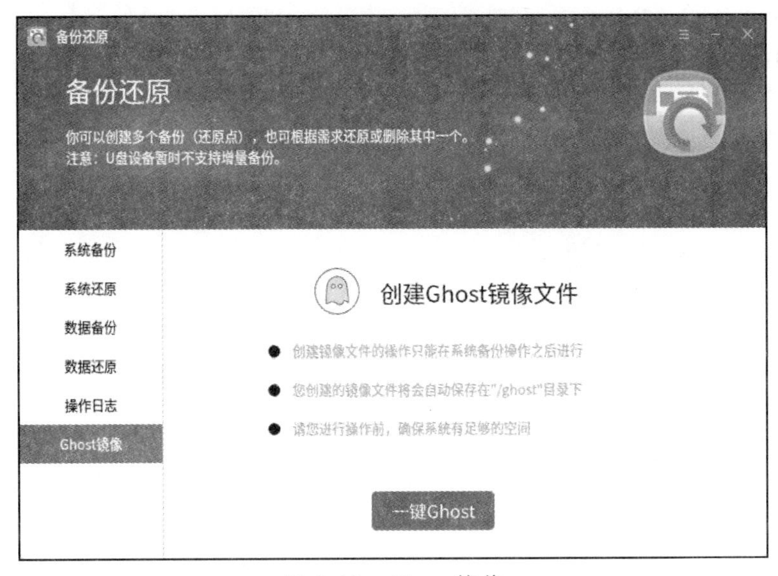

图 5-13　Ghost 镜像

操作 2：点击“一键 Ghost”后，会弹出当前所有备份的列表，如图 5-14 所示，用户选择后开始制作 Ghost 镜像。

图 5-14 Ghost 镜像选择制作

镜像文件名的格式为“主机名＋体系架构＋备份名称.kyimg”，其中，备份名称只保留了数字。

2）安装 Ghost 镜像

操作 1：把制作好的 Ghost 镜像（存在于/ghost 目录下）拷贝到 U 盘等可移动存储设备。

操作 2：进入 LiveCD 系统后，接入可移动设备。

操作 3：若设备没有自动挂载，可通过终端，手动将设备挂载到/mnt 目录下。通常情况下，移动设备为/dev/sdb1，可使用命令“fdisk -l”查看。

sudo mount/dev/sdb1/mnt

操作 4：双击安装图标，开始安装引导。在“安装方式”中选择“从 Ghost 镜像安装”，并找到移动设备中的 Ghost 镜像文件，如图 5-15 所示。

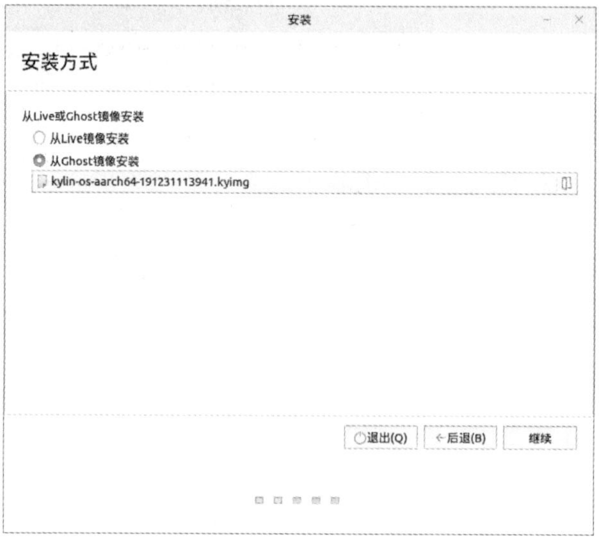

安装

安装方式

从Live或Ghost镜像安装

从Live镜像安装

从Ghost镜像安装

kylin-os-aarch64-191231113941.kyimg

退出(Q)　后退(B)　继续

图 5-15 Ghost 安装

如果制作镜像文件时带有数据盘，则在下一步“安装类型”中也要勾选“创建数据盘”。

5.1.2 Grub 备份还原

操作：开机启动系统时，在 Grub 菜单选择系统备份、还原模式，如图 5-16 所示。

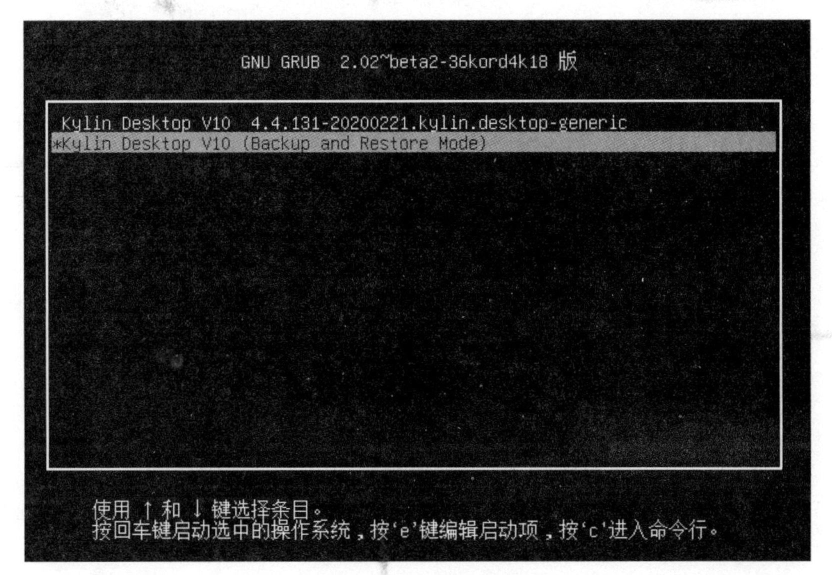

图 5-16 Grub 菜单

在此处可选择备份或者还原，如图 5-17 所示。若出错，可重启系统再次进行备份或还原。

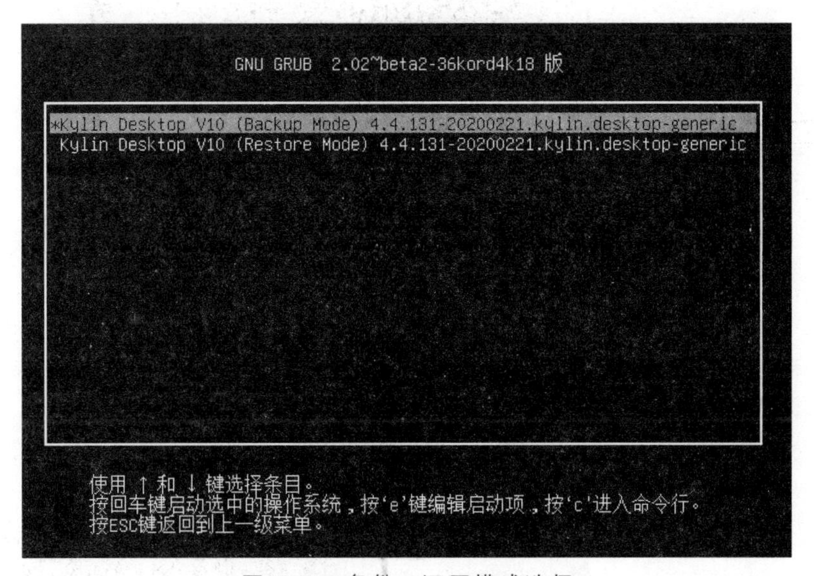

图 5-17 备份、还原模式选择

（1）备份模式：系统立即开始备份，屏幕上会给出提示。

对于备份模式而言，等同于常规模式下的“新建系统备份”。如果备份还原分区没有足够的空间，则无法成功备份。

（2）还原模式：系统立即开始还原到最近一次的成功备份状态，屏幕上会给出提示。

对于还原模式而言，等同于常规模式下的“一键还原”。如果备份还原分区上没有一个成功的备份，则系统不能被还原。

5.1.3 LiveCD 还原

操作：通过系统启动盘进入操作系统后，点击“开始菜单”|“备份还原”打开软件，主界面如图 5-18 所示。

图 5-18 LiveCD 还原主界面

其系统还原和操作日志可参考常规模式下的对应功能。

5.2 工具箱

想要进一步管理麒麟系统，还可以借助系统提供的“工具箱”来完成。该工具提供了电脑清理、性能检测、驱动管理、查看本机信息和工具大全等功能。

操作：“开始菜单”|“所有软件”|“工具箱”。

系统清理功能包含系统缓存清理、Cookies 清理和历史痕迹清理，如图 5-19 所示。

图 5-19 “电脑清理”

“本机信息”包括电脑概述、桌面环境、处理器、内存、硬盘、网卡等信息，如图 5-20 所示。

图 5-20 查看系统信息

“工具大全”包括软件商店、系统监视器和文件粉碎机等工具，如图 5-21 所示。

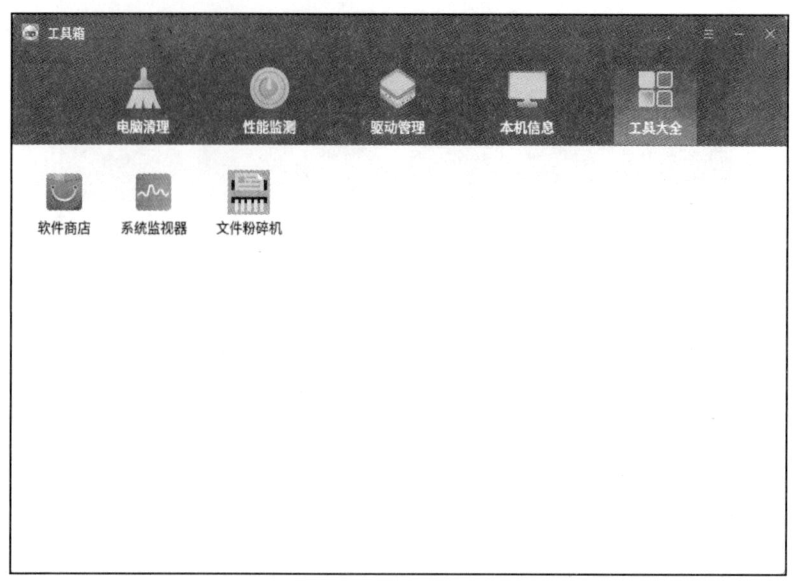

图 5-21 功能大全

说明：虽然系统清理并不会自动删除用户的办公文件，但依然建议在启动系统清理操作前，先将重要的文件备份保存。

5.3 安全中心

安全中心是由麒麟安全团队开发的一款系统安全管理程序，包含安全体检、账户安全、网络保护、应用控制与保护四大模块。

操作：可通过“开始菜单”|“安全中心”打开，如图 5-22 所示。

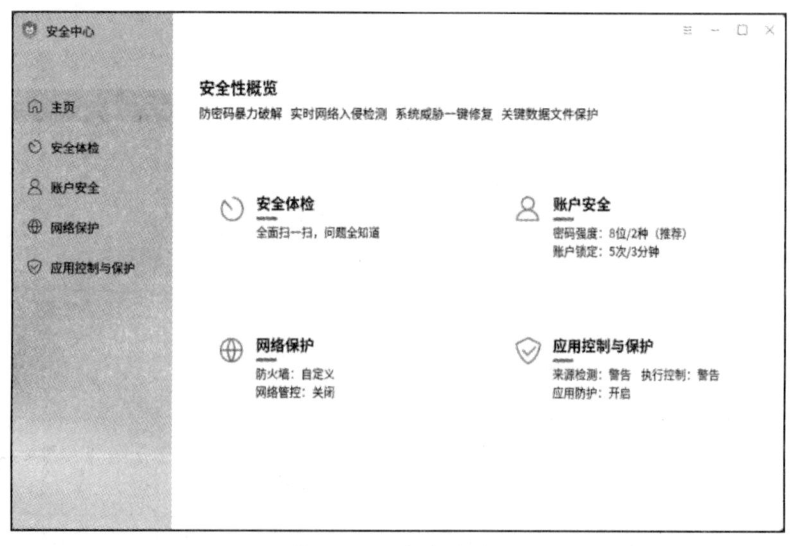

图 5-22 安全中心

5.3.1 安全体验

直观显示系统当前病毒防护状态，并提供简单的防病毒操作。

操作 1：点击首页的“安全体验”按钮，打开“安全中心”对话框，如图 5-23 所示。

图 5-23 病毒防护

操作 2：选择“开始体检”按钮，就可以做全方位的体检了，如图 5-24 所示。

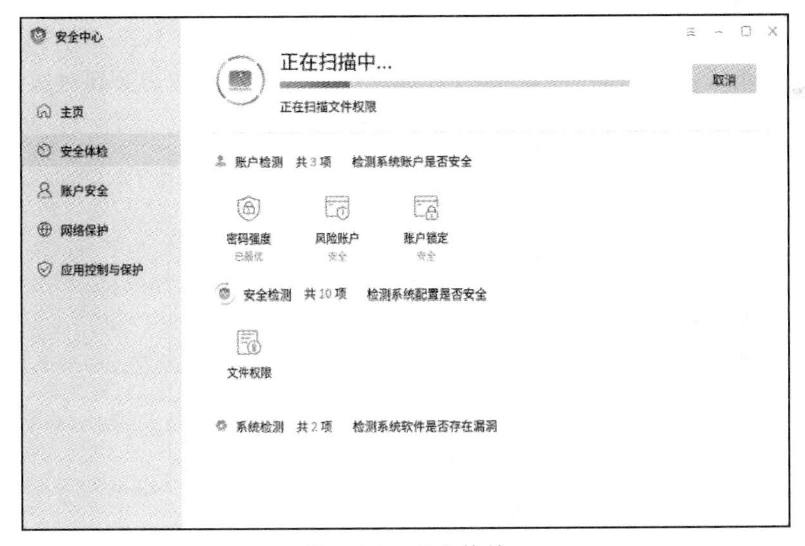

图 5-24 安全体检

5.3.2 账户安全

提供系统账户密码安全检查策略配置、账户锁定及登录信息显示配置功能。

操作：点击首页的“账户安全”按钮，或在左侧列表中“账户安全”标签页进入，如图 5-25 所示。

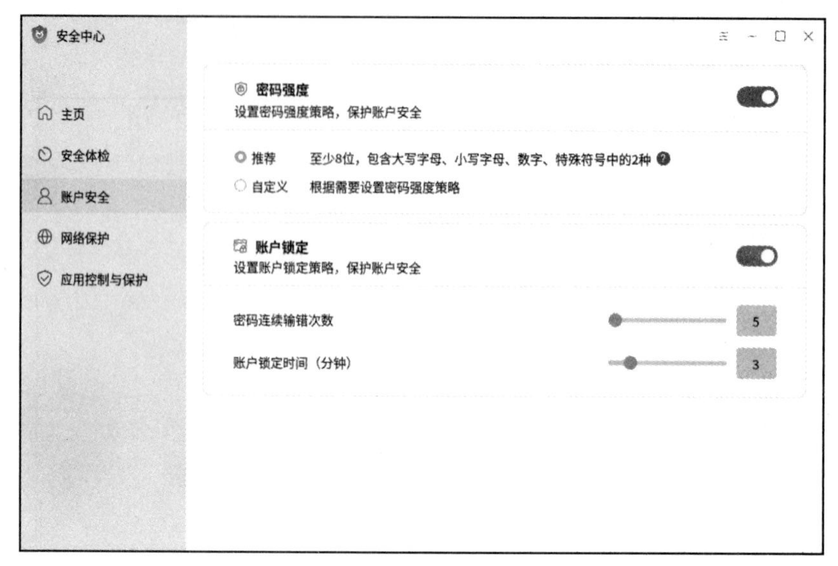

图 5-25　账户安全

密码强度分为推荐和自定义两种配置模式：

（1）推荐：密码长度至少 8 位，至少包含大写字符、小写字符、数字、特殊符号中的 2 种。

（2）自定义：根据需求自定义相应的密码强度策略，如图 5-26 所示。若设置的策略与高级、中级或低级相同时，再次打开账户安全时，将自动切换到对应模式。

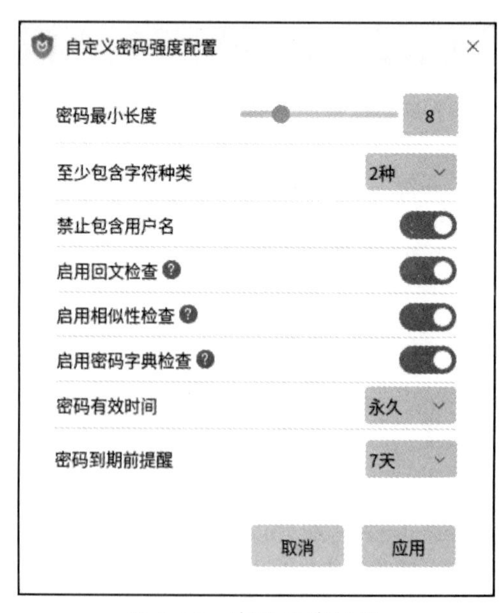

图 5-26　密码强度设置

5.3.3 网络保护

提供防火墙及应用联网管控功能。

操作：点击首页“网络保护”按钮，如图 5-27 所示。

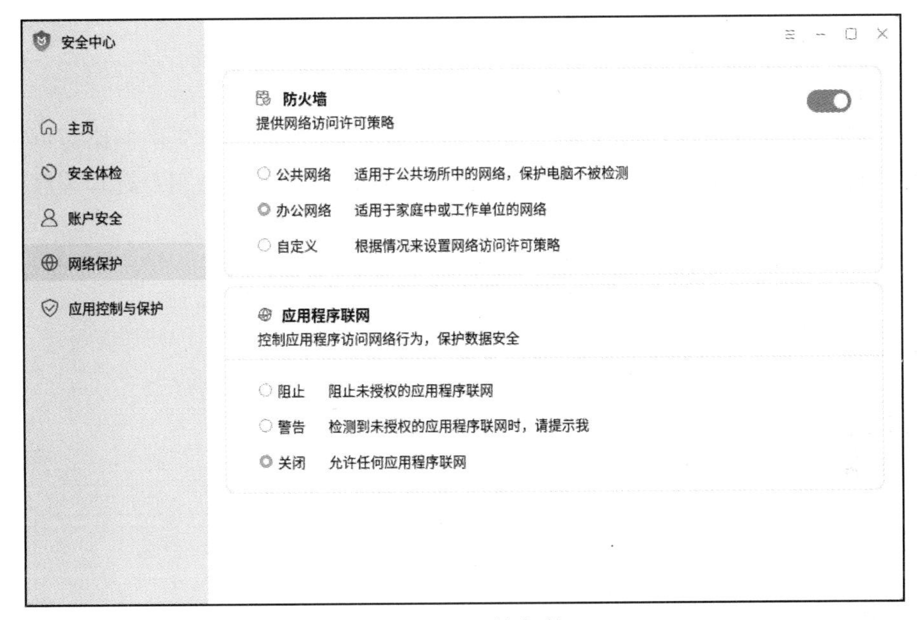

图 5-27 网络保护

1. 防火墙

防火墙用于防护外界应用连接系统，提供公共网络、办公网络和自定义配置三种策略。选择“自定义”后，显示配置界面如图 5-28 所示。

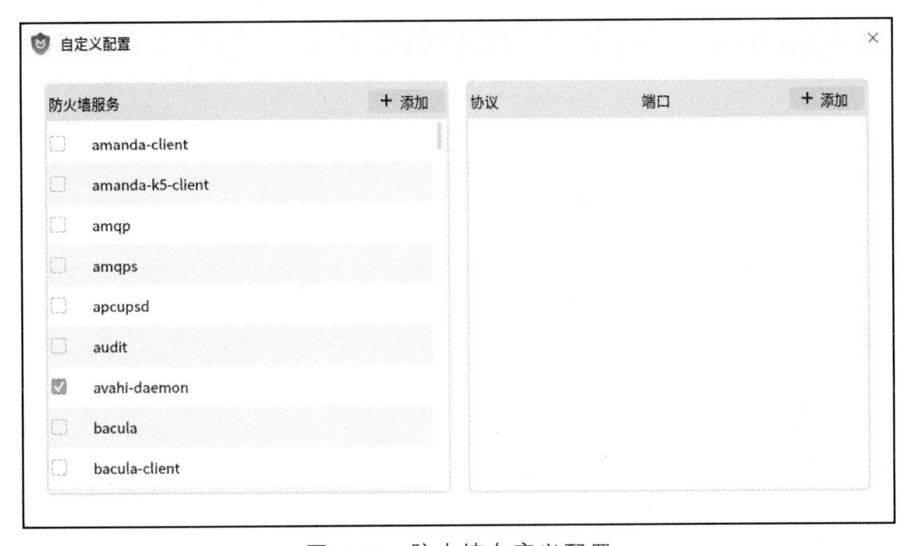

图 5-28 防火墙自定义配置

“防火墙服务”列表显示当前系统配置的防火墙服务。右侧列表显示当前服务下配置管控的协议和端口。勾选后，表示该服务配置启用。用户可通过添加、删除、编辑功能按钮对服务列表、端口、协议进行修改。

2. 应用程序联网

应用程序联网有三种状态，如图 5-27 所示。

（1）阻止：禁止一切应用程序的联网。

（2）警告：若应用程序已添加至管控列表，将根据应用所配置的网络访问策略进行管控；若应用程序未添加至管控列表，将显示认证对话框，由用户选择程序是否可以联网。

（3）关闭：所有应用程序均可联网。

5.3.4 应用控制与保护

提供执行控制运行模式设置，系统白名单快捷操作。

操作：点击首页“应用执行控制”按钮，如图 5-29 所示。

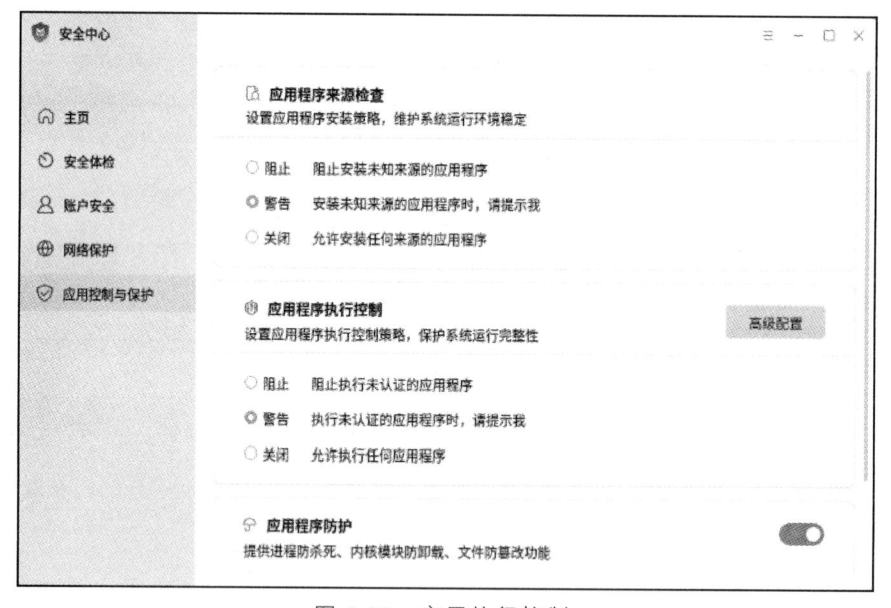

图 5-29　应用执行控制

1. 应用程序来源检查

应用程序完整性检查有三种状态：

（1）阻止：未认证或完整性被破坏的应用程序将不能被执行。

（2）警告：由用户来选择是否执行未认证或完整性被破坏的应用程序。

（3）关闭：不进行检查，所有应用程序均可执行。

2. 应用程序执行控制

用于设置应用程序执行控制策略，保护系统运行完整性，分三种状态，如图 5-30 所示。

（1）阻止：阻止执行未认证的应用程序。

（2）警告：执行未认证的应用程序时，进行提醒。

（3）关闭：允许执行任何应用程序。

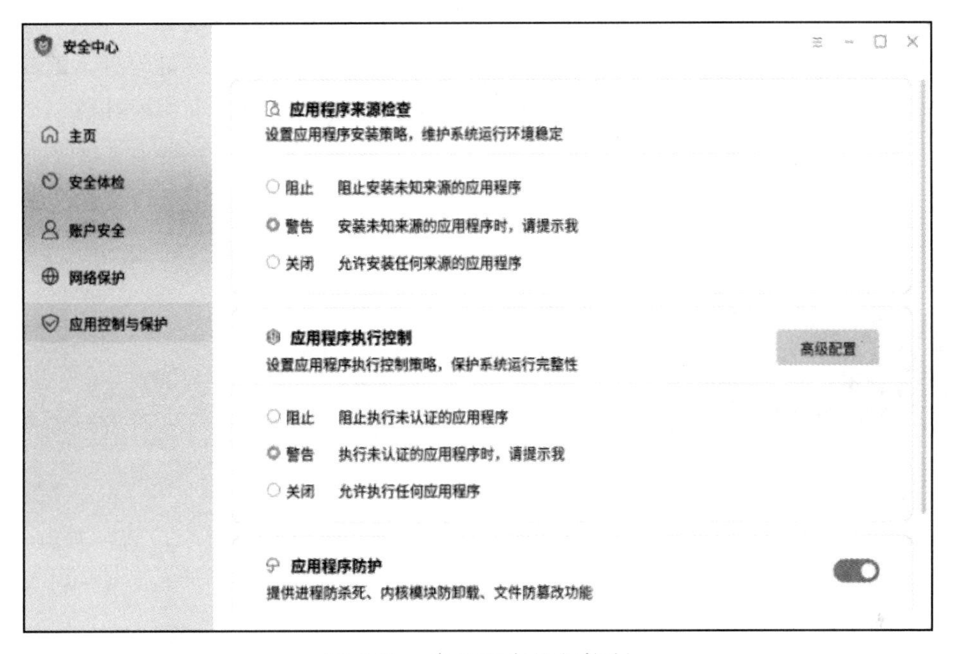

图 5-30 应用程序执行控制

6 软件管理

为了完成每个用户不同的需求，计算机操作系统需要安装多种不同的应用软件。麒麟操作系统利用麒麟软件商店可以对软件进行查找、安装、卸载等管理。麒麟软件商店提供了在线安装、一键卸载、应用搜索、应用升级和编辑软件源等功能，主界面如图 6-1 所示。

图 6-1 麒麟软件商店

6.1 登录和注册

6.1.1 登 录

点击左上角的登录图标，如图 6-2 所示。输入已有的账号和密码进行登录。

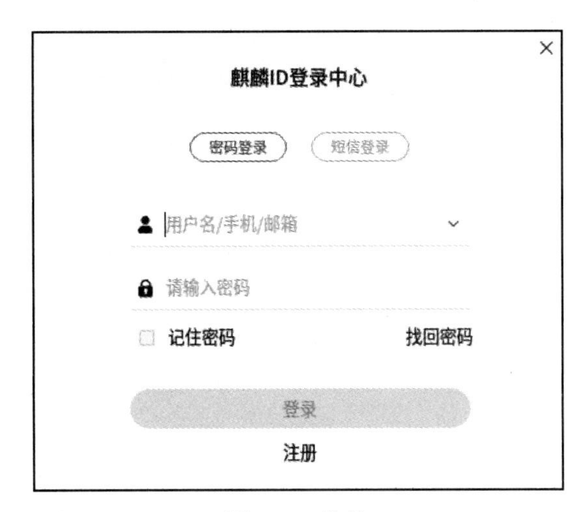

图 6-2 登录

6.1.2 注 册

如果还没有账号，点击如图 6-2 所示的窗口中的“注册”。选择用户类型，如图 6-3 所示。

图 6-3 选择用户类型

填写用户信息后，点击“注册”，如图 6-4 所示。

图 6-4　注册

6.2　软件的搜索与下载

6.2.1　软件的搜索

在搜索框中输入关键字，例如“微信”，按下 Enter 键或点击搜索图标，则会显示包含关键字的应用，如图 6-5 所示。

搜索包括全局搜索和精选搜索，全局搜索就是在软件源下搜索全部应用软件，搜索到的软件可能会有不可用或者其他质量问题。精选搜索是在测试筛选过的软件中进行搜索。默认为精选搜索。

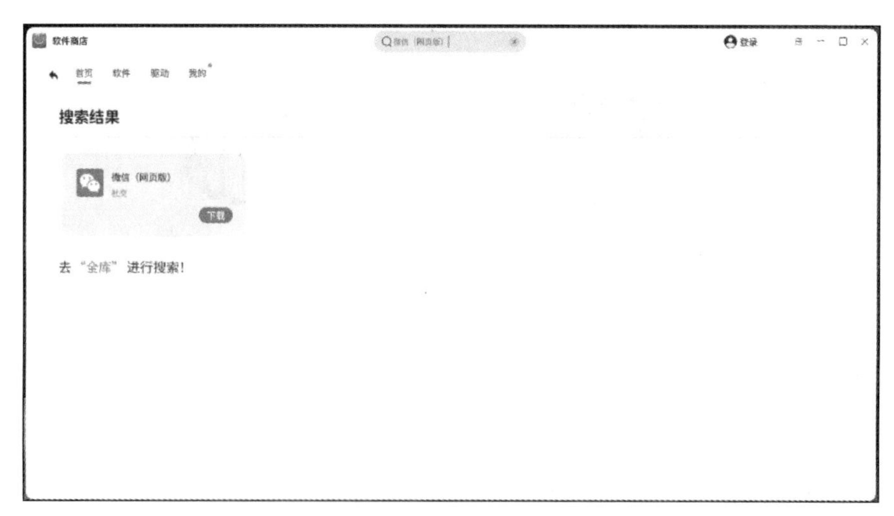

图 6-5　搜索软件

在软件升级、卸载界面搜索，是搜索当前标签页类别下的软件。

6.2.2 下载和安装

点击“下载”可查看下载窗口，如图 6-6 所示。

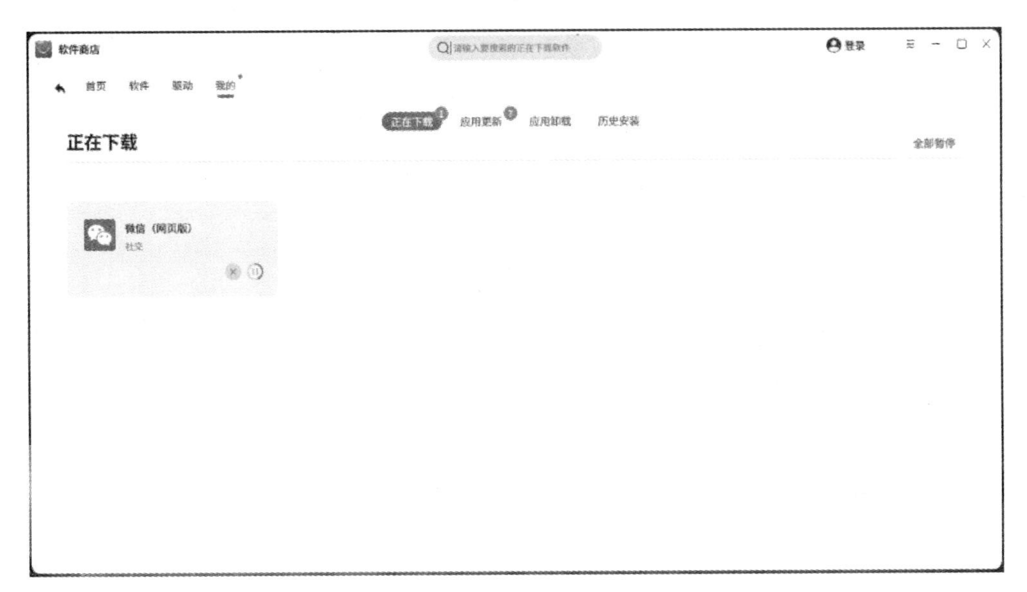

图 6-6 下载软件

下载完成后，点击“安装”，即可完成安装，如图 6-7 所示。

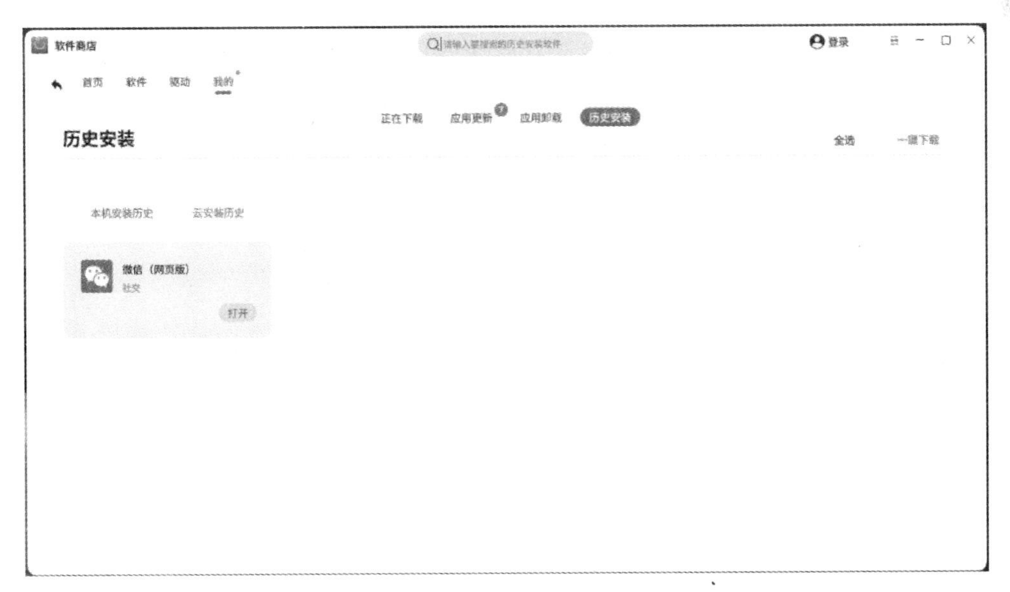

图 6-7 安装软件

6.2.3 分类查找

软件商店对软件进行了分类，可以点击“软件”或“驱动”等分类可快速找到自己的应用，如图 6-8 所示。

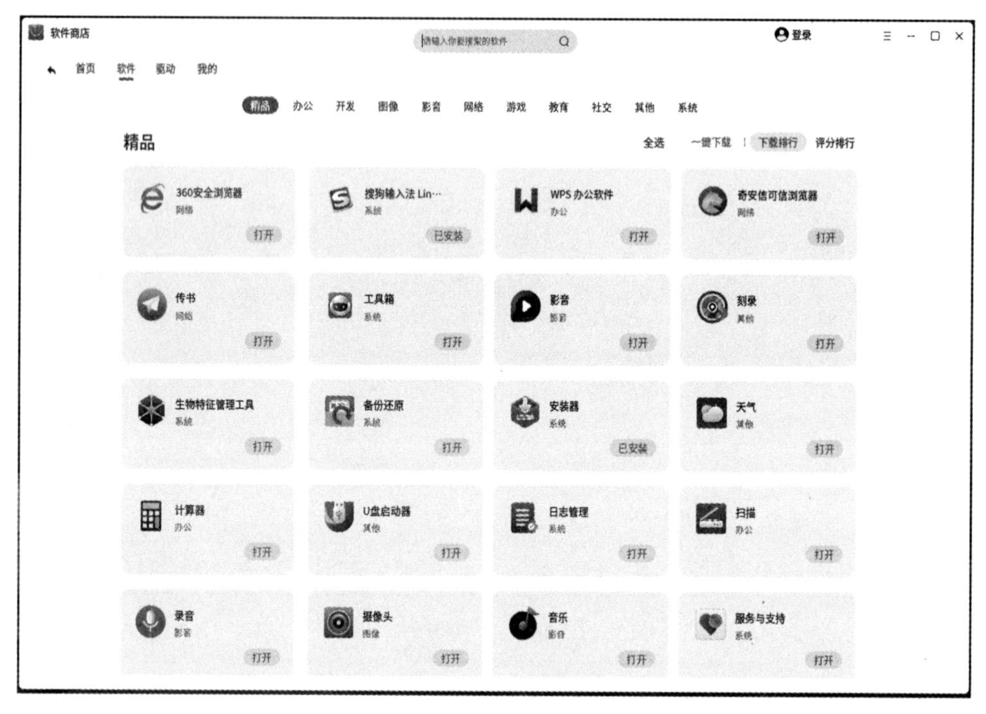

图 6-8 分类查找

点击界面的任一款软件，可以进入软件详情界面，从中可以查看软件包名、当前版本、软件介绍、评分和用户评论等信息。

7 其他应用软件

系统默认包含多款应用软件，涵盖了日常需求的各个方面，用户可以通过“开始菜单”|“所有程序”查看应用软件。

7.1 音视频软件

7.1.1 “音乐”播放器

“音乐”播放器支持播放多种音乐格式，具有音乐回放、音乐导入、显示歌词等功能，如图 7-1 所示。

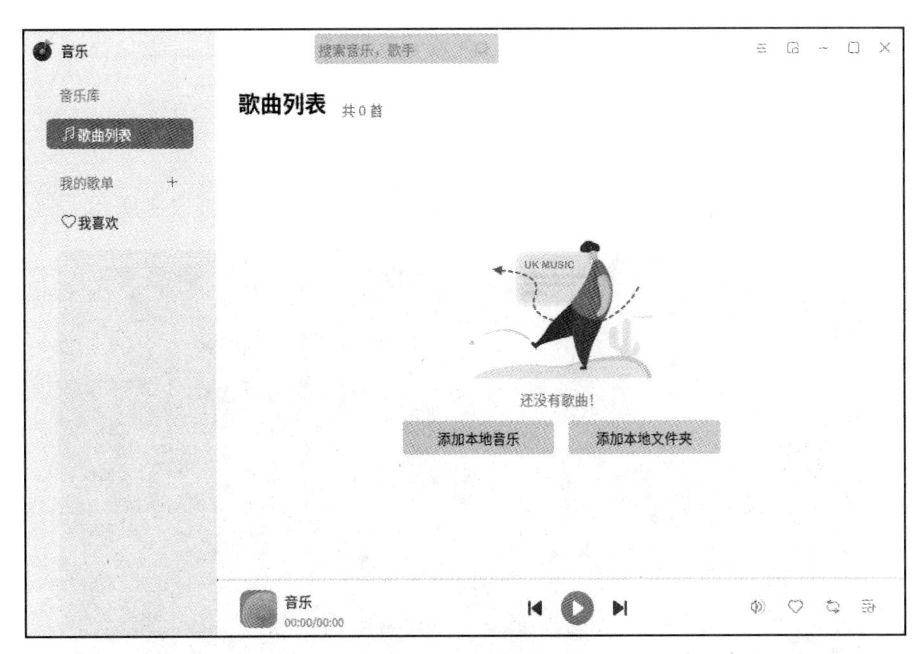

图 7-1 音乐播放器

7.1.2 音频录制器

“录音”用于录制音频，如图 7-2 所示。

图 7-2 “录音”软件

点开音频设置的折叠菜单，还可以进行以下设置：

（1）音频源设置。

（2）录音文件的格式设置。

（3）附加设置——可修改保存位置，设置音频设备，调整录制命令等。

7.1.3 影 音

“影音”是一款基于 MPlayer 和 MPV 的视频播放软件，如图 7-3 所示。

图 7-3 “影音”软件

用户可以通过右上角的图标对软件进行打开文件、设置等操作，如图 7-4 所示。

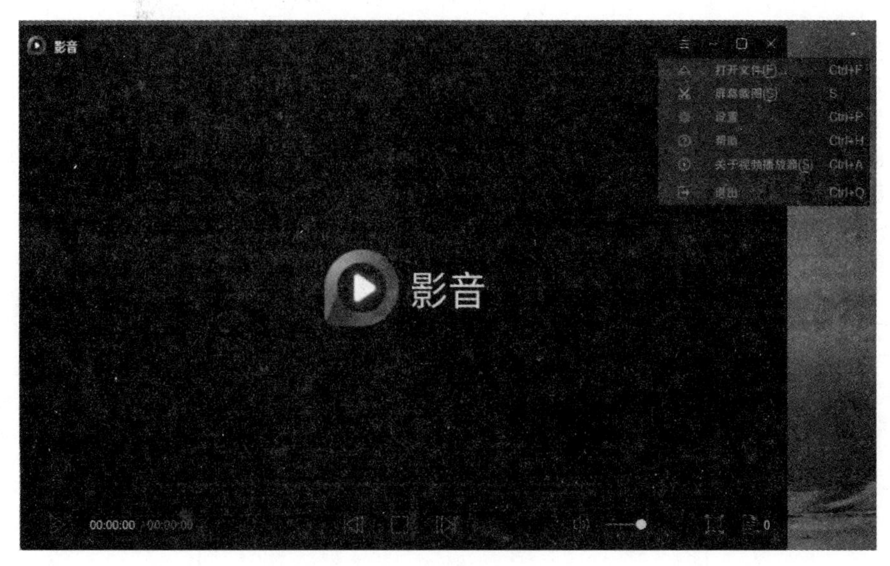

图 7-4　播放设置

7.1.4　摄像头

“摄像头”用于拍摄照片和录制视频，并可添加眩晕、弯曲等视觉效果，如图 7-5 所示。

图 7-5　摄像头

7.2 图像软件

7.2.1 画　图

“画图”是一个简单的图像绘画程序，是操作系统的预装软件之一。“画图”程序是一个位图编辑器，可以对各种位图格式的图画进行编辑。用户可以自己绘制图画，也可以对扫描的图片进行编辑修改，在编辑完成后，可以以 BMP、JPG、GIF 等格式存档，如图 7-6 所示。

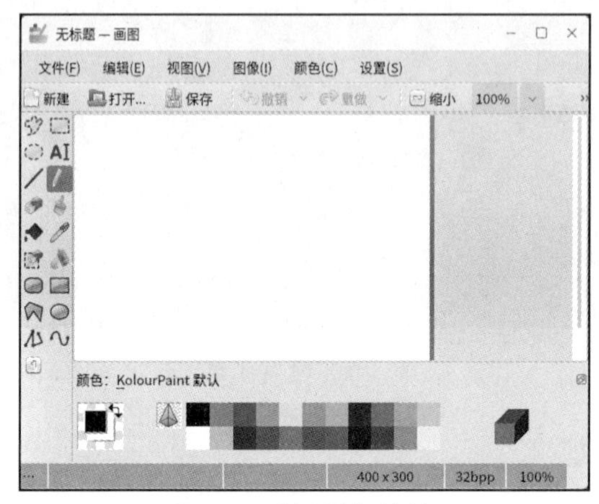

图 7-6 “画图”软件

7.2.2 看　图

“看图”能打开多种格式的图片，支持放大、幻灯显示图片、全屏、缩略图等，如图 7-7 所示。

图 7-7 “看图”软件

7.2.3 扫 描

“扫描”是一个简易的文件扫描工具，提供文件扫描、裁剪、旋转、重新排序页面功能，如图 7-8 所示。

图 7-8 扫描

7.2.4 截 图

“截图”可抓取整个桌面、当前窗口或截取区域，也可设置延时截图，如图 7-9 所示。

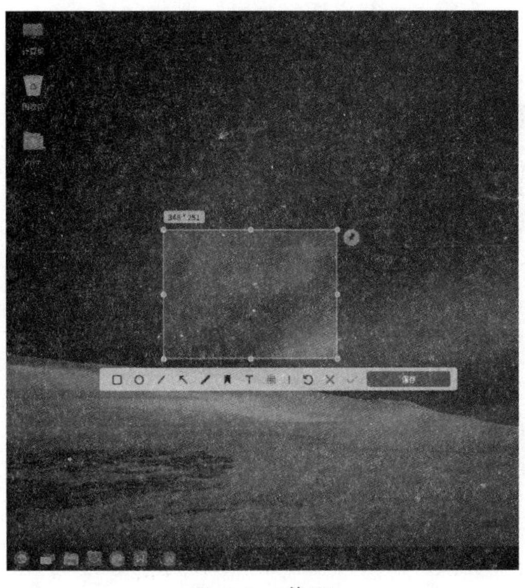

图 7-9 截图

7.3 归档管理器

“归档管理器”用于压缩和解压文件，主界面如图 7-10 所示。

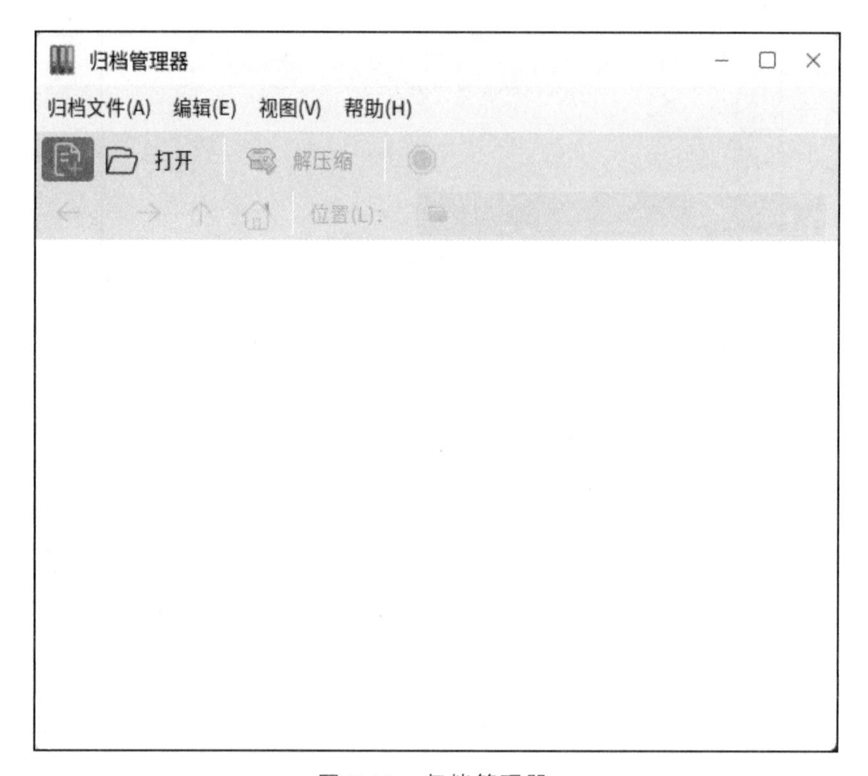

图 7-10 归档管理器

7.4 系统工具

7.4.1 分区编辑器

“分区编辑器”可以对本机所有存储设备（如本地硬盘、移动硬盘、U 盘等）进行查看和编辑（新建分区、删除分区、格式化等相关磁盘操作）。如图 7-11 所示，右上角表示当前的硬盘，通过下拉菜单可以看到系统上的所有磁盘。磁盘分区中的彩色条显示各个分区大小，对应下面列表中的分区名称；列表区展示了各个分区的详细信息，如分区名称、挂载点等。

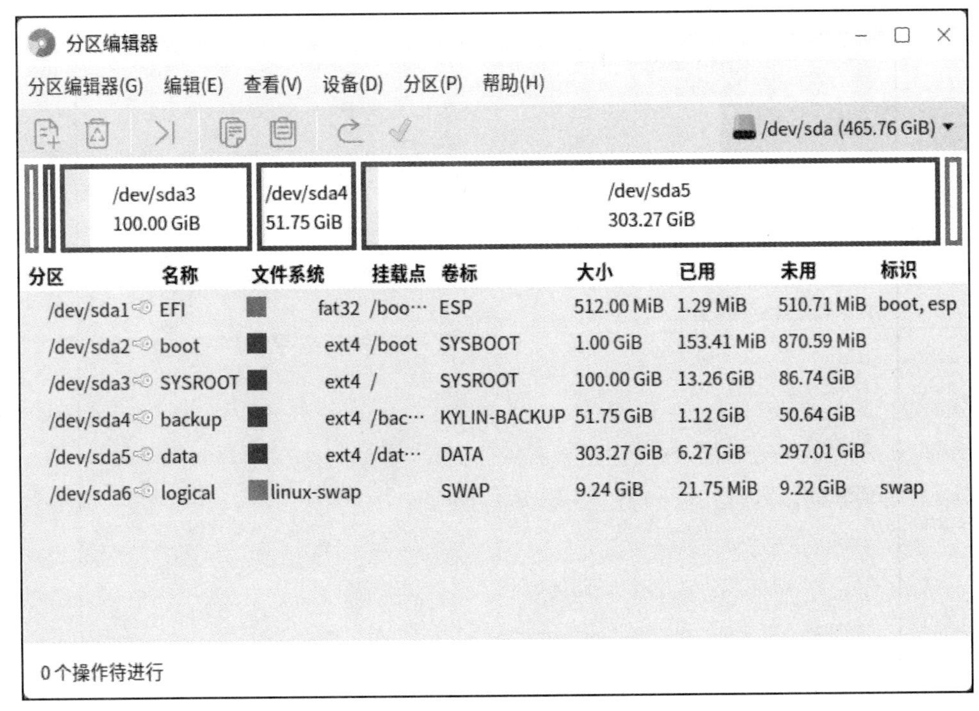

图 7-11　分区编辑器

分区编辑器的工具说明见表 7-1。

表 7-1　分区编辑器的工具说明

图标	功能说明	图标	功能说明
	在选定的未分配空间内建立一个新的分区		从剪贴板粘贴分区
	删除选定分区		撤销上次操作
	调整大小/移动选定分区		应用全部操作
	将选定分区复制到剪贴板	/dev/sda (465.76 GiB) ▾	当前设备信息

7.4.2　系统监视器

“系统监视器”用于查看进程、资源、文件系统的图形化工具，动态地监视系统的使用情况，如图 7-12 所示。

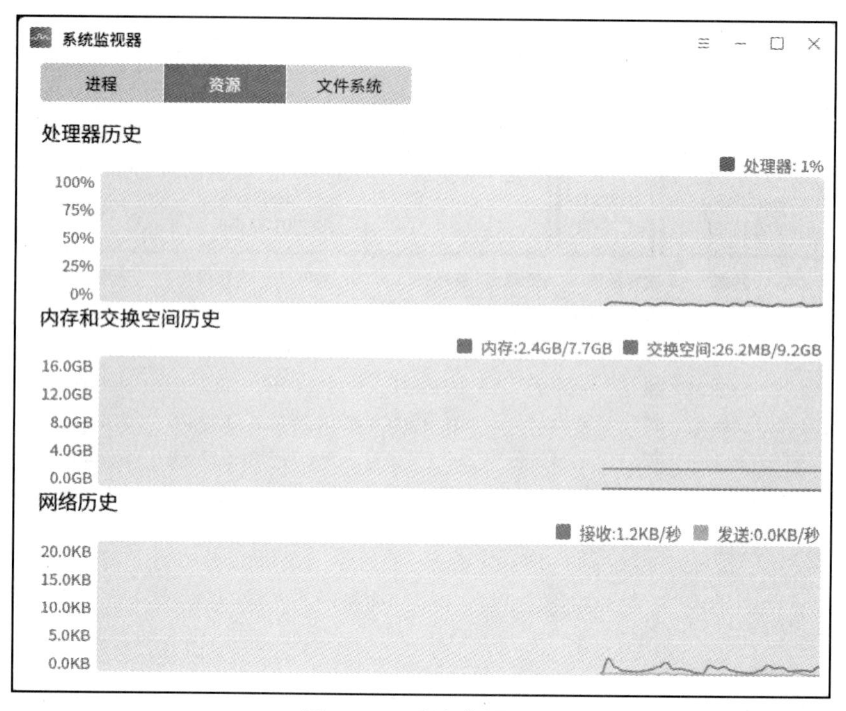

图 7-12 系统监视器

7.4.3 终 端

“终端”提供了在图形界面下的字符系统窗口。在桌面环境下，可以利用终端程序进入传统的命令操作界面，如图 7-13 所示。

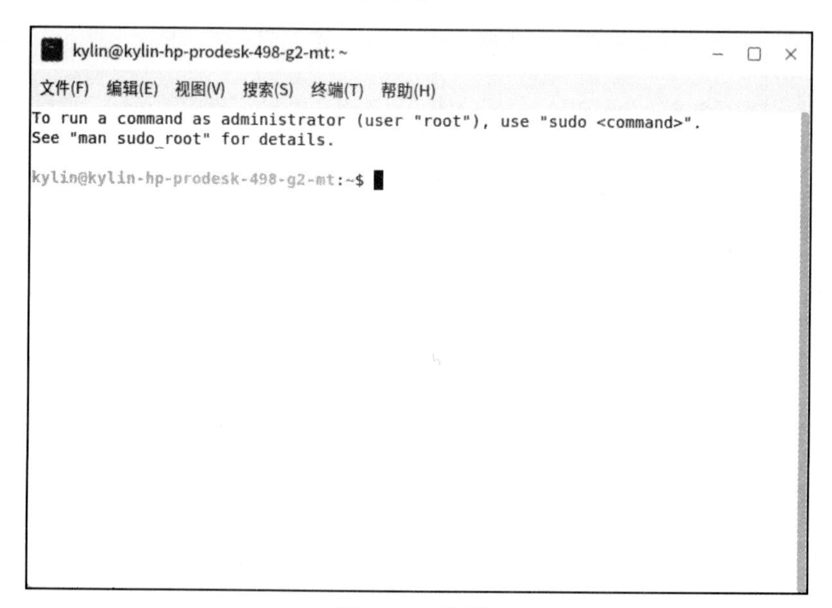

图 7-13 终端

如果需要退出终端程序，除了点击“关闭”按钮，还可以使用“exit”命令，或者按 Ctrl + D 快捷键。

7.5 其他小工具

7.5.1 光盘刻录器

“刻录”用于刻录光盘，包括刻录数据和刻录镜像两种方式，提供了刻录光盘、擦除光盘、检查光盘完整性等功能，如图 7-14 所示。

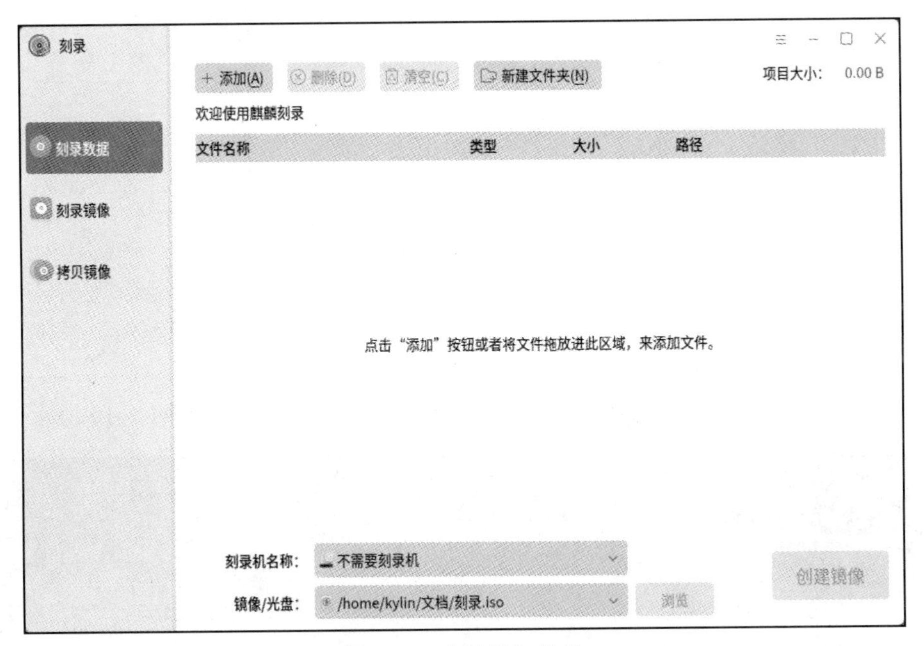

图 7-14 “刻录”软件

1. 刻录数据界面

该界面提供四个按钮：添加、删除、清空、新建文件夹。中间会显示添加的文件名称、路径、大小和描述。下方会显示光盘类型、光盘大小、估算项目大小。如果要生成镜像文件，则显示的是生成的镜像文件。

2. 刻录镜像界面

该界面需要选择镜像文件和光盘。系统识别到盘片后，会自动显示在选择列表中。

7.5.2 计算器

“计算器”包含基本、高级、财务、编程四种模式，如图 7-15 所示。

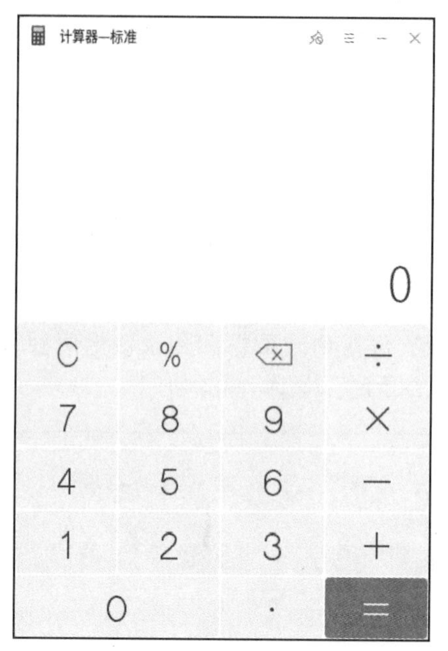

图 7-15　计算器

7.5.3 屏幕键盘

“屏幕键盘”用于在屏幕上显示键盘，提供键盘输入功能，如图 7-16 所示。

图 7-16　屏幕键盘

Kylinཅོག་ངོས་བཀོལ་སྤྱོད་རྒྱུད་ཁོངས་
རྒྱ་བོད་སྐད་གཉིས་བསྡུར་གཞི།

དག་བཤེར་གཏན་འབེབས། ཉི་མ་བཀྲ་ཤིས།

རྩོམ་སྒྲིག་པ། (བོད་ཡིག་གི་གསལ་བྱེད་ལྷུར་བསྒྲིགས་པ།)

ཕུར་བུ་ཚེ་རིང་། དབང་གྲགས་སྐྱབས། བསོད་ནམས་རྒྱ་མཚོ།

1 ཆི་ཞིན་བཀོལ་སྤྱོད་རྒྱུད་ཁོངས་ཀྱི་ངོས་འཛིན་དང་སྒྲིག་འཇུག་བྱ་ཚུལ།

1.1 ཆི་ཞིན་བཀོལ་སྤྱོད་རྒྱུད་ཁོངས་ངོས་འཛིན།

1.1.1 GNU/Linux ཡི་ལོ་རྒྱུས།

GNU/LinuxནིLinuxཡི་མིང་ཆ་ཚང་ཡིན་ཡང་རྒྱུན་དུ་ཚང་མས་བསྡུས་མིང་ལLinuxཟེར། Linuxབཀོལ་སྤྱོད་རྒྱུད་ཁོངས་ནི1991ལོར་བྱུང་བ་དང་། གསར་གཏོད་བྱེད་མཁན་ནི་ལིན་ན་སི·ཐུའོ་ཝ་ཙི(Linus Torvalds)ཡིན། Linuxབཀོལ་སྤྱོད་རྒྱུད་ཁོངས་བྱུང་བ་དང་། འཕེལ་རྒྱས། ད་ར་བ་བཅས་ཀྱི་བརྒྱུད་རིམ་ནང་ཐོག་མཐའ་བར་གསུམ་གྱི་རྒྱབ་རྟེན་གལ་ཆེན་ལྔ་དེ། UNIXབཀོལ་སྤྱོད་རྒྱུད་ཁོངས་དང་། MINXབཀོལ་སྤྱོད་རྒྱུད་ཁོངས། GNUའཆར་གཞི། POSIXཚད་གཞི། སྦྲེལ་དྲ་བཅས་ཡིན།

༡ **UNIX**བཀོལ་སྤྱོད་རྒྱུད་ཁོངས།

1969ལོར། བེ་ཨེར་ཚོད་ལྟ་ཁང་གི་ཞིབ་འཇུག་པKen ThompsonདངDennis Ritchieཡིས་ལས་འགན་མང་བའི་བཀོལ་སྤྱོད་རྒྱུད་ཁོངས་གསར་པ་ཞིག་རྩུས་འགོད་བྱས་ཏེ། དེ་ལ"UNIX"ཅེས་མིང་བཏགས་པ་དང་། 1974ལོར་བེ་ཨེར་ཚོད་ལྟ་ཁང་གིས་དངོས་སུUNIXབཀོལ་སྤྱོད་རྒྱུད་ཁོངས་དེ་ཁྱབ་བསྒྲགས་བྱས་པ་རེད།

༢ **MINIX**བཀོལ་སྤྱོད་རྒྱུད་ཁོངས།

MINIXནི་དགེ་རྒན་ཆེན་མོ་བ Andrew S. Tanenbaum ཡིས1987ལོར་རྩུས་འགོད་བྱས་པའི་རིགསUNIXཡི་བཀོལ་སྤྱོད་རྒྱུད་ཁོངས་ཤིག་ཡིན། MINIX ཡི་མིང་ནི་དབྱིན་ཡིག MINI དང UNIX ལས་བླང་པ་ཡིན། དེ་ནི་རིགསUNIXཡི་བཀོལ་སྤྱོད་རྒྱུད་ཁོངས་ཀྱི་ཡྲས་ཆུང་པར་གཞི་ཞིག་ཡིན།

༣ **GNU**འཆར་གཞི།

UNIXལ་དགའ་པོ་བྱེད་མཁན Richard M.Stallman ཡིས1984ལོར་རང་མོས་མཉེན་ཆས་མ་ལགGNU(GNUནི"GNU is Not UNIX"ཡི་རིམ་ལོག་བསྡུས་འབྲི་ཡིན།)གསར་བཟོ་བྱས་པ་དང་འབྲེལ་གྲོས་ཆོདGPL(GNUཡི་ཀུན་སྤྱོད་སྤྱི་བའི་ཆོག་མཆིངས་ཡིན།)བཏོན་པ་རེད། གྲོས་མཐུནGPLཡི་ནང་གྲོས་མཐུནGPLའོག་གི་རང་མོས་མཉེན་ཆས་ཚང་མས་པར་དབང་མེད་པའི་རྩ་དོན་ལ་བརྩི་སྲུང་བྱ་དགོས་པའི་གཏན་འབེབས་བྱས་ཡོད་པ་སྟེ། རང་མོས་མཉེན་ཆས་ཀྱིས་སྤྱོད་མཁན་ལ་རང་མོས་འདྲ་བཟོ་དང་། བཟོ་བཅོས། ཕྱིར་ཚོང་བཅས་བྱེད་དུ་འཇུག་གི་ཡོད་མོད། འོན་ཀྱང་དེའི་ཁུངས་ཀྱི་ཚབ་ཨང་བཟོ་བཅོས་གང་འདྲ་ཞིག་བྱས་ཧྲང་ངེས་པར་དུ་སྤྱོད་མཁན་ཚང་མར་ཡོངས་བསྒྲགས་བྱ་དགོས།

༤ POSIXཚད་གཞི།

POSIX(Portable Operating System Interface of UNIX)ནི་སྤྱི་འཛུགས་རུང་བའི་བཀོལ་སྤྱོད་རྒྱུད་ཁོངས་ཀྱི་མཐུད་ཁ་ཡིན། POSIXཡི་ཚད་གཞིས་བཀོལ་སྤྱོད་རྒྱུད་ཁོངས་ཀྱིས་ཉེར་སྤྱོད་བྱ་རིམ་ལ་མཁོ་འདོན་བྱ་དགོས་པའི་མཐུད་ཁའི་ཚད་གཞི་ལ་མཚན་ཉིད་བཞག་ཡོད་ཅིང་། དེའི་མིང་ངོ་མར་IEEE1003ཟེར།

༥ སྤྲེལ་དྲས་Linuxཡི་འཕེལ་རྒྱས་ལ་ལྷན་པའི་དོན་སྙིང་།

1991ལོར། Linus TorvaldsཡིསMINIXསྙིགས་བུ་དང་དཔྱད་གཞི་བྱས་ཏེ། UNIXདང་འཆམ་མཐུན་གྱིLinuxབཀོལ་སྤྱོད་རྒྱུད་ཁོངས་ཀྱི་ནང་སྙིང་གསར་སྤེལ་བྱས་པ་མ་ཟད། དོན་ཚནGPLའོག་ཏུ་ཁྱབ་བསྒྲགས་བྱས་པ། ཚབ་ཨང་ཆ་ཚང་ནི་ཁ་ཕྱེ་མེད་པ། སྤྲེལ་དྲ་ལ་བརྟེན་ནསLinuxནི་དྲ་ཐོག་ཏུ་དར་ཁྱབ་ཆེན་པོ་བྱུང་བ་དང་། བྱ་རིམ་པ་མང་པོ་ཞིགLinuxཡི་གསར་སྤེལ་དང་བཟོ་བཅོས་ལ་ཞུགས། དེ་ནས་བཟུངLinuxཡིས་ནང་སྙིང་མཁོ་འདོན་བྱས་པ་དང་། GNU ཡིས་ཕྱི་སྐོར་མཉེན་ཆས་མཁོ་འདོན་བྱས། GNU/Linux ནི་བྲལ་ཐབས་མེད་པའི་མ་ལག་ཆ་ཚང་ཞིག་ཏུ་གྱུར།

1.1.2 Linuxནས་ཆི་ལིན་བྱུང་ཚུལ།

དོན་སྙིང་ནན་པོའི་ཐོག་ནས་བཤད་ན། Linuxནི་བཀོལ་སྤྱོད་རྒྱུད་ཁོངས་ཀྱི་ནང་སྙིང་བྱ་རིམ་ཞིག་ཡིན་པ་དང་། རྒྱུན་མཐོང་གི་པར་གཞི་སྣ་ཚོགས་ཀྱིLinuxནི་རྒྱུན་དུLinuxཞེས་པའི་ནང་སྙིང་སྤྱད་པའི་བཀོལ་སྤྱོད་རྒྱུད་ཁོངས་ཀྱི་འགྲེམས་སྤེལ་པར་གཞི་ཞིག་ཡིན། ཆ་ཚང་བའི་བཀོལ་སྤྱོད་རྒྱུད་ཁོངས་ཀྱི་འགྲེམ་སྤེལ་པར་གཞི་ཞིག་ལ་ནང་སྙིང་མ་ཟད། རྒྱུན་པར་ད་དུང་ངེས་པར་དུ་ལག་ཆ་དང་མཛོད་སོགས་འདེམས་པ་དང་སྡེབ་སྒྲིག་བྱ་དགོས།

ཆི་ལིན་བཀོལ་སྤྱོད་རྒྱུད་ཁོངས་ནིLinuxནང་སྙིང་བཀོལ་སྤྱོད་བྱེད་པའི་བཀོལ་སྤྱོད་རྒྱུད་ཁོངས་ཀྱི་མཉེན་ཆས་ཤིག་ཡིན། དེའི་ནང་དུ་ཁྲིད་དུ་འཕགས་པའི་ཅོག་ངོས་ཀྱི་ཉེར་སྤྱོད་རྒྱུད་ཁོངས་བསྡུས་ཡོད་པས། སྔོན་ཆད་ཀྱི་རྩོམ་འཛིང་ཆེ་བའིLinuxཡི་བཀོལ་སྤྱོད་སྟར་ལས་སླ་བར་གྱུར་ཡོད། གཞན་ཡང་ཆི་ལིན་གྱིསGUIདངShellབེད་སྤྱོད་མང་བའི་ལག་ཆ་བཅས་མཁོ་འདོན་བྱས་ཡོད་པས། སྤྱོད་མཁན་གྱི་བྱ་རིམ་འཁོར་སྐྱོད་དང་ཡིག་ཆའི་དོ་དམ་ལ་སྟབས་བདེ་བསྐྲུན་ཡོད། ལོ་བཅུ་ལྷག་ཙམ་རིང་གི་འཕེལ་རྒྱས་བརྒྱུད་ནས་ཆི་ལིན་གྱིས་ཅོག་ངོས་ཁོར་ཡུག་དང་། བདེ་འཇགས། རིས་དབྱིབས་མངོན་ཚུལ་སོགས་ཀྱི་ཐད་རྒྱུན་ཆད་མེད་པར་སྤེལ་བ་དང་ཇེ་ལེགས་སུ་བཏང་བས་ཞབས་ཞུ་ཆས་ཀྱི་པར་གཞི་དང་། ཅོག་ངོས་ཀྱི་པར་གཞི། སྔོན་མངགས་པར་གཞི་སོགས་ཐོན་རྫས་མང་པོ་ཞིག་ཆགས་ཡོད།

1.1.3 Kylinདཀྱི་ཆོགས་ཆི་ལིན།

ཆི་ལིན་བཀོལ་སྤྱོད་རྒྱུད་ཁོངས་ལ་མིང་བཏགས་པ་ནས་ད་བར་ལོ་བཅུ་ཕྲག་ཁ་ཤས་སོང་བ་དང་།

དེ་འཕེལ་རྒྱས་ཀྱི་དུས་སྐབས་མི་འདྲ་བ་བརྒྱད་མྱོང་ཡོད། 2007ལོར། སྔར་གྱི་རྒྱལ་སྲུང་ཚན་རྩལ་སློབ་ཆེན་གྱི་རྩིས་འཁོར་སློབ་གླིང་གི་ལག་རྩལ་སྟོབས་ཤུགས་ལ་བརྟེན་ནས། ཧུའུ་ནན་ཆི་ལིན་བརྡ་འཕྲིན་བཟོ་སྐྲུན་ལག་རྩལ་ཚད་ཡོད་ཀུང་སིས“ཆི་ལིན”ཚོང་རྟགས་བཀོལ་སྤྱོད་བྱས། 2010ལོའི་ཟླ12པར། “ཀྲུང་སྟེའོLinux”བཀོལ་སྤྱོད་རྒྱུད་ཁོངས་དང་རྒྱལ་སྲུང་ཚན་རྩལ་སློབ་ཆེན་གྱིས་ཞིབ་འཇུག་དང་གསར་བཟོ་བྱས་པའི“དགུ་ཚོགས་ཆི་ལིན”(Kylin)བཀོལ་སྤྱོད་རྒྱུད་ཁོངས་ཀྱི་ཚོང་རྟགས་སྡེབ་སྒྲིག་བྱས་ཏེ། མཉམ་དུ་“ཀྲུང་སྟེའོ་ཆི་ལིན”བཀོལ་སྤྱོད་རྒྱུད་ཁོངས་ཀྱི་ཚོང་རྟགས་བཏོན་ཡོད། 2014ལོར་རྒྱལ་སྲུང་ཚན་རྩལ་སློབ་ཆེན་དང་། ཀྲུང་གོ་གློག་རྡུལ་ཆ་འཕྲིན་ཐོན་ལས་ཚོགས་པ་ཚད་ཡོད་ཀུང་སི(China Electronics Corporation,CEC) ཐེན་ཅིན་གྲོང་ཁྱེར་སྲིད་གཞུང་བཅས་ཀྱིས་མཉམ་དུ་ཐེན་ཅིན་ཆི་ལིན་ཆ་འཕྲིན་ལག་རྩལ་ཚད་ཡོད་ཀུང་སི(བསྡུས་མིང་ལ“ཐེན་ཅིན་ཆི་ལིན”ཟེར།)བཙུགས་པ་དང་། རྒྱལ་སྲུང་ཚན་རྩལ་སློབ་ཆེན་གྱི་ལག་རྩལ་རྒྱུན་འཛིན་དང་སྔར་གསོ་ཡོང་ཆེད“དགུ་ཚོགས་ཆི་ལིན”ཚོང་རྟགས་སྤྱད་པ་དང་འབྲེལ“ཆི་ལིན”དང“དགུ་ཚོགས་ཆི་ལིན” “Kylin” “YHLYLIN” སོགས་ཚོང་རྟགས་དང་ཤེས་བྱའི་ཐོན་དབང་ཐོབ་པ་རེད།

ཐེན་ཅིན་གྱིས་ཆི་ལིན་བཙུགས་པ་ནས་བཟུང་རྒྱལ་སྲུང་ཚན་རྩལ་སློབ་ཆེན་གྱི་ལག་རྩལ་ཞིབ་འཇུག་གསར་སྤེལ་གྱི་ནུས་པ་ཆེ་བ་དང་། CECཚོགས་པའི་ཐོན་ལས་ཅན་གྱི་ནུས་པ་ཆེ་བ། ཐེན་ཅིན་གྲོང་ཁྱེར་སྲིད་གཞུང་གི་རྒྱབ་སྐྱོར་ཤུགས་ཆེན་བཅས་ལ་བརྟེན་ནས་དགུ་ཚོགས་ཆི་ལིན་བཀོལ་སྤྱོད་རྒྱུད་ཁོངས་དང་སྤྲིན་རྩིས་སྟེགས་བུ་དེ་རང་རྒྱལ་གྱི་རང་བདག་ཆ་འཕྲིན་རྒྱུད་ཁོངས་ཀྱི་རྨང་རྡོ་བརྟན་པོ་ཞིག་ཏུ་གྱུར་ཡོད།

1.2 ཆི་ལིན་བཀོལ་སྤྱོད་རྒྱུད་ཁོངས་ཀྱི་སྒྲིག་འཇུག

1.2.1 རྒྱུད་ཁོངས་སྒྲིག་འཇུག་གི་སྡེབ་སྒྲིག་རེ་བ།

ཆི་ལིན་བཀོལ་སྤྱོད་རྒྱུད་ཁོངས་སྒྲིག་འཇུག་བྱ་པའི་རྩིས་འཁོར་སྲ་ཆས་ཀྱི་ཆེས་དམའ་བའི་སྡེབ་སྒྲིག་གི་རེ་བ་སྐོང་དགོས། དེའི་ཆེས་དམའ་བའི་སྡེབ་སྒྲིག་དང་འོས་སྦྱོར་གྱི་སྡེབ་སྒྲིག་ནི་རེའུ་མིག1-1ཡིས་མཚོན་པ་ལྟ་བུའོ།།

རེའུ་མིག1-1 ཆེས་དམའ་བའི་སྡེབ་སྒྲིག་དང་དང་འོས་སྦྱོར་སྡེབ་སྒྲིག

པར་གཞིའི་རྣམ་པ།	ནང་གསོག་ཆུང་ཤོས།	འོས་སྦྱོར་ནང་གསོག	སྲ་སྡེར་བར་སྟོང་ཆུང་ཤོས།	འོས་སྦྱོར་སྲ་སྡེར་བར་སྟོང་།
ཅོག་ངོས་རྒྱུད་ཁོངས།	2 GB	4 GBཡན།	10GB(སྒྲིག་འཇུག་སྐབས་སུ་གྲབས་ཉར་སོར་ལོག་མི་འདེམས་པ) 20GB(སྒྲིག་འཇུག་སྐབས་སུ་གྲབས་ཉར་སོར་ལོག་བདམས་པ)	20GBཡན(སྒྲིག་འཇུག་སྐབས་སུ་གྲབས་ཉར་སོར་ལོག་མི་འདེམས་པ) 40GBཡན(སྒྲིག་འཇུག་སྐབས་སུ་གྲབས་ཉར་སོར་ལོག་བདམས་པ)

1.2.2 སྒྲིག་འཇུག་གྲ་སྒྲིག

༡ མགོ་བའི་སྒྲིག་ལྷུ་གྲ་སྒྲིག་བྱེད་པ།

སྒྲིག་འཇུག་འོད་སྡེར་དང《དགུ་ཚིགས་ཆི་ལིན་ཅོག་ངོས་བཀོལ་སྤྱོད་རྒྱུད་ཁོངས་ཀྱི་སྒྲིག་འཇུག་ལག་དེབ》གྲ་སྒྲིག་བྱ་དགོས།

༢ སྲུ་ཆས་འཆམ་མཐུན་རང་བཞིན་ལ་ཞིབ་བཤེར་བྱེད་པ།

དགུ་ཚིགས་ཆི་ལིན་གྱི་ཅོག་ངོས་བཀོལ་སྤྱོད་རྒྱུད་ཁོངས་ལ་སྲུ་ཆས་ཀྱི་འཆམ་མཐུན་རང་བཞིན་ལེགས་པོ་ཡོད་པས་ཉེ་བའི་ལོ་ཤས་རིང་ཐོན་སྐྱེད་བྱས་པའི་སྲུ་ཆས་མང་ཆེ་བར་འཆམ་མཐུན་བྱ་ཐུབ། ཡིན་ན་ཡང་སྲུ་ཆས་ཀྱི་ལག་རྩལ་ཚད་གཞི་འགྱུར་ལྡོག་མང་བས། རྒྱུད་ཁོངས་ཀྱིས་སྲུ་ཆས་ལ་འཆམ་མཐུན་བརྒྱ་ཆ་བརྒྱའི་ཐུབ་པའི་ཁག་ཐེག་བྱ་དཀའ།

༣ གཞི་གྲངས་གྲབས་ཉར་བྱེད་པ།

རྒྱུད་ཁོངས་སྒྲིག་འཇུག་མ་བྱས་སྔོན་ལ། སྲུ་སྡེར་སྟེང་གི་གཞི་གྲངས་གལ་ཆེན་དེ་རྣམས་གསོག་འཇོག་སྒྲིག་ཆས་གཞན་གྱི་ནང་དུ་འཇོག་རོགས།

༤ སྲུ་སྡེར་ཁུལ་བགོས་པ།

སྲུ་སྡེར་ཞིག་བགོས་ཁུལ་མང་པོར་བགོས་ཐུབ་ཅིང་། བགོས་ཁུལ་སོ་སོའི་བར་ཕན་ཚུན་རང་ཚུགས་ཡིན་པས། བགོས་ཁུལ་མི་འདྲ་བར་ལྷ་སྤྱོད་བྱེད་པ་ནི་སྲུ་སྡེར་མི་འདྲ་བར་ལྷ་སྤྱོད་བྱེད་པ་དང་མཚུངས། སྲུ་སྡེར་ཞིག་ལ་བགོས་ཁུལ་གཙོ་བོ་མང་ཤོས་བཞི་ཡོད་ཚོག གལ་སྲིད་སྲུ་སྡེར་ཞིག་ལ་བགོས་ཁུལ་བཞི་ལས་མང་བ་དགོས་ཚེ། བགོས་ཁུལ་དེ་གཏན་ཚིགས་བགོས་ཁུལ་ལ་སྒྲིག་འགོད་བྱ་དགོས།

1.2.3 སྒྲིག་འཇུག་སྣ་འདྲེན།

༡ སྣ་འདྲེན་འགོ་སློང་།

སྒྲིག་འཇུག་འོད་སྡེར་དེ་འོད་སྡེར་སྒྲུལ་ཆས་ནང་དུ་བཙུག་ནས་རྩིས་འཁོར་བསྐྱར་སློང་བྱེད་པ་དང་། བརྟན་ཆས་འགོ་སློང་སྐབས་ཀྱི་དྲན་སྒྲུལ་ལ་གཞིགས་ཏེ། བརྟན་ཆས་དོ་དམ་གྱི་འཆར་ངོས་ལ་འཇུལ་བ། གལ་སྲིད་ནང་བཙུག་འོད་སྡེར་སྒྲུལ་ཆས་བེད་སྤྱད་ཚེ། “འགོ་སློང་འདེམས་ཚན་དང་པོ”དེ“འོད་སྡེར”གདམ་དང་། གལ་སྲིད USBའམ་ཡང་ན USBཕྱིར་འཇོག་འོད་སྡེར་སྒྲུལ་ཆས་བེད་སྤྱད་ཚེ། “འགོ་སློང་འདེམས་ཚན་དང་པོ”དེ“USB”གདམ་དགོས། རྒྱུད་ཁོངས་འདིས་ཉམས་ལེན་ཚུལ་ལ་རྒྱབ་སྐྱོར་བྱེད་པས། རྒྱུད་ཁོངས་སྒྲིག་འཇུག་མ་བྱས་པར་ནུས་པ་ཆ་ཚང་བའི་བཀོལ་སྤྱོད་རྒྱུད་ཁོངས་ཅིག་ལ་ཚོད་སྤྱོད་བྱ་ཐུབ། དཔེ་རིས1-1ལྟ་བུ།

༢ རྒྱུད་ཁོངས་སྒྲིག་འཇུག་བྱེད་པ།

དཔེ་རིས1-1　རྒྱུད་ཁོངསLive

བཀོལ་ཚུལ༡　རིས་རྟགས“Kylinསྒྲིག་འཇུག”ལ་ཉིས་རྡེབ་བྱས་ཏེ།　སྒྲིག་འཇུག་སྔ་འདྲེན་འགོ་རྩོམ་པ། སྐབས་འདིར་སྐད་ཡིག་གདམ་ཚོག(སྒྲིག་འགོད་སྐད་བརྡ། དཔེར་ན་བོད་ཡིག) དཔེ་རིས1-2ལྟ་བུ།

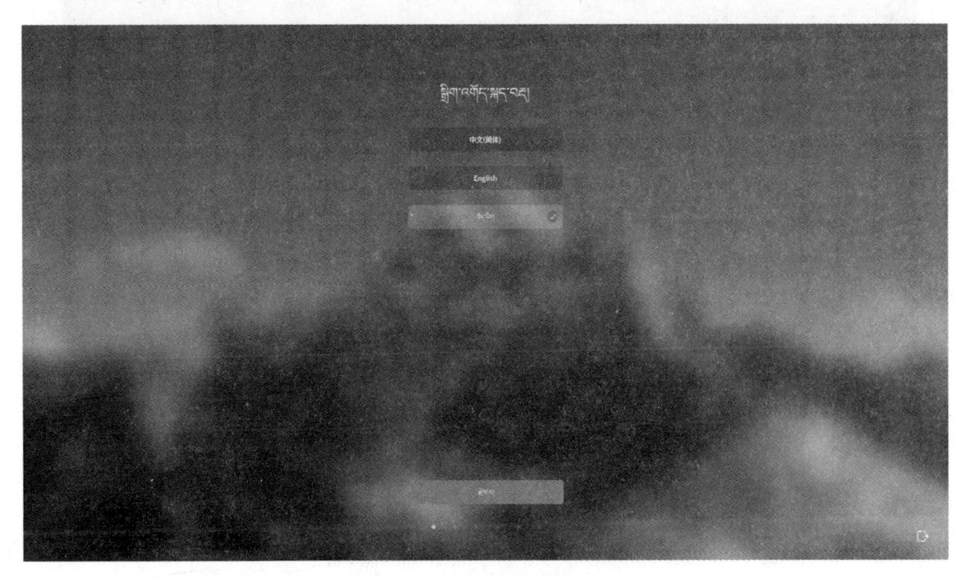

དཔེ་རིས1-2　སྐད་ཡིག་འདེམས་པ།

བཀོལ་ཚུལ༢ མཐེབ་གནོན“རྗེས་མ”མནན་ཏེ་ཚོག་ཆིངས་ཀློག་པ། དཔེ་རིས1-3ལྟ་བུ།

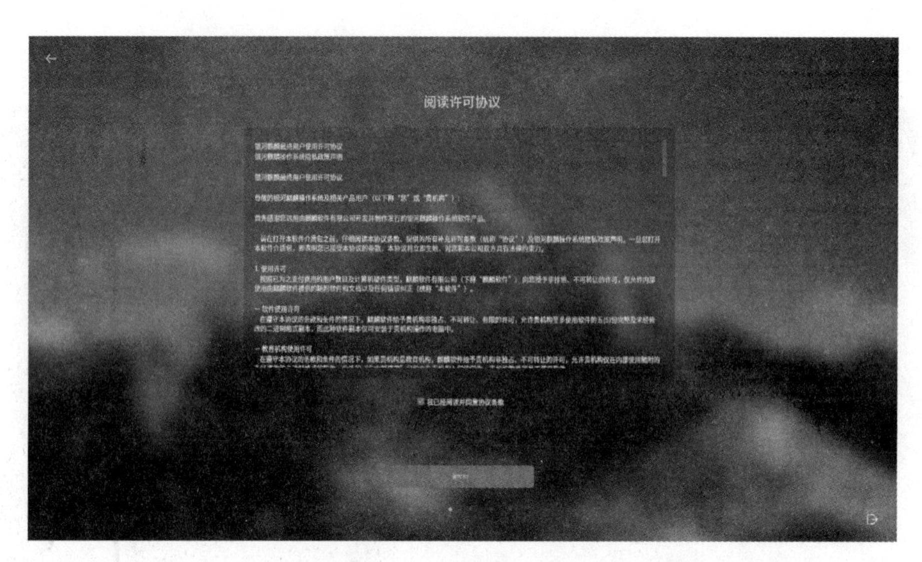

དཔེ་རིས1-3　ཆོག་ཆིངས་ཀློག་པ།

བཀོལ་རྩལ༣ མཐེབ་གནོན“ཇེས་མ”མནན་པ། གནས་སའི་དུས་ཁྱལ(དུས་ཚོད)གདམ་ཚོག

བཀོལ་རྩལ༤ མཐེབ་གནོན“ཇེས་མ”མནན་ནས་སྤྱོད་མཁན་བཟོ་བ། འདིར་སྤྱོད་མཁན་གྱི་མིང་དང་གཙོ་འཁོར་གྱི་མིང་བཟོ་ཆོག་པ་དང་། ཐོ་འཇུག་གསང་ཡང་སྒྲིག་འགོད་བྱ་ཆོག རྒྱུད་ཁོངས་ལ་ཐོ་འཇུག་སྐབས་གསང་ཡང་མི་དགོས་པར་ཡང་སྒྲིག་འགོད་བྱ་ཆོག དཔེ་རིས1-4ལྟར། མཇུག་ཏུ་མཐེབ་གནོན“ཇེས་མ”གནོན་དགོས།

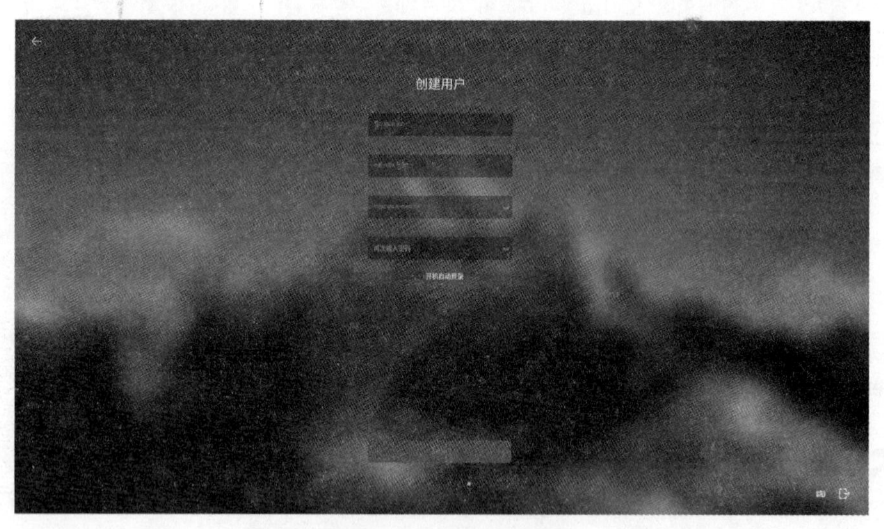

དཔེ་རིས1-4　སྤྱོད་མཁན་བཟོ་བ།

བཀོལ་རྩལ༥　སྒྲིག་རྩལ་འདེམས་པའི་འཆར་ངོས་ལ་འཇུལ་བ།　གལ་སྲིད“སྡེར་མ་ཡོངས་ལ་སྒྲིག་འཇུག”བདམས་ཚེ། སྡ་སྡེར་ཡོངས་ལ་སྒྲིག་འཇུག་བྱ་བས། འདེམས་ཚན་འདི་ཡིས་སྡ་སྡེར་རྣམ་གཞག་ཅན་ལ་བསྒྱུར་བ་དང་རང་འགུལ་དང་ཁྱལ་བགོས་པ་ཡིན། གལ་སྲིད“རབ་བཟོས་སྒྲིག་འཇུག”བདམས་ཚེ། སྤྱོད་མཁན་

གྱི་དགོས་མཁོ་ལ་གཞིགས་ནས་བགོས་ཁུལ་བཟོ་བ་དང་བགོས་ཁུལ་ཆེ་ཆུང་བགོ་འགྲིམས་བྱ་ཚོག

1.2.4 སྟུད་སྡེར་ཡོངས་ལ་སྒྲིག་འཇུག

བཀོལ་ཚུལ༧ འདེམས་ཚན"སྟུད་སྡེར་ཡོངས་ལ་སྒྲིག་འཇུག"བདམས་ཏེ་མཐེབ་གནོན"རྗེས་མ"མནན་པ། དཔེ་རིས1-5ལྟ་བ།

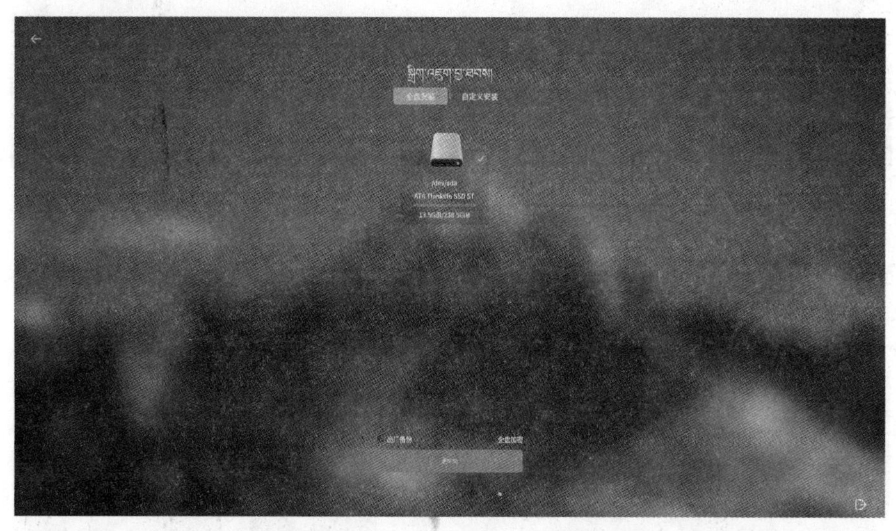

དཔེ་རིས1-5 སྟུད་སྡེར་ཡོངས་ལ་སྒྲིག་འཇུག

བཀོལ་ཚུལ༨ སྟུད་སྡེར་ཡོངས་ལ་སྒྲིག་འཇུག་གིས་རྣམ་གཞག་ཅན་དུ་བསྒྱུར་བའི་ཉེན་བཟ་འཕར་ཐོན་བྱེད་པས། "སྲ་སྡེར་ཡོངས་རྣམ་གཞག་ཅན་དུ་བསྒྱུར་བ"བདམས་ཏེ"སྒྲིག་འཇུག་འགོ་རྩོམ"ལ་ཆིག་རྡེབ་བྱས་རྗེས་རྒྱུད་ཁོངས་ཀྱི་རང་འགུལ་སྒྲིག་འཇུག་འགོ་རྩོམ་པ་ཡིན། དཔེ་རིས1-6དང་དཔེ་རིས1-7ལྟ་བ།

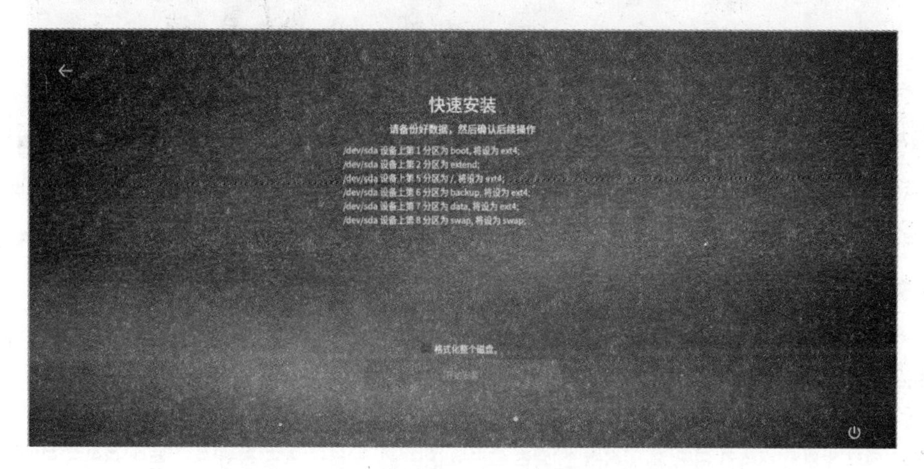

དཔེ་རིས1-6 རྣམ་གཞག་ཅན་དུ་བསྒྱུར་བའི་ཉེན་བཟ།

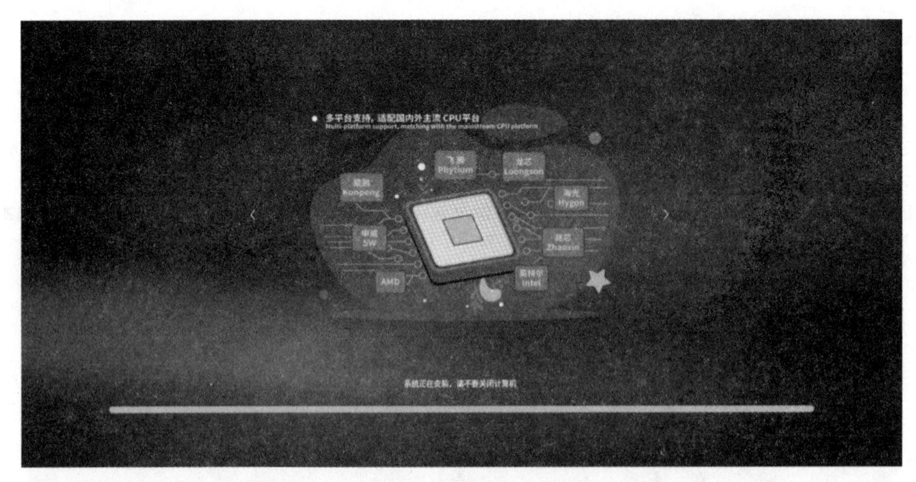

དཔེ་རིས1-7　རྒྱུད་ཁོངས་སྒྲིག་འཇུག་གི་ཆ་འཕྲིན།

བཀོལ་ཚུལ༧ སྒྲིག་འཇུག་མཇུག་སྒྲིལ་རྗེས་བར་རྫས་ལེན་པའི་བརྡ་བསྟན་པ་དང་། འབེབས་མཐེབ་མནན་ནས་རང་འགུལ་དང་བསྐྱར་སློང་བྱེད་པ། དཔེ་རིས1-8ལྟ་བུ།

དཔེ་རིས1-8　སྒྲིག་འཇུག་མཇུག་སྒྲིལ་བ།

བཀོལ་ཚུལ༨　མཐེབ་གནོན“ད་ལྟ་བསྐྱར་སློང”མནན་ནས་རྒྱུད་ཁོངས་བསྐྱར་སློང་བྱེད་པ།　བསྐྱར་སློང་བརྒྱུད་རིམ་ནང་རྒྱུད་ཁོངས་ཀྱིས་འོད་སྡེར་སྒྲུལ་ཆས་རང་འགུལ་དང་འཕར་ཐོན་བྱེད་པའམ་ཡང་ནUསྡེར་འདོན་པའི་བརྡ་སྟོན་བྱེད་པ།　འོད་སྡེར་རམUསྡེར་ལེན་རྗེས་རྒྱུད་ཁོངས་ཐོ་འཇུག་གི་འཆར་ངོས་ལ་འཇུལ་བ་སྒུག་པ་དང་། གསང་ཡང་ནང་འཇུག་བྱས་ནས་རྒྱུད་ཁོངས་ལ་འཇུལ་ཐུབ།

1.2.5　རང་བཟོས་སྒྲིག་འཇུག

རང་བཟོས་སྒྲིག་འཇུག་ཞེད་སྤྱད་ནས་སྤྱ་སྡེར་བགོས་ཁུལ་གྱི་ཆེ་ཆུང་རང་མོས་དང་ཇུས་འགོད་བྱ་ཚོག་སྒྲིག་འཇུག་གི་རིགས་གྲས་འདེམས་པའི་འཆར་ངོས་སུ“རང་བཟོས་སྒྲིག་འཇུག”བདམས་ཆེ། སྤྱ་སྡེར་བགོས་ཁུལ་

ཀྱི་འཆར་ངོས་ཐོན་པ་ཡིན། “བགོས་ཁུལ་རེའུ་མིག་བཟོ་བ”ལ་ཆིག་རྫེབ་བྱས་ཏེ་ཐོན་པའི་བརྡ་སྟོན་སྒེའུ་ཁུང་ནང་ནས“+སྣོན་པ”བདམས་ཆེ། སྣ་སྒེར་གྱི་བགོས་ཁུལ་བཟོ་ཐུབ། དཔེ་རིས1-9 ལྟ་བུ།

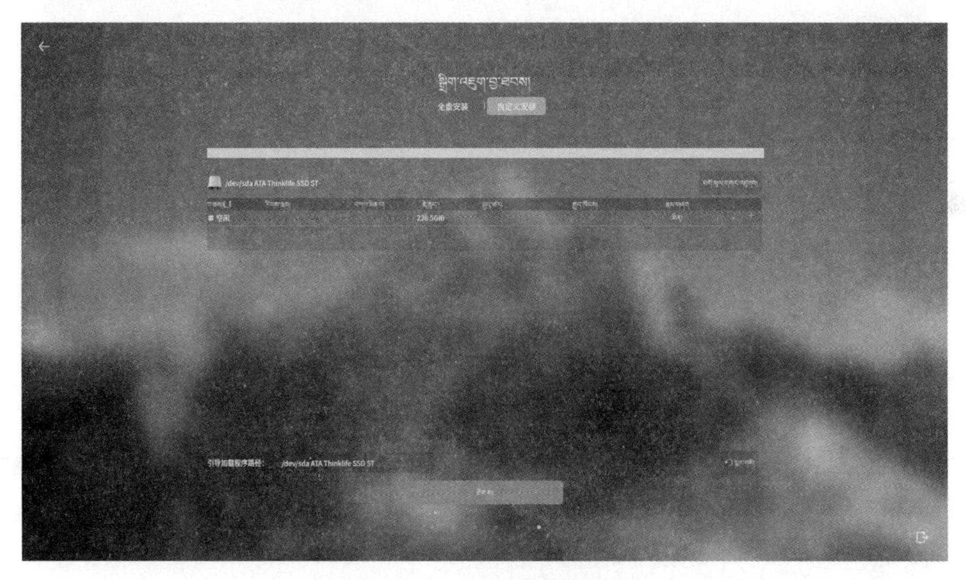

དཔེ་རིས1-9 རང་བཟོས་སྒྲིག་འཇུག

བཀོལ་རྩལ༧ བགོས་ཁུལ“/boot”ནི་ངེས་པར་དུ་བགོས་ཁུལ་གཙོ་བོའི་ནང་གི་བགོས་ཁུལ་ཡང་དང་པོ་དེ་ཡིན་དགོས་པས་དེར་ཡིད་གཟབ་གནང་དགོས། བགོས་ཁུལ“/boot”བཟོ་ཚུལ་དཔེ་རིས1-10ལྟ་བུ།

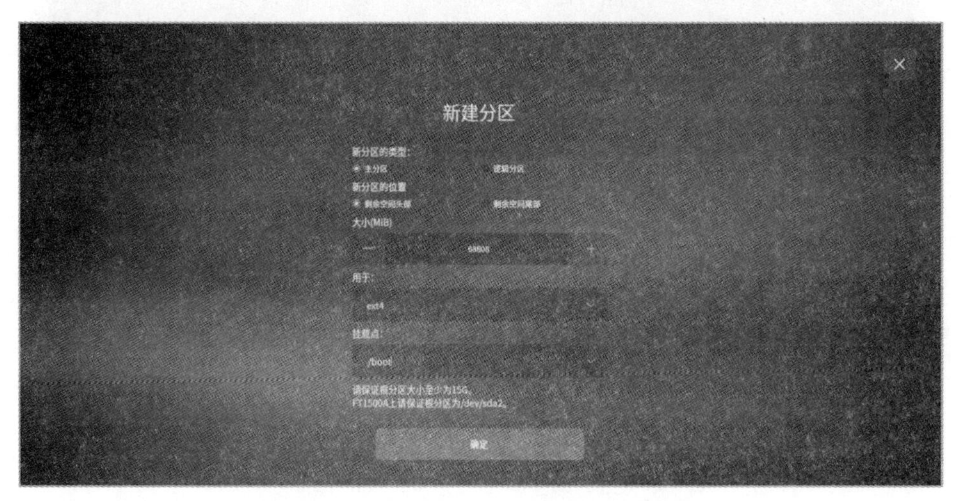

དཔེ་རིས1-10 བགོས་ཁུལ“/boot”བཟོ་བ།

བཀོལ་རྩལ༨ “/བགོས་ཁུལ”བཟོ་ཚུལ་དཔེ་རིས1-11ལྟར། རྩ་བའི་བགོས་ཁུལ་བཟོ་སྐབས“བགོས་ཁུལ་གསར་བའི་རིགས་གྲས”དེ“བགོས་ཁུལ་གཙོ་བོ”དང་། “བགོས་ཁུལ་གསར་པའི་གནས་ས”དེ་སོར་བཞག་གི“བར་སྟོང་གི་ཐོག་མའི་གནས་ས།” “སྤྱོད་ཡུལ”དེ“ext4”བཅས་གདམ་དགོས།

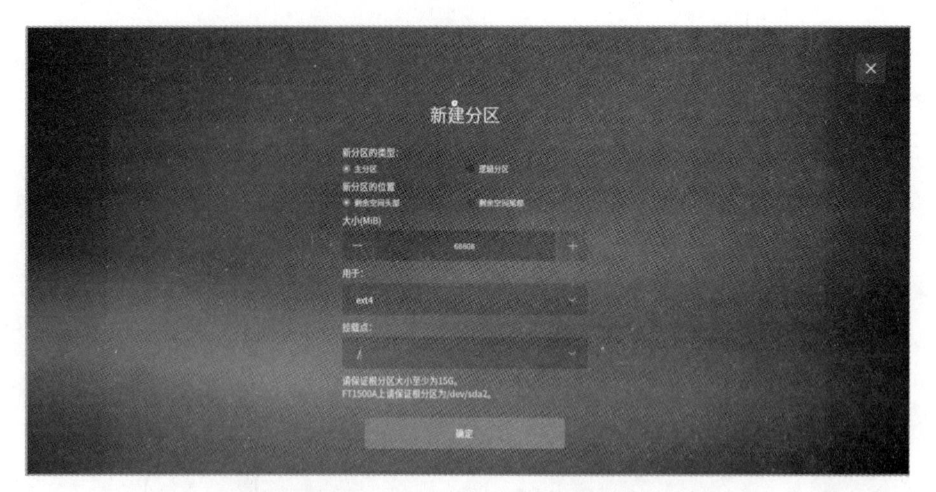

དཔེ་རིས1-11　བགོས་ཁུལ་གསར་བཟོ།

བཀོལ་ཚུལ༧　བརྗེ་རེས་བགོས་ཁུལ་བཟོ་ཚུལ་དཔེ་རིས1-12ལྟར། བརྗེས་རེས་བགོས་ཁུལ་བཟོ་སྐབས་བརྗེས་རེས་བགོས་ཁུལ་གྱི་ཆེ་ཆུང་དེ་སྤྱིར་བཏང་ནང་གསོག་ཆེ་ཆུང་གི་ལྡབ2ལ་སྒྲིག་འགོད་བྱ་བ་དང་། "བགོས་ཁུལ་གསར་པའི་རིགས་གྲས"དེ"གཏན་ཚིགས་བགོས་ཁུལ"དང་། "བགོས་ཁུལ་གསར་པའི་གནས་ས"དེ"སྟོང་བཞག"རྒྱུན་འཁྱོངས་བྱེད་པ། "སྤྱོད་ཡུལ"དེ"linux-swap"བཅས་གདམ་དགོས།

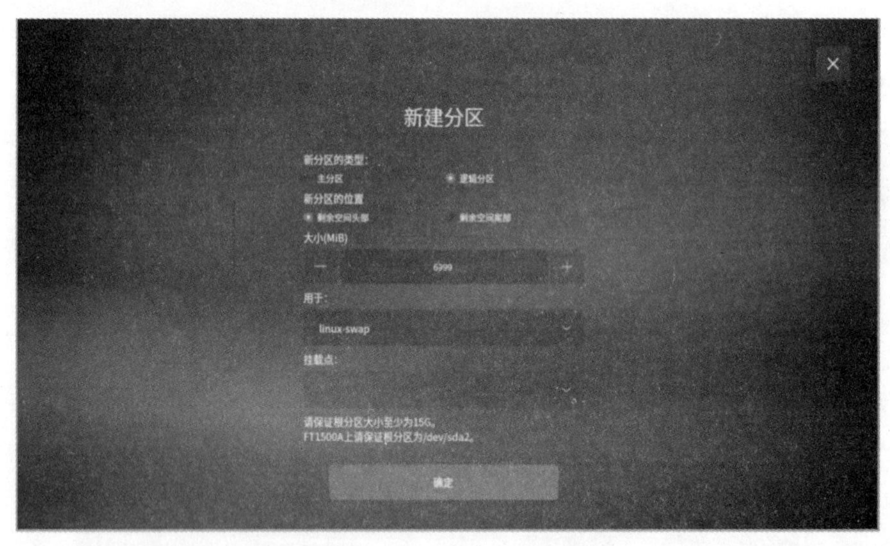

དཔེ་རིས1-12　Linux-swapབཟོ་བ།

བཀོལ་ཚུལ༨　སྤྱོད་མཁན་གྱིས་བགོས་ཁུལ"/backup"དང་བགོས་ཁུལ"/data"བཟོ་ཐུབ་ལ། "གྲབས་ཉར་སོར་ལོག་གི་བགོས་ཁུལ་བཟོ་བ"ཡི་འདེགས་གནས་ནི"/backup"ཡིན། བཅད་རྟགས་རྒྱབ་ནས"སྔེར་མ་ཡོངས་ལ་སྒྲིག་འཇུག"འདེམས་སྐབས། བགོས་ཁུལ་གྱི་ཆེ་ཆུང་དེ་སྟོར་བཞག་དང་རྩ་བའི་བགོས་ཁུལ་དང་མཚུངས་པ་ཡིན། བགོས་ཁུལ་འདི་བཟོས་པ་ཁོ་ནས་གྲབས་ཉར་སོར་ལོག་གི་རྩོལ་ནུས་གཞི་ནས་བེད་སྤྱོད་ཐུབ་པ་ཡིན།

གྲབས་ཉར་སོར་ཡོག་གིས་སྤྱོད་མཁན་གྱི་གཞི་གྲངས་སམ་རྒྱུད་ཁོངས་ལ་ཕན་ཐོགས་ཏ་ཅང་ཆེན་པོ་ཡོད་པས"རང་བཟོས་སྒྲིག་འཇུག"གིས་བགོས་ཁུལ་འདི་བཟོས་ན་ཡག་པོ་ཡོད།

"གཞི་གྲངས་སྤུད་སྡེར་བཟོ་བ"ཡི་འདིགས་གནས་ནི"/data"ཡིན། "སྤུད་སྡེར་ཡོངས་ལ་སྒྲིག་འཇུག"འདེམས་སྐབས། བགོས་ཁུལ་གྱི་ཆེ་ཆུང་ནི་བགོས་ཁུལ་གཞན་ཕུད་པའི་བར་སྟོང་ཚང་མ་ཡིན། /dataདེ་རྒྱུད་ཁོངསWindowsཡིCསྡེར་ཕུད་པའི་སྡེར་རྟགས་གཞན་དང་མཚུངས་པས"རང་བཟོས་སྒྲིག་འཇུག"གིས་བཟོ་ན་ཡག་པོ་ཡོད།

བགོས་ཁུལ་འདི་གཉིས་བཟོ་སྐབས"བགོས་ཁུལ་གསར་པའི་རིགས་གྲས"དེ"གཏན་ཚིགས་བགོས་ཁུལ"དང་། "བགོས་ཁུལ་གསར་པའི་གནས་ས"དེ་སོར་བཞག་ཏུ"བར་སྟོང་གི་ཐོག་མའི་གནས་ས།""སྤྱོད་ཡུལ"དེ"Ext4" འདིགས་གནས་དེ་མཐུན་གྱི/backupདང/dataབཅས་ལ་གདམ་ཚོག བགོས་ཁུལ/backupདང་ཟུང་བའི་བགོས་ཁུལ་གྱི་ཆེ་ཆུང་མཚུངས་ན་ཡག་པོ་ཡོད། དཔེ་རིས1-13དང་དཔེ་རིས1-14ལྟ་བུ།

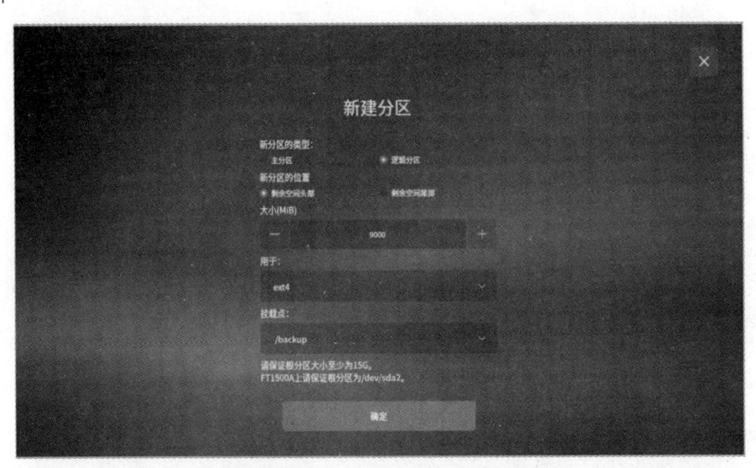

དཔེ་རིས1-13 བགོས་ཁུལ་གསར་པ།

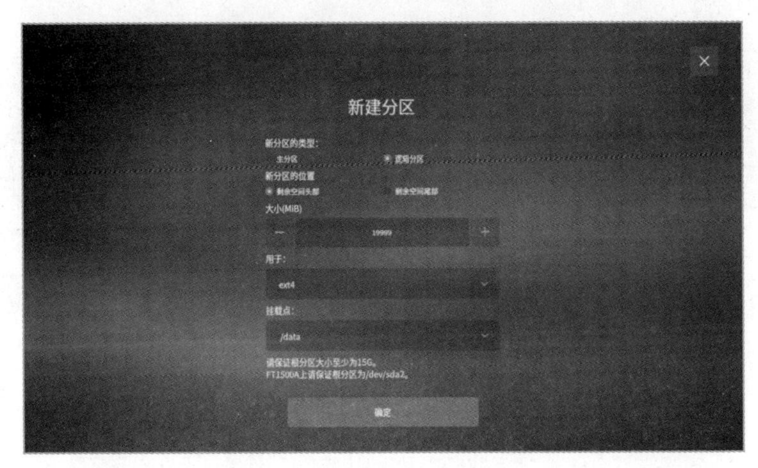

དཔེ་རིས1-14 གྲབས་ཉར་སོར་ཡོག་དང་གཞི་གྲངས་བགོས་ཁུལ་བཟོ་བ།

བཀོལ་རྩལ༥　གལ་སྲིད་བཟོས་ཟིན་པའི་བགོས་ཁུལ་ལ་བར་དུ་བཟོ་བཅོས་བྱ་དགོས་ཚེ། ཞིབ་ཕྲའི་བྱེད་ཐབས་གཤམ་ལྟར་ཡིན།

༡　བགོས་ཁུལ་ཁ་སྣོན། ཁོམ་ལོང་བགོས་ཁུལ་ཡོད་པའི་འཕྲེད་སྟར་བདམས་སྟེ། མཐེབ་གནོན“+”གནོན་དགོས།

༢ བགོས་ཁུལ་རྩོམ་སྒྲིག བཟོས་ཟིན་པའི་བགོས་ཁུལ་བདམས་སྟེ། མཐེབ་གནོན“བཟོ་བཅོས”གནོན་དགོས།

༣ བགོས་ཁུལ་སུབས་པ། བཟོས་ཟིན་པའི་བགོས་ཁུལ་བདམས་སྟེ། མཐེབ་གནོན“-”གནོན་དགོས།

བགོས་ཁུལ་བཟོས་ཟིན་རྗེས་དཔེ་རིས1-15ལྟར། “རྗེས་མ”ལ་ཆིག་རྡེབ་ནས“རང་བཟོས་སྒྲིག་འཛུགས་ཐག་ཆོད”ལ་འཛུལ་བ། དཔེ་རིས1-16ལྟ་བུ།

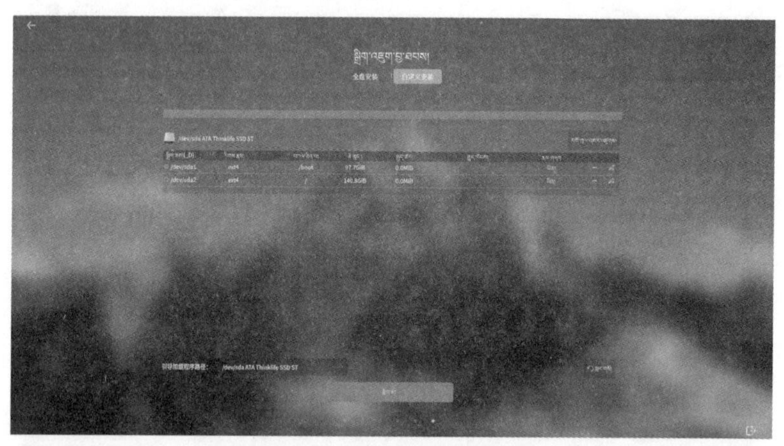

དཔེ་རིས1-15　བགོས་ཁུལ་བཟོས་ཟིན་པ།

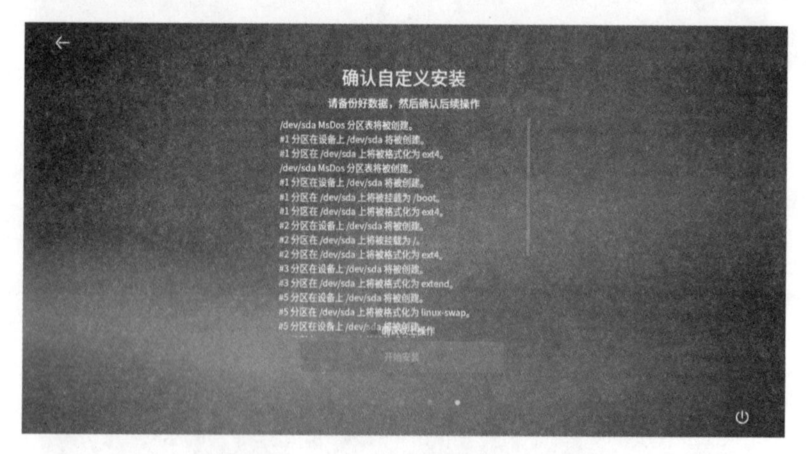

དཔེ་རིས1-16　རང་བཟོས་སྒྲིག་འཛུགས་ཐག་ཆོད།

བཀོལ་རྩལ༦　ཁུལ་བགོས་བྱས་ཟིན་རྗེས“སྒྲིག་འཛུགས་འགོ་རྩོམ”ལ་ཆིག་རྡེབ་བྱས་ཚེ། རྒྱུད་ཁོངས་སྒྲིག་འཛུགས་འགོ་རྩོམ་པ་ཡིན།

2 ཆི་ལིན་བཀོལ་སྤྱོད་རྒྱུད་ཁོངས་ཀྱི་གཞི་རྩའི་བཀོལ་སྤྱོད།

2.1 རྒྱུད་ཁོངས་ཀི་ཁ་འབྱེད་དང་སྒོ་རྒྱག

2.1.1 རྒྱུད་ཁོངས་ཀྱི་ཁ་འབྱེད་ཚུལ།

བཀོལ་སྤྱོད་རྒྱུད་ཁོངས་སྒྲིག་འཇུག་བྱས་རྗེས། རྩིས་འཁོར་བསྐྱར་སློང་བྱས་ནས་ཐོ་འགོད་འཆར་ངོས་དཔེ་རིས2-1ལྟར་བཙུག་པ། སྒྲིག་འཇུག་བྱེད་སྐབས་སྒྲིག་བཀོད་བྱས་པའི་སྤྱོད་མཁན་གྱི་མིང་གིས་ཐོ་འགོད་ཐུབ། རྒྱུད་ཁོངས་ཀྱིས་སོར་བཞག་སྤྱོད་མཁན་ལ་རང་བཞེ་བྱ།

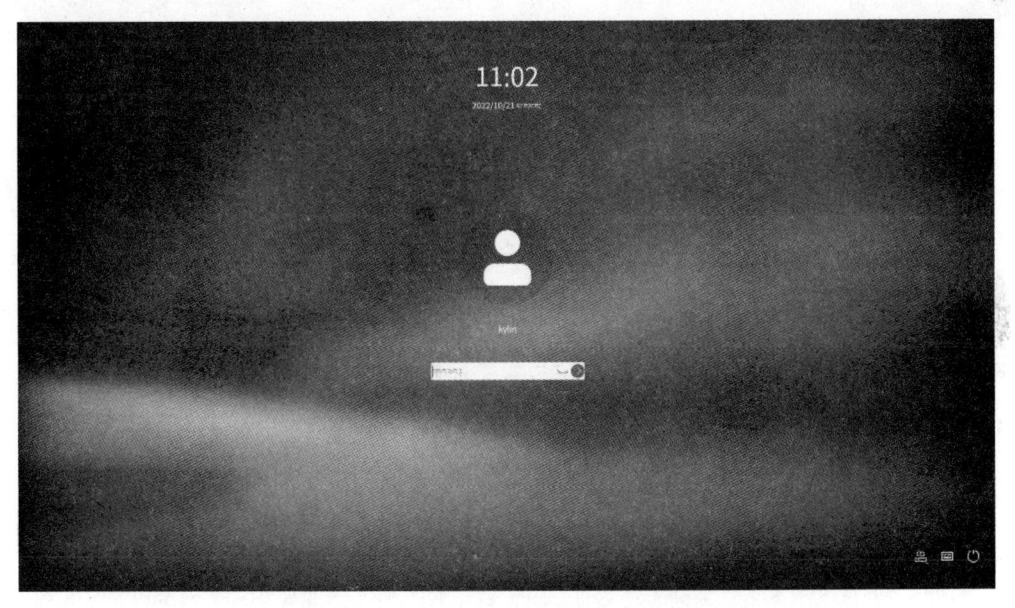

དཔེ་རིས2-1 རྒྱུད་ཁོངས་ཐོ་འགོད་འཆར་ངོས།

དཔེར་ན། སྒྲིག་འགོད་བྱས་པའི་སོར་བཞག་གི་སྤྱོད་མཁན་གྱི་མིང་ནིkylinཡིན་ན། གསང་ཨང་སྒྲོམ་དུ་སྤྱོད་མཁནkylinཡི་གསང་ཨང་ནང་འཇུག་བྱས་ན་ཐོ་འགོད་བྱ་ཐུབ། ཐོ་འགོད་བྱས་རྗེས་བཀོལ་སྤྱོད་རྒྱུད་ཁོངས་ཀྱི་ཅོག་ངོས་སུ་འཇུག་པ། དཔེ་རིས2-2ལྟ་བུ།

དཔེ་རིས2-2 རྒྱུད་ཁོངས་ཀྱི་ཅོག་ངོས།

2.1.2 རྒྱུད་ཁོངས་ལས་འདོན་པ།

བཀོལ་མཁན་གྱིས་རྩིས་འཁོར་བཀོལ་སྤྱོད་མི་བྱེད་པའམ་ཡང་ན་རྣམ་པ་མི་འདྲ་བས་རྩིས་འཁོར་བཀོལ་སྤྱོད་བྱ་དགོས་དུས། རྒྱུད་ཁོངས་ལས་ཕྱིར་ཐོན་ནས་ཡང་བསྐྱར་ཐོ་འགོད་བྱ་དགོས། རྒྱུད་ཁོངས་ལས་ཕྱིར་འདོན་ཚུལ་ཐབས་ལམ་མི་འདྲ་བའི་འབྱེད་དེ་ཡོལ་སྒྲིག་པ་དང་། ཐོ་སུབ་པ། སྤྱོད་མཁན་བརྗེ་བ། ཁ་རྒྱག བསྐྱར་སློང་སོགས་ཡོད།

༡ ཡོལ་སྒྲིག

བཀོལ་མཁན་གྱིས་གནས་སྐབས་སུ་རྩིས་འཁོར་སྤྱོད་མི་དགོས་ལ་རྒྱུད་ཁོངས་ཀྱི་སྐབས་དེའི་མིག་སྔའི་འཁོར་སྐྱོད་རྣམ་པར་ཤུགས་རྐྱེན་ཐེབས་མི་དགོས་ན། ཡོལ་སྒྲིག་གདམ་དགོས། བཀོལ་མཁན་ཕྱིར་ལོག་སྐབས། གསང་ཨང་ནང་བཅུག་སྟེ་ཡང་བསྐྱར་རྒྱུད་ཁོངས་སུ་འཛུལ་ཆོག སྒྲིག་འགོད་རིས་ཅན་དུ་རྒྱུད་ཁོངས་དུས་ཚོད་རིས་ཅན་དུ་བཞག་ན། འཆར་ཡོལ་རང་སྒྲིག་བྱ།

བཀོལ་ཐབས། "**འགོ་རྩོམ་འདེམས་བྱང**"། "**གློག་ཁུངས**"། "**ཡོལ་སྒྲིག**"

ཡོལ་སྒྲིག(བརྙན་ཡོལ་ཟྭ་རྒྱག)འཆར་ངོས་དཔེ་རིས2-3ལྟར་ཡིན།

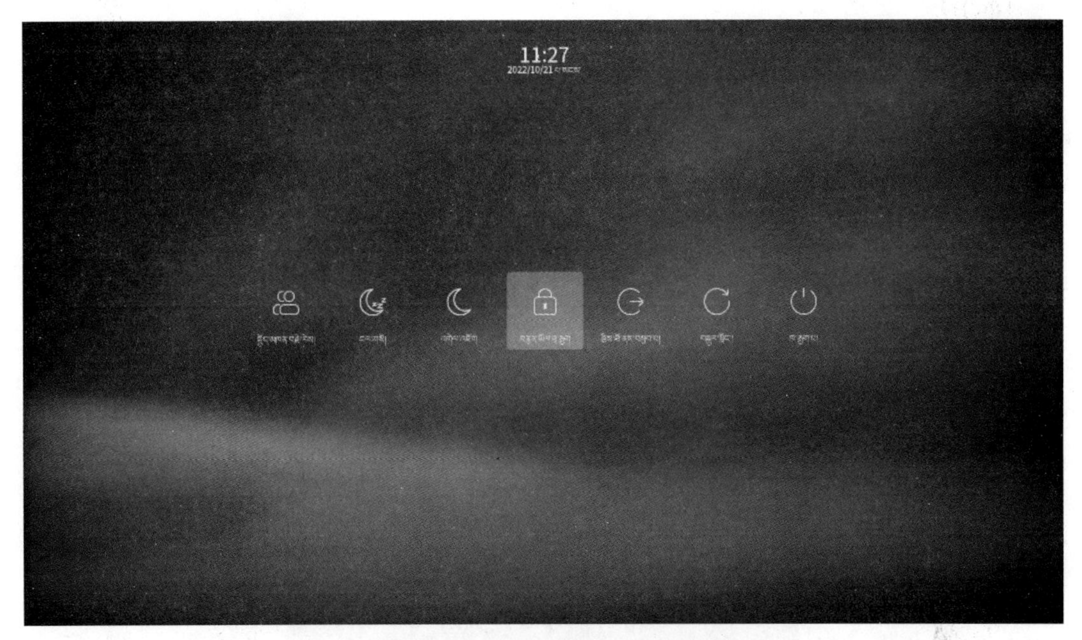

དཔེ་རིས2-3　ཨོལ་སྒྲིག་འཆར་ངོས།

༢ ཐོ་སྒྲུབ་པ་འམ་སྤྱོད་མཁན་བརྗེ་བ།

སྤྱོད་མཁན་གཞན་དག་ཅིག་བདམས་ནས་རྩིས་འཁོར་སྤྱོད་དགོས་སྐབས། “ཐོ་སྒྲུབ་པ”ཡང་ན་“སྤྱོད་མཁན་བརྗེ་བ”གདམ་དགོས། དེའི་སྐབས་སུ། རྒྱུད་ཁོངས་ཀྱིས་མིག་སྔའི་སྤྱོད་མཁན་གྱི་འཁོར་སྐྱོད་བྱེད་བཞིན་པའི་བཀོལ་སྤྱོད་ཚང་མ་ཁ་རྒྱབ་ནས། སྤྱོད་མཁན་གཞན་ཞིག་གིས་ཐོ་འགོད་བྱ། དེ་བས་བཀོལ་སྤྱོད་འདི་མ་བྱས་གོང་དུ་མིག་སྔའི་ལས་ཀ་ཉར་ཚགས་བྱ་རོགས།

བཀོལ་ཚུལ༡ “མགོ་རྩོམ་འདེམས་བྱང་” |“སྒྲིག་ཁྲུངས”| “ཐོ་སྒྲུབ་པ”ཡང་ན་“སྤྱོད་མཁན་བརྗེ་བ”འདེམས།

བཀོལ་ཚུལ༢ སྤྱོད་མཁན་གསར་བའི་མིང་བདམས་ནས། སྤྱོད་མཁན་གསར་བའི་གསང་ཨང་ནང་འཇུག་རོགས།

༣ ཁ་རྒྱག་པ་དང་བསྐྱར་སློང་།

ཁ་རྒྱག་པ་འམ་བསྐྱར་སློང་གི་བཀོལ་སྤྱོད་ལ་བྱེད་ཐབས་གཉིས་ཡོད་དེ།

བཀོལ་ཚུལ༡ “འགོ་རྩོམ་འདེམས་བྱང་”ལ་གཡས་རྡེབ་བྱས། “སྒྲིག་ཁྲུངས” | “ཁ་རྒྱག”ཡང་ན་“མགོ་བསྐྱར་སློང་།”

བཀོལ་ཚུལ༢ “འགོ་རྩོམ་འདེམས་བྱང་”ལ་ཆིག་རྡེབ་བྱས། “སྒྲིག་ཁྲུངས” | “ཁ་རྒྱག”ཡང་ན་“མགོ་བསྐྱར་སློང་།”

དཔེ་རིས2-3ལྟར་གྱི་གླེང་སྒྲོམ་ཐོན་སྐབས། སྤྱོད་མཁན་གྱིས་རང་གི་དགོས་མཁོར་གཞིགས་ནས་བསྐྱར་སློང་ངམ་ཁ་རྒྱག་པ་འདེམས།

༤ དུས་ངེས་ཁ་རྒྱག

རྒྱུད་ཁོངས་ཀྱིས་ད་དུང་དུས་ངེས་ཁ་རྒྱག་(དུས་བཅད་སྒོ་གཏན)པའི་བྱེད་ནུས་འདོན་སྤྲོད་བྱས་ཡོད་པས། བཀོལ་མཁན་གྱིས་རང་གི་དགོས་མཁོར་གཞིགས་ནས་ཁ་རྒྱག་པའི་དུས་ཚོད་དང་ཁ་རྒྱག་པའི་གློས་སྒྱོད་སྒྲིག་འགོད་བྱ་ཆོག

བཀོལ་ཚུལ། "འགོ་རྩོམ་འདེམས་བྱང་"ལ་གཡས་ཇེབ་བྱས། "གློག་ཁུངས" | "དུས་ངེས་ཁ་རྒྱག"

དཔེ་རིས2-4ལྟ་བུའི་སྒེའུ་ཁུང་དུ་སྒྲིག་བཀོད་བྱས་རྗེས། "གཏན་འཁེལ"ལ་ཆིག་རྗེབ་བྱོས།

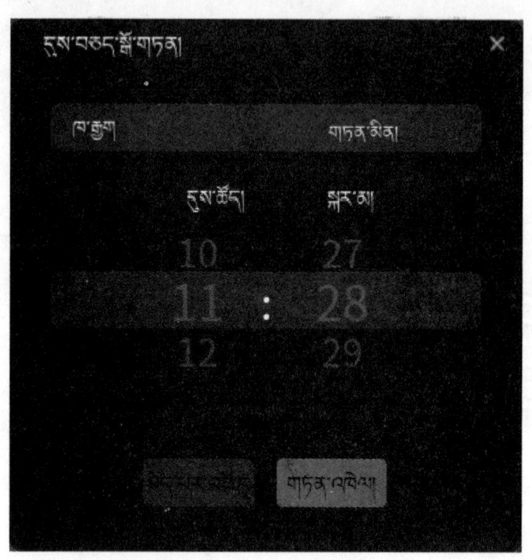

དཔེ་རིས2-4　དུས་ངེས་ཁ་རྒྱག

2.1.3 སྐྱེ་དངོས་ཁྱད་རྟགས་ཀྱིས་རྒྱུད་ཁོངས་ཐོ་འགོད་ཚུལ།

མ་དཔེ་དབྱེ་འབྱེད་ལག་རྩལ་གྱི་འཕེལ་རྒྱས་དང་བསྟུན་ནས། མཛུབ་རིས་དང་། འཇའ་སྐྱི། སྒྲ་རིས་སོགས་སྐྱེ་དངོས་ཀྱི་ཁྱད་ཆོས་ནི་རྒྱུད་ཁོངས་ཀྱི་ངོ་དམ་ལ་སྤྱོད་པ་ཡིན།

༡ སྐྱེ་དངོས་ཁྱད་ཆོས་ཀྱི་ངོ་དམ།

མི་རེ་རེའི་མཛུབ་རིས་སོགས་སྐྱེ་དངོས་ཀྱི་ཁྱད་ཆོས་ལ་གཅིག་ཉིད་རང་བཞིན་དང་བརྟན་འཇགས་རང་བཞིན་ལྡན་པས། རྫུན་བཟོ་དང་གཡོ་ཟྭ་བྱེད་དཀའ་བས། སྐྱེ་དངོས་ཀྱི་ཁྱད་ཆོས་སྤྱད་ནས་ཐོབ་ཐང་ངོས་འཛིན་བྱེད་པ་དེ་སྲོལ་རྒྱུན་གྱི་གསང་ཨང་དང་བསྡུར་ན་བདེ་འཇགས་དང་། གློས་འཁེལ་བ། ཡང་དག་སོགས་ཇེ་ལེགས་ཡིན།

"སྐྱེ་དངོས་ཀྱི་ཁྱད་ཆོས་ངོ་དམ"ཁ་འབྱེད་ཚུལ།

བཀོལ་ཚུལ། "འགོ་རྩོམ" |"བྱ་རིམ་ཡོད་ཚད" | "སྐྱེ་དངོས་ཀྱི་ཁྱད་ཆོས་ངོ་དམ་ལག་ཆ"འདེམས།

དེའི་འཆར་ངོས་གཙོ་བོ་དཔེ་རིས2-5ལྟར་ཡིན། ངོ་དམ་རྒྱུད་ཁོངས་ལ་སྐྱེ་དངོས་ཁྱད་ཆོས་ཀྱི་ཤོག་བྱང་ལྔ་ཡོད་དེ། མཛུབ་རིས་དང་། མཛུབ་མོའི་སྡོད་རྩ། འཇའ་སྐྱི། མིའི་གདོང་དང་སྒྲ་རིས་བཅས་ཡིན།

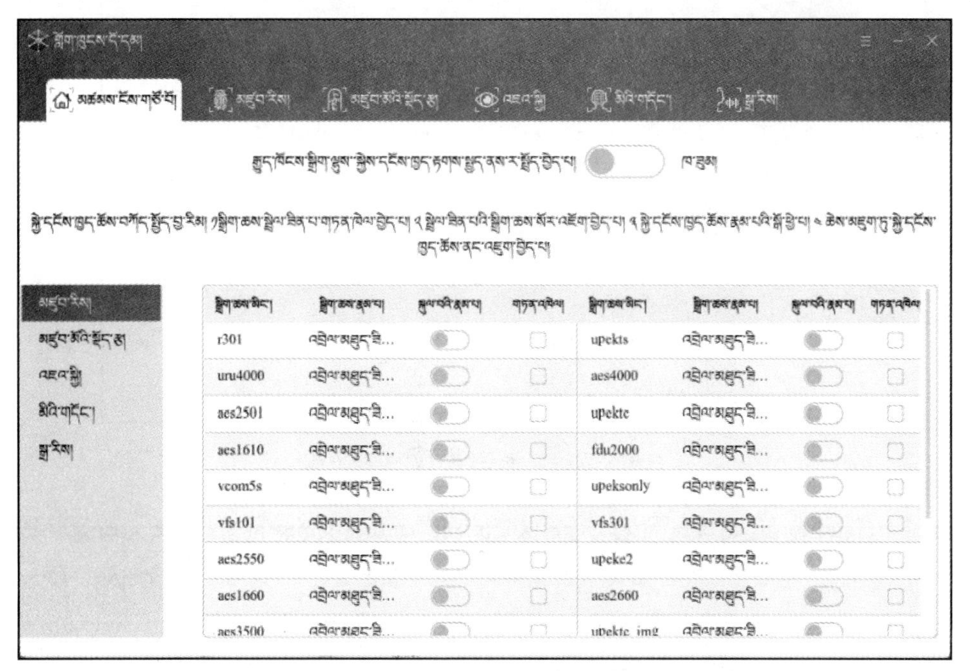

དཔེ་རིས2-5　སྐྱེ་དངོས་ཁྱད་ཆོས་ངོ་དམ་གྱི་འཆར་ངོས།

“རྒྱུད་ཁོངས་སྒྲིག་ཆས་ལ་སྐྱེ་དངོས་ཁྱད་ཆོས་སྤྱད་ནས་བདེན་དཔང་ར་སྤྲོད་བྱེད་པ”ཞེས་པ་ནི་སྐྱེ་དངོས་ཁྱད་ཆོས་ཁ་འབྱེད་པའི་བསྡད་སྒོར་ཡིན། བསྡད་སྒོར་འདི་ཁོ་ན་ཕྱི་རྗེས་སྐྱེ་དངོས་ཀྱི་བདེན་དཔང་ར་སྤྲོད་བྱ་ཐུབ། སྐེའུ་ཁྱུང་གཡོན་ཕྱོགས་སུ་སྐྱེ་དངོས་ཁྱད་ཆོས་ཀྱི་རིགས་མཚོན་པ་དང་། གཡས་ཕྱོགས་སུ་མཚོན་པ་ནི་རིགས་འདི་དག་དང་འབྲེལ་བའི་སྐུལ་ཆས་ཀྱི་ཆ་འཕྲིན་ཡིན། དེ་རུ་སྒྲིག་ཆས་ཀྱི་མིང་དང་། སྒྲིག་ཆས་ཀྱི་རྣམ་པ། སྐུལ་ཆས་ཀྱི་རྣམ་པ། ད་དུང་སོར་བཞག་གི་སྒྲིག་ཆས་ཡིན་མིན་བཅས་འདུས། གལ་ཏེ་སྐྱེ་དངོས་ཀྱི་ཁྱད་ཆོས་སྒྲིག་ཆས་བཀོལ་འདོད་ན། སྔོན་ལ་སྒྲིག་ཆས་དེ་དང་སྦྲེལ་ནས་སོར་བཞག་ཏུ་འཛུགས་དགོས། དཔེ་རིས2-6ལྟ་བུ།

设备名称	设备状态	驱动状态	默认
netherwind	已连接		☑

དཔེ་རིས2-6　སྒྲིག་ཆས་སྦྲེལ་ནས་སོར་བཞག་ཏུ་འཛུགས་པ།

༢ སྐྱེ་དངོས་ཁྱད་ཆོས་ཀྱི་བཀོལ་སྤྱོད།

མཛུབ་རིས་དང་། མཛུབ་མོའི་ཁྲག་རྩ། འཇའ་སྐྱི། སྒྲ་རིས་སོགས་ཀྱི་ལྷེབ་ངོས་གྲུབ་ཚུལ་འདྲ་བས། འདིར་མཛུབ་རིས་ཀྱི་ཤོག་བྱང་ལ་དཔེ་བཞག་པ་ནས་བཤད་པ་ཡིན། དཔེ་རིས2-8ལྟ་བུ།

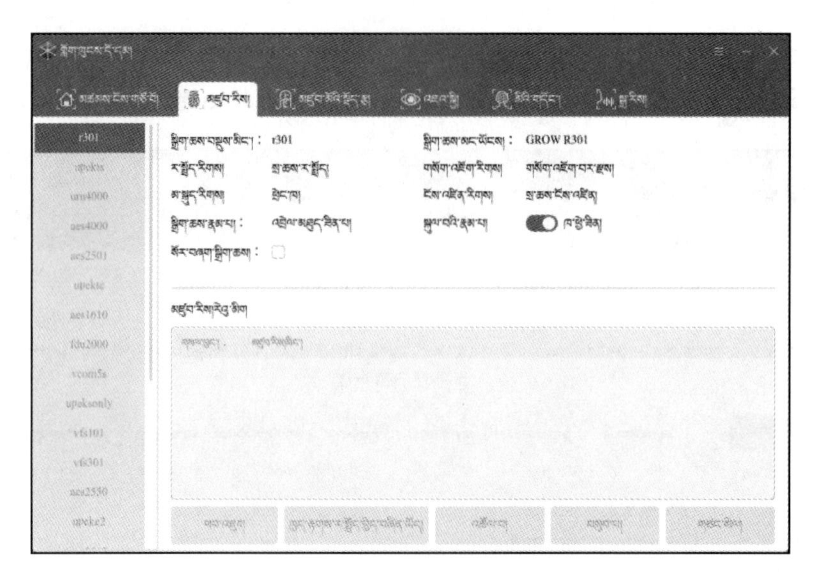

དཔེ་རིས2-7　མཛུབ་རིས་ཀྱི་འཆར་ངོས།

གཡོན་ཕྱོགས་སུ་མཛུབ་རིས་ཀྱི་སྐྲུལ་ཆས་མངོན་ལ། གཡས་ཕྱོགས་ཀྱི་སྟོད་ཆར་སྐྲུལ་ཆས་དེ་དང་འབྲེལ་བའི་ཆ་འཕྲིན་མངོན་ཡོད། དེར་སྒྲིག་ཆས་ཀྱི་བསྡུས་མིང་དང་། ར་སྤྲོད་ཀྱི་རིགས། སྤྱི་སྐད་ཀྱི་རིགས་སོགས་འདུས། གཡས་ཀྱི་དཀྱིལ་དུ་ཕབ་པའི་མཛུབ་རིས་ཀྱི་ཆ་འཕྲིན་མངོན་པ། དེར་མཛུབ་རིས་ཀྱི་མིང་དང་རིམ་སྟར་ཨང་གྲངས་འདུས། ཞབས་སུ་ཕབ་འཇུག་དང་། ར་སྤྲོད། འཚོལ་བཤེར། གསུབ་པའི་བྱེད་ནུས་སྤྲད་ཡོད།

1)ཕབ་འཇུག་བྱེད་ཚུལ།

བཀོལ་རྩལ༡ "ཕབ་འཇུག"ལ་ཆིག་རྡེབ་བྱས།

བཀོལ་རྩལ༢　དབང་སྤྲོད་སྒེའུ་ཁུང་བོན་པ་ལས་གསང་ཨང་ར་སྤྲོད་ལེགས་འགྲུབ་ཟིན་རྗེས། མཛུབ་རིས་ནང་འཇུག་བྱ་ཆོག དཔེ་རིས2-8ལྟར། དེའི་རྗེས་སྒེའུ་ཁུང་གི་གསལ་འདེབས་ལྟར། མཛུབ་མོ་ཡར་བཀུག་མར་མནན་ཐེངས་འགའ་ལེགས་སྒྲུབ་བར་དུ་བྱ་དགོས།

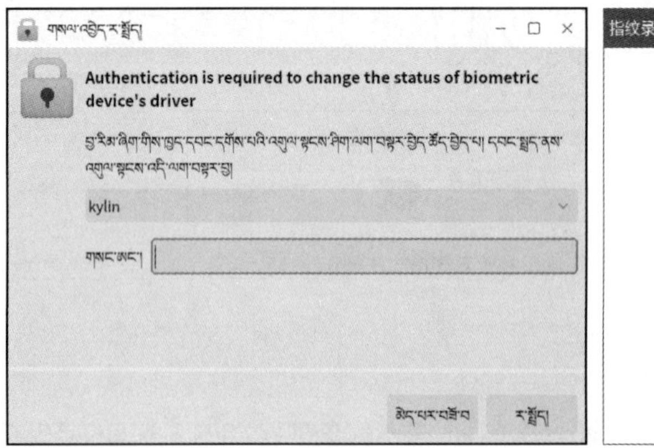

དཔེ་རིས2-8　མཛུབ་རིས་ནང་འཇུག

2)ར་སྤྲོད་བྱེད་ཚུལ།

བཀོལ་ཚུལ། མཛུབ་རིས་ཤིག་བདམས་ནས། "ར་སྤྲོད"་ལ་ཆིག་རྡེབ་བྱས།

བཀོལ་སྤྱོད་འདིས་ཁྱད་ཆོས་དེའི་ཡང་དག་རང་བཞིན་དང་སྤྱོད་རུང་རང་བཞིན་ལ་གཏན་སྨུང་བྱ་ཐུབ། མཛུབ་རིས་ར་སྤྲོད་ལེགས་གྲུབ་བྱུང་ཚེ་དཔེ་རིས 2-9 ལྟར་ཡིན།

དཔེ་རིས2-9 མཛུབ་རིས་ར་སྤྲོད་ལེགས་གྲུབ་བྱུང་བ།

3)འཚོལ་ཚུལ།

བཀོལ་ཚུལ། "འཚོལ་བཤེར"་ལ་ཆིག་རྡེབ་བྱས།

དེས་སྤྱོད་རུང་མཛུབ་རིས་ཡོད་ཚད་ནང་དུ་མིག་སྔའི་མཛུབ་རིས་དང་མཐུན་པའི་རིམ་སྟར་ཨང་དང་མིང་འཚོལ་ཐུབ། དཔེ་རིས2-10ལྟར།

དཔེ་རིས2-10 མཛུབ་རིས་བཤེར་འཚོལ།

4)སྲུབ་ཚུལ།

བདམས་པའི་མཛུབ་རིས་སྲུབ་པ།

5)གཙང་སེལ།

མིག་སྔའི་སྤྱོད་མཁན་གྱི་མཛུབ་རིས་ཡོད་ཚད་གཙང་སེལ་བྱེད་པ།

༣ ཐོ་འགོད་བྱེད་ཚུལ།

སྐྱེ་དངོས་ཁྱད་ཆོས་དབྱེ་འབྱེད་ཀྱི་ཐོ་འགོད་ར་སྤྲོད་འཆར་ངོས་དཔེ་རིས2-11ལྟར་ཡིན།

དཔེ་རིས2-11　ཐོ་འཇུག་ར་སྤྲོད།

བཀོལ་སྟེགས７　སྒྲིག་ཆས་མང་པོ་ཡོད་དུས།　བཀོལ་མཁན་གྱིས་གང་འདོད་ཅིག་བདམས་ནས་བཀོལ་ཆོག དཔེ་རིས2-12ལྟ་བུ།

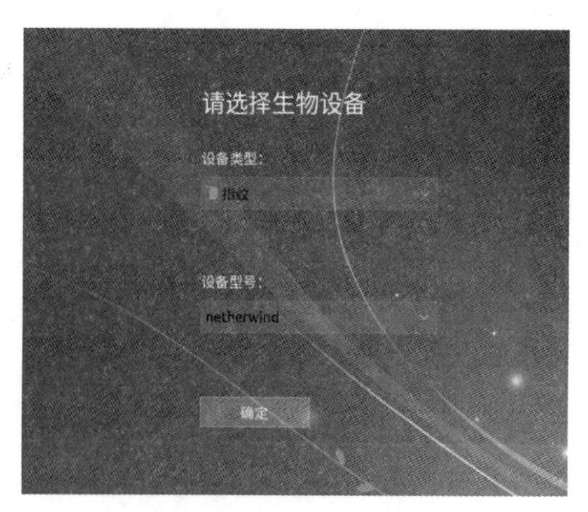

དཔེ་རིས2-12　སྒྲིག་ཆས་འདེམས་པ།

བཀོལ་ཚུལ༢ དབང་སྤྲོད་ར་སྤྲོད།

རིས་དབྱིབས་སྟེང་གི་དབང་སྤྲོད་ར་སྤྲོད་(ཁུལ་འབྱེད་རྩོམ་སྒྲིག་ཆས་ཁ་ཕྱེ་བ།) དཔེ་རིས2-13 ལྟར་ཡིན།

དཔེ་རིས2-13 དབང་སྤྲོད་ངོས་འཛིན--རིས་དབྱིབས།

མཐའ་སྣེའི་དབང་སྤྲོད་ར་སྤྲོད་ཀྱི་དཔེ་རིས2-14ལྟར་ཡིན།

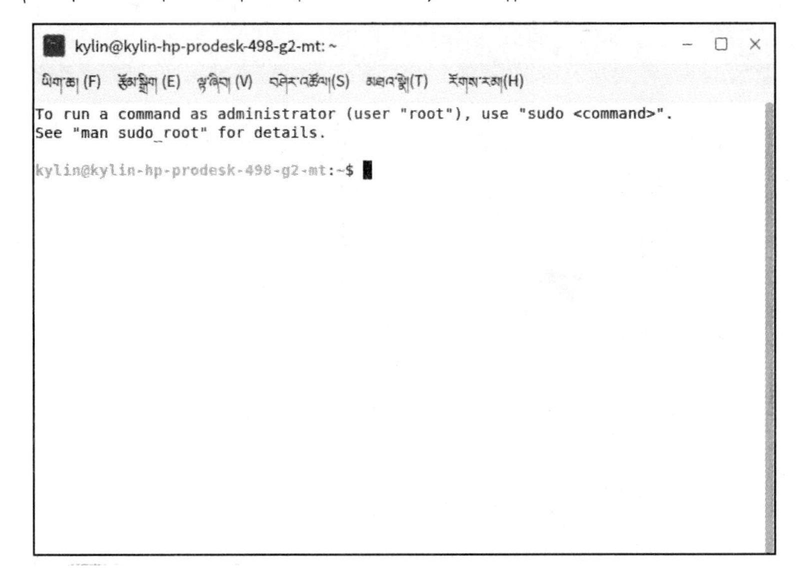

དཔེ་རིས2-14 དབང་སྤྲོད་ར་སྤྲོད-མཐའ་སྣེ།

2.2 ཅོག་ངོས་ཀྱི་བཀོལ་སྤྱོད།

ཅོག་ངོས་ནི་སྤྱོད་མཁན་གྱིས་དཔེ་རིས་འཆར་ངོས་བཀོལ་སྤྱོད་བྱེད་པའི་རྨང་གཞི་ཡིན། ཆི་ལིན་བཀོལ་སྤྱོད་རྒྱུད་ཁོངས་ཀྱི་ཅོག་ངོས་སུ་ཅོག་ངོས་རིས་རྟགས་དང་། ལས་འགན་སྡེ། འགོ་རྩོམ་འདེམས་བྱང་སོགས་འདུས། དཔེ་རིས2-15ལྟ་བུ། སྲོལ་རྒྱུན་གྱིWindowsཅོག་ངོས་རྒྱུད་ཁོངས་དང་ཅུང་མི་འདྲ་སོད། འོན་ཀྱང་ཆི་ལིན་ཅོག་ངོས་རྒྱུད་ཁོངས་ཀྱི་བཀོལ་སྤྱོད་དངWindowsཅོག་ངོས་ཁོར་ཡུག་གི་བཀོལ་སྤྱོད་ཕལ་ཆེར་ཁྱད་པར་མེད་པས། ཤེས་སླ་ཞིང་སྤྱོད་བདེ།

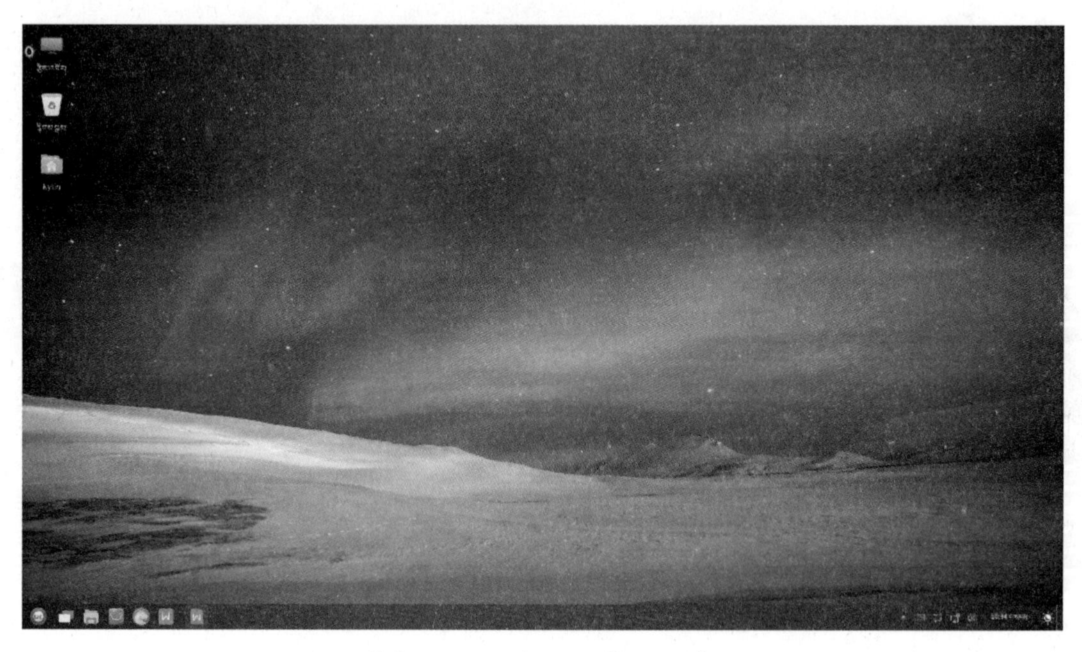

དཔེ་རིས2-15 སྤྱོད་མཁན་གྱི་འཆར་ངོས།

2.2.1 ཅོག་ངོས་ཀྱི་རིས་རྟགས།

ཅོག་ངོས་སུ་སོར་བཞག་ཏུ"རྩིས་འཁོར"དང་། "སྙིགས་སྣོད།" (སྙིགས་སྒམ།) "མི་སྒེར"བཅས་རིས་རྟགས་གསུམ་བཞག་ཡོད།

བཀོལ་ཚུལ། "རྩིས་འཁོར" ལ་གཡས་རྡེབ་བྱས་ནས"གཏོགས་གཤིས" (ངོ་བོ)འདེམས།

དེར་མིག་སྔའི་རྒྱུད་ཁོངས་ཀྱི་པར་གཞི་དང་། ནང་སྙིང་གི་པར་གཞི། སྐྱེལ་སྣེང་སོགས་ཀྱི་འབྲེལ་ཡོད་ཆ་འཕྲིན་མངོན་ཡོད། དཔེ་རིས་2-16ལྟ་བུ།

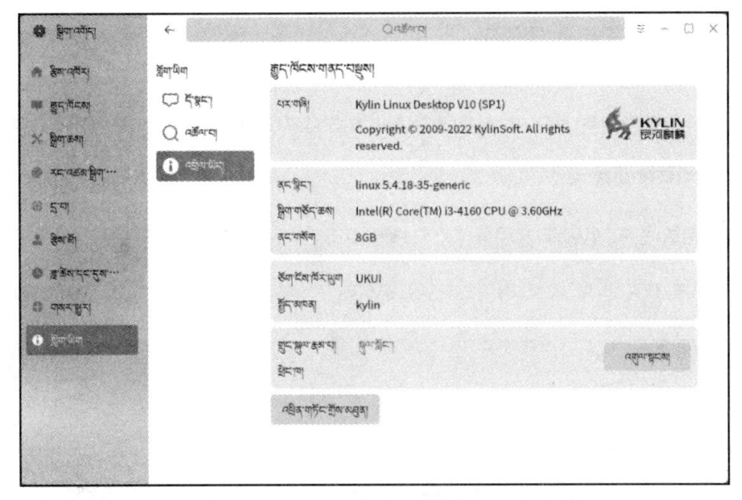

དཔེ་རིས2-16 "སྒྲིས་འཁོར"ཀྱི་གཏོགས་གཤིས(ངོ་བོ)།

2.2.2 ལས་འགན་ཚང་།

ལས་འགན་ཚང་ཅིག་ངོས་ཀྱི་ཞབས་སུ་གནས་ཡོད་ཅིང་། དེར་མགོ་རྩོམ་འདེམས་བྱང་དང་། དྲ་རྒྱའི་བཤར་ཆས། ཡིག་ཆའི་དོ་དམ་ཆས། རྣམ་པའི་འདེམས་བྱང་བཅས་ཚུད་ཡོད། དཔེ་རིས2-17ལྟ་བུ།

དཔེ་རིས2-17 ལས་འགན་ཚང་།

ལས་འགན་སྡེ་ཡི་བཀོལ་སྤྱོད་གསལ་བཤད་རེའུ་མིག 2-1ལྟར་ཡིན།

རེའུ་མིག 2-1 ལས་འགན་སྡེའི་བཀོལ་སྤྱོད་གསལ་བཤད།

རིས་རྟགས།	གསལ་བཤད།
	མགོ་རྩོམ་འདེམས་བྱང་ཡིན། རྒྱུད་ཁོངས་ཀྱི་འདེམས་བྱང་འདོན་པ་ལ་སྤྱོད། བཀོལ་སྤྱོད་འཚོལ་ཞིབ་བྱ་ཐུབ།
	ལས་འགན་མཐོང་རིས་མངོན་པ།
	ཡིག་ཆ་དོ་དམ་ཆས་ཡིན། རྒྱུད་ཁོངས་ནང་གི་ཡིག་ཆ་ལ་རགས་ལྟ་དང་དོ་དམ་བྱ་ཐུབ།
	མཉེན་ཆས་ཚོང་ཁང་།
	དྲ་ངོས་བཤར་ཆས་ཡིན། དེས་སྐབས་བདེ་ཞིང་བདེ་འཇགས་ངང་དྲ་བར་ཞུགས་སྐྱངས་མགོ་འདོན་བྱ།
	རྣམ་པའི་འདེམས་བྱང་ཡིན། དེར་ནང་འཇུག་ཐབས་དང་། སྒྲ། དྲ་རྒྱ་འབྲེལ་མཐུད། ཚེས་གྲངས་སོགས་ཀྱི་བཀོད་སྒྲིག་འདུས།

2.2.3 མགོ་རྩོམ་འདེམས་བྱང་།

བཀོལ་ཚུལ། ལས་འགན་ཚང་གི“མགོ་རྩོམ་འདེམས་བྱང་”མཐེབ་གནོན་ལ་ཅིག་རྡེབ་བྱས་ན། དཔེ་རིས2-18ལྟ་བུའི་འཆར་ངོས་ཐོན་པ།

མགོ་རྩོམ་འདེམས་བྱང་གཡོན་ཕྱོགས་སུ“བཤེར་འཚོལ”སྒྲོམ་དང་“རྒྱུན་སྤྱོད་བྱ་རིམ”ཡོད། “རྒྱུན་སྤྱོད་བྱ་རིམ”དུ་ཉེ་ཆར་སྤྱད་སྤྱོང་བའི་མཉེན་ཆས་མངོན་པ་དང་། མགོ་རྩོམ་འདེམས་བྱང་གི་གཡས་ཕྱོགས་སུ“བྱ་རིམ་ཡོད་ཚད”དང་། “གསལ་བྱེད་རིམ་སྒྲིག” “བྱེད་ནུས་དབྱེ་བ” “རང་སྙེར” “རྩིས་འཁོར” “སྒྲིག་བཀོད” “སློག་ཁུངས”སོགས་འདུས།

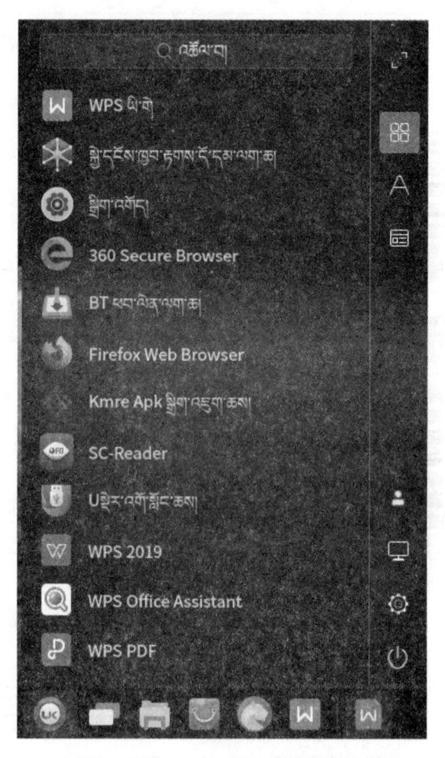

དཔེ་རིས2-18 མགོ་རྩོམ་འདེམས་བྱང་།

2.3 སྒེའུ་ཁུང་གི་བཀོལ་སྤྱོད།

ཡིག་ཆ་བཤེར་ཆས་ཀྱི་སྒེའུ་ཁུང་ལ་ཤག་གནས་ཚང་། མཐའ་ཚན། སྒེའུ་ཁུང་ཁུལ། རྣམ་པའི་ཚང་དང་བཀོལ་སྤྱོད་མཐེབ་གནོན་བཅས་ཀྱིས་གྲུབ་པ་སྟེ། དཔེ་རིས2-19ལྟ་བུ།

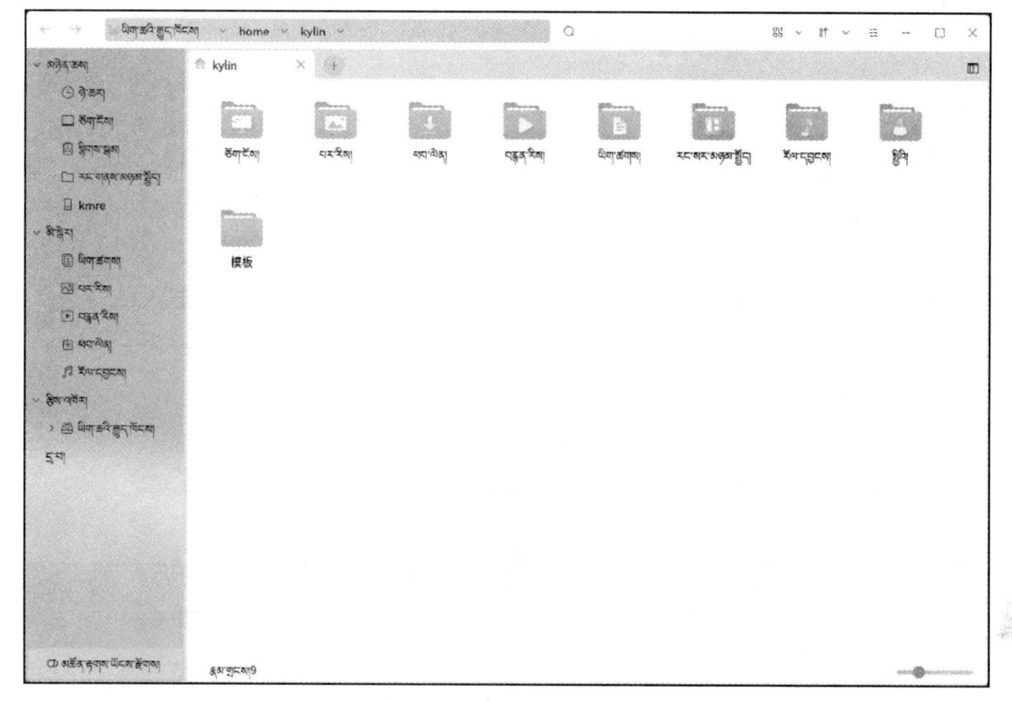

དཔེ་རིས2-19 སྣེའུ་ཁུང་འབྱེད་རྩལ།

2.3.1 སྣེའུ་ཁུང་མཐེབ་གནོན།

བཀོལ་སྤྱོད་མཐེབ་གནོན་ཁ་ཤས་ཀྱི་བྱེད་ནུས་རེའུ་མིག2-2ལྟར་ཡིན།

རེའུ་མིག2-2 སྣེའུ་ཁུང་མཐེབ་གནོན་གྱི་བྱེད་ལས།

རིས་རྟགས།	གསལ་བཤད།
←	(1)ལྟ་སྤྱོད་གོང་མའི་གནས་སུ་སྤོ་བ།(2)ཕྱིར་འཐེན་ལོ་རྒྱུས་སུ་ལྟ་ཞིབ་བྱེད་པ།
→	(1)ལྟ་སྤྱོད་ཕྱི་མའི་གནས་སུ་སྤོ་བ།(2)མདུན་སྐྱོད་ལོ་རྒྱུས་སུ་ལྟ་ཞིབ་བྱེད་པ།
> home ∨ kylin ∨	ཡིག་སྣོམ་ལྟ་བའི་ཤག་གནས་སྡེ་ཡིན། དེར་རང་སའི་རྩིས་འཁོར་གྱི་ཡིག་ཆའམ་དཀར་ཆག་ནང་འཇུག་ཐུབ་པ་མ་ཟད། ད་དུང་ཁྱབ་ཚུང་དྲ་རྒྱའི་མཉམ་སྤྱོད་ཀྱི་ཡིག་ཆའི་བརྒྱུད་ལམ། ཡང་ན ftp ཤག་གནས་ཞིག་ཀྱང་ནང་འཇུག་བྱ་ཐུབ།
Q	བཤེར་འཚོལ་ཚང་ཡིན། སྤྱོད་མཁན་ལ་མཁོ་བའི་ཡིག་ཆ་འཚོལ་ཐུབ།
»	དེས་ཡིག་ཆའི་ལྟ་ཚུལ "མཐོང་རིས་རིགས་གྲས"དང"རིམ་སྒྲིག་རིགས་གྲས""འདེམས་ཚན"སོགས་སྒྲིག་འགོད་བྱ་ཐུབ།
– □ ×	དེས་སྣེའུ་ཁུང་གི"ཆུང་སྒྱུར"དང་"ཆེ་སྒྱུར/ཕྱིར་ལོག" "ཁ་རྒྱག"སོགས་སྒྲིག་བཀོད་བྱ་ཐུབ།

2.3.2 མཐའ་ཚན་དང་སྐེའུ་ཁུང་ཁུལ།

མཐའ་ཚན་དུ་སྟོང་འགྲེམས་ཀྱི་དཀར་ཆག་གི་བང་རིམ་སྒྲིག་གཞི་བཀོད་པ་དང་། དེས་བཀོལ་སྤྱོད་རྒྱུད་ཁོངས་ཁྲོད་ཀྱི་རིགས་མི་འདྲ་བའི་ཡིག་ཁུག་གི་དཀར་ཆག་ལ་རགས་ལྟ་བྱ་བ་དང་། ཕྱི་སྡེལ་གྱི་སྒྲུལ་བདེའི་སྒྲིག་ཆས་དང་རྒྱང་རིང་མཉམ་སྤྱོད་སྒྲིག་ཆས་ཀྱི་འབྲེལ་མཐུད་མངོན་པ་སོགས་མགོ་འདོན་བྱས་ཡོད།

སྐེའུ་ཁུང་ཁུལ་དུ་མིག་སྔའི་དཀར་ཆག་འོག་གི་བུའི་དཀར་ཆག་དང་ཡིག་ཆ་མངོན་པ། གལ་ཏེ་མཐའ་ཚན་དུ་མངོན་པའི་རེའུ་སྟར་དཀར་ཆག་ཅིག་ལ་ཆིག་རྗེབ་བྱས་ན། དེའི་ནང་གི་ནང་དོན་སྐེའུ་ཁུང་ཁུལ་ནས་མངོན་ཐུབ་པ་ཡིན།

2.3.3 རྣམ་པའི་ཚང་།

གལ་ཏེ་དཀར་ཆག་ཅིག་ཏུ་འཛུལ་ན་མིག་སྔའི་གནས་སའི་ཡིག་ཆའི་ཁ་གྲངས་མངོན་ལ། གལ་ཏེ་ཡིག་ཁུག་ཅིག་བདམས་ན་ཡིག་ཁུག་དེའི་ནང་གི་ཡིག་ཆའི་ཁ་གྲངས་མངོན་པ། གལ་ཏེ་ཡིག་ཆ་ཞིག་བདམས་ན་ཡིག་ཆ་འདིའི་རིགས་དང་ཆེ་ཆུང་མངོན་པ།

3 རྒྱུད་ཁོངས་སྒྲིག་འགོད།

རྒྱུད་ཁོངས་བཀོལ་སྤྱོད་བྱེད་སྐབས་སུ། རང་ཉིད་ཀྱི་བཀོལ་སྤྱོད་གོམས་སྲོལ་ཡིད་འཚམ་པ་དང་། རང་ཉིད་ཀྱི་བཀོལ་སྤྱོད་སྟབས་བདེ་བའི་ཆེད་དུ། སྤྱོད་མཁན་གྱིས་རང་ཉིད་ཀྱི་དགོས་མཁོ་ལྟར་རྒྱུད་ཁོངས་དང་སྲུ་ཆས་སྒྲིག་འགོད་བྱ་ཚོག

3.1 རྒྱུད་ཁོངས་སྡེབ་སྒྲིག

3.1.1 ལས་འགན་ཚང་སྒྲིག་འགོད།

སྤྱོད་མཁན་གྱིས་ལས་འགན་ཚང་རང་གིས་གཏན་འཁེལ་བྱ་ཐུབ། དེར་གསལ་ཚད་དང་། གནས་ས། མཐོ་ཚད་སོགས་འདུས།

བཀོལ་ཐབས། ལས་འགན་ཚང་ལ་གཡས་རྡེབ་བྱས་ན་དཔེ་རིས3-1ལྟར་གྱི་ལས་འགན་ཚང་སྒྲིག་འགོད་སྙེའུ་ཁྲང་ཐོན་པ། དེར་རང་གི་དགོས་མཁོ་ལྟར་སྒྲིག་འགོད་བྱ་ཐུབ།

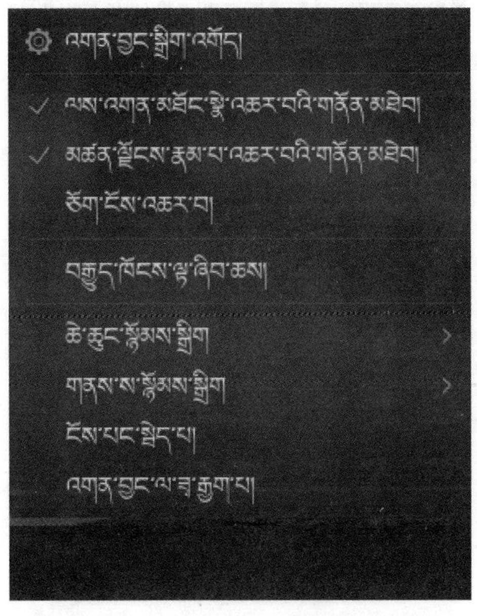

དཔེ་རིས3-1 ལས་འགན་སྡེ་སྒྲིག་འགོད།

3.1.2 ལས་ཁྲུལ།

སྤྱོད་མཁན་གྱིས་ལས་ཁྲུལ་དུ་མིག་སྔར་གྱི་ལས་འགན་དག་རིགས་མི་འདྲ་བ་ལྟར་དབྱེ་ནས་ཁྲུལ་མི་འདྲ་བར་བཞག་སྟེ་སྒྲིའུ་ཁྲུང་གིས་དོ་དམ་ལ་སྟབས་བདེ་བཟོ་ཐུབ།

བཀོལ་ཐབས། ལས་ཁྲུལ་དུ་གཡས་རྐྱབ་བྱས་ནས་སྒྲིག་འགོད་བྱ་ཐུབ། དཔེ་རིས 3-2ལྟ་བུ།

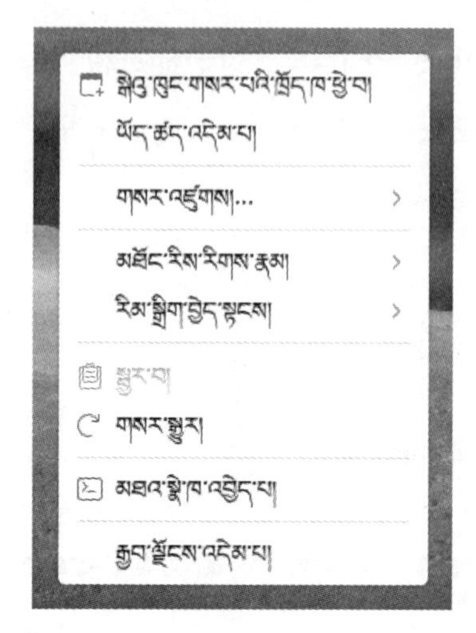

དཔེ་རིས3-2　ལས་ཁྲུལ་གྱི་སྒྲིག་འགོད་སྒྲིའུ་ཁྲུང་།

3.1.3 མགོ་རྩོམ་འདེམས་བྱང་སྒྲིག་འགོད།

བཀོལ་ཐབས།　མགོ་རྩོམ་རིས་རྟགས་ལ་ཐེངས་གཅིག་རྐྱབ་བྱས་ནས“གཏོགས་གཤིས་འབྱེད་དབྱེ”འདོམས།　དཔེ་རིས3-3ལྟ་བུ།

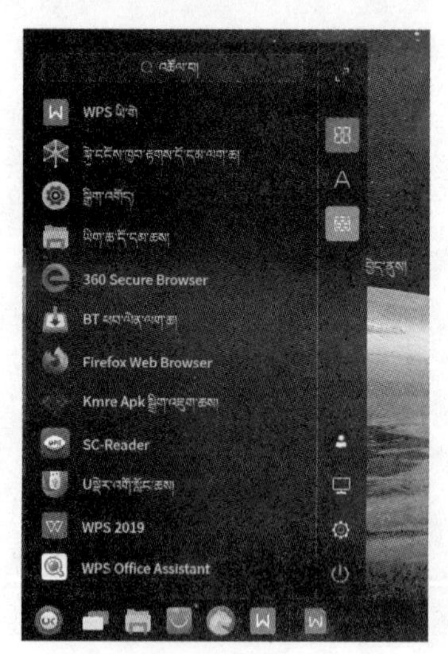

དཔེ་རིས3-3　མགོ་རྩོམ་འདེམས་བྱང་སྒྲིག་འགོད།

“རིགས་དབྱེ་འདེམས་བྱང་”གི“བྱ་རིམ་ཡོད་ཚད”（མཉེན་ཆས་ཚང་མ）གྱིས་བཀོལ་སྤྱོད་ལ་རིགས་དབྱེ་ནས་མངོན་པར་བྱ། དཔེ་རིས3-4ལྟ་བུ།

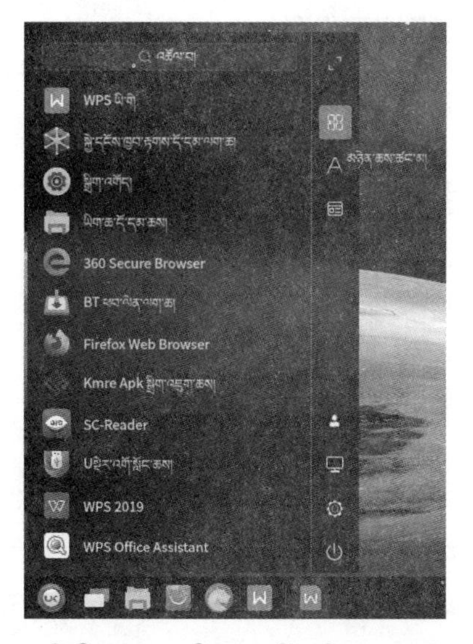

དཔེ་རིས3-4 རིགས་དབྱེ་འདེམས་བྱང་།

3.1.4 ཉེར་སྤྱོད་འདེམས་ཚན།

བཀོལ་རྒྱུ། མགོ་རྩོམ་འདེམས་བྱང་དུ་ཉེར་སྤྱོད་ཅིག་ལ་གཡས་རྫེབ་བྱས་ན། ཐོན་པའི་འདེམས་བྱང་དཔེ་རིས3-5ལྟར་ཡིན།

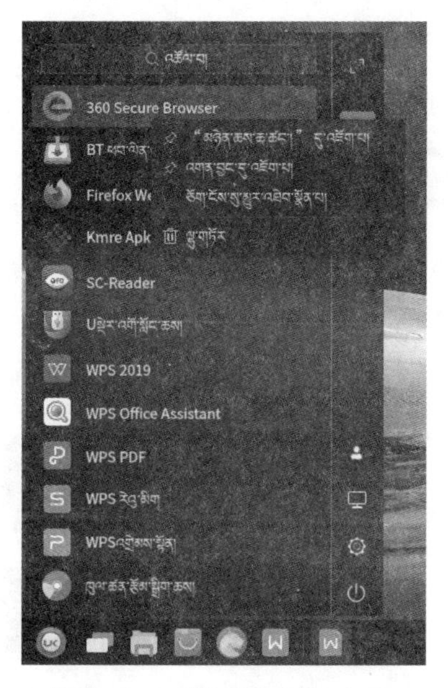

དཔེ་རིས3-5 ཉེར་སྤྱོད་འདེམས་ཚན།

འདེམས་བྱང་གིས་ཉེར་སྤྱོད་བྱ་རིམ་ལ་སྒྲིག་འགོད་འདི་ལྟར་བྱ་ཐུབ་སྟེ།

"ཅོག་ངོས་མྱུར་འཇུག་བྱེད་ཐབས་སུ་སྟོན་པ" (ཅོག་ངོས་སུ་མྱུར་མཐེབ་སྟོན་པ)ཞེས་པ་ནི་ཅོག་ངོས་སུ་མྱུར་འཇུག་རིས་རྟགས་འབྱུང་བྱེད་ཡིན།

"ལས་འགན་ཚང་དུ་སྒྲིག" (འགན་བྱང་དུ་འཇོག་པ)ཞེས་པ་ནི་ལས་འགན་ཚང་དུ་ཉེར་སྤྱོད་ཀྱི་རིས་རྟགས་འབྱུང་བྱེད་ཡིན།

"མཉེན་ཆས་ཡོད་ཚད་དུ་ཐུར་སྟོན།"ཞེས་པ་ནི"མཉེན་ཆས་ཡོད་ཚད"དུ་ཕར་སྤྱོད་ཁ་སྟོན་བྱེད་པ་ཡིན།

"འདོར་བཤིག" (ལྷུ་གཏོར།)ཞེས་པ་ནི་ཉེར་སྤྱོད་འདོར་བཤིག་བྱ་བ་ཡིན།

3.1.5 རྒྱུད་ཁོངས་སྙེབ་སྒྲིག

རྒྱུད་ཁོངས་སྙེབ་སྒྲིག་ནི་སྤྱོད་མཁན་རང་ཉིད་ཀྱི་དགོས་མཁོ་ལྟར་ཅོག་ངོས་ཀྱི་རྒྱབ་ལྗོངས་དང་། བརྗོད་བྱང་གི་ཁ་དོག ཡིག་གཟུགས། ཡོལ་སྒྲིག་གི་རྒྱབ་ལྗོངས། "རང་གཤིས་ཅན"སོགས་ཀྱི་སྒྲིག་འགོད་བྱ་བ་དང་། ད་དུང་འཕྲུལ་འཁྱེད་མགོ་སློང་དང་། སོར་བཞག་ཉེར་སྤྱོད། དུས་ཚོད་དང་ཚེས་གྲངས། སྤྱོད་མཁན་གྱི་རྩིས་ཐེམ་སོགས་ཀྱི་རྒྱུད་ཁོངས་ཀྱི་སྒྲིག་འགོད་བྱ་བ་སོགས་ཡིན།

༡ རང་གཤིས་ཅན་སྒྲིག་ཚུལ།

"རང་གཤིས་ཅན" (རང་འཚམ་སྒྲིག་འགོད)ཀྱིས་ཅོག་ངོས་རྒྱབ་ལྗོངས་དང་། བརྗོད་བྱང་གི་ཁ་དོག ཡིག་གཟུགས། ཡོལ་སྒྲིག་གི་རྒྱབ་ལྗོངས་སོགས་བཅོས་ཐུབ།

བཀོལ་རྩལ༡ ཅོག་ངོས་ཀྱི་སྟོང་ཆར་གཡས་རྡེབ་བྱས་ནས། "ཅོག་ངོས་ཀྱི་རྒྱབ་ལྗོངས"བདམས་ཏེ། སྣེ་ཁྲིའུ་ཁྲང"རང་གཤིས་ཅན"ཁ་ཕྱེ། དཔེ་རིས 3-6 ལྟ་བུ།

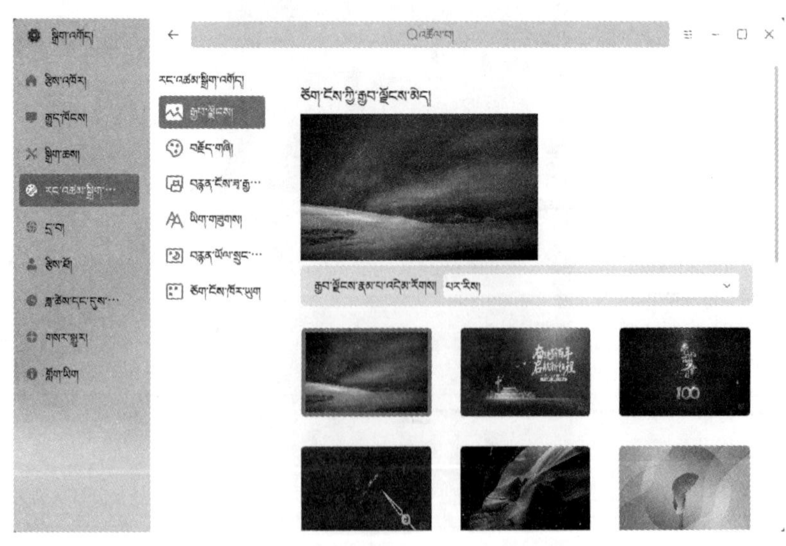

དཔེ་རིས3-6 རང་གཤིས་ཅན་སྒྲིག་འགོད་(རང་འཚམ་སྒྲིག་འགོད)འཆར་ངོས།

བཀོལ་ཚུལ༢ "མགོ་རྩོམ" | "སྒྲིག་འགོད"མཐེབ་གནོན|"རང་གཤིས་ཅན" ལ་ཆིག་རྡེབ་བྱས་ནས་སྣེའུ་ཁུང"རང་གཤིས་ཅན"ཁ་ཕྱེ། དཔེ་རིས3-7ལྟ་རུ།

སྤྱོད་མཁན་གྱིས"རང་གཤིས་ཅན"སྒྲིག་འགོད་འཆར་ངོས་ཁ་ཕྱེ་ནས་སྤྱོད་མཁན་རང་གི་དགའ་ཞེན་ལྟར་སྒྲིག་འགོད་བྱ་ཐུབ། དཔེ་རིས3-6ལྟ་རུ།

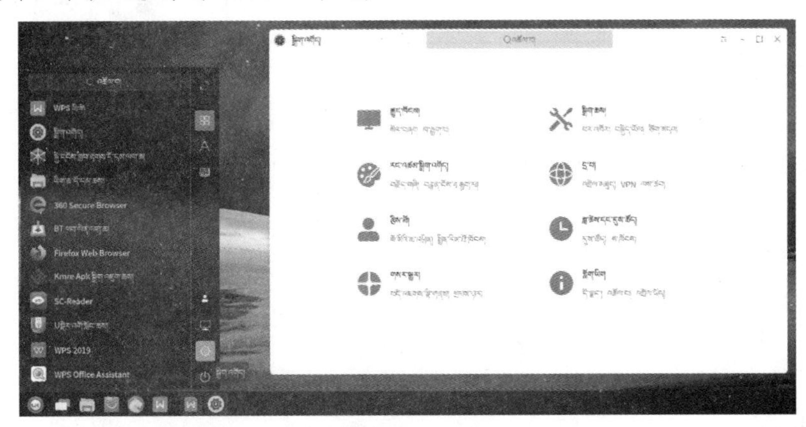

དཔེ་རིས3-7　"རང་གཤིས་ཅན"གྱི་སྒྲིག་འགོད་ཁ་འབྱེད་ཚུལ།

༢ ཁ་འབྱེད་མགོ་སློང་སྒྲིག་འགོད།

སྣེའུ་ཁུང་དུ་མིག་སྔའི་རྒྱུད་ཁོངས་སུ་གནས་པའི་རྩིས་འཁོར་ཁ་འབྱེད་སྐབས་མགོ་སློང་པའི་མཉེན་ཆས་མངོན་ཏེ། གཡོན་ཕྱོགས་ནི་མཉེན་ཆས་ཀྱི་མིང་ཡིན་ལ། གཡས་ཕྱོགས་ནི་དེ་དང་བསྟུན་པའི་ཁ་འབྱེད་མགོ་སློང་(སྒོ་འབྱེད་སྒྲིག་འགོད་སྒོ་ཕྱེ་བ)གི་རྣམ་པ་ཡིན། དཔེ་རིས3-8ལྟ་རུ།

བཀོལ་ཚུལ། "མགོ་རྩོམ" | "སྒྲིག་འགོད"|"རྒྱུད་ཁོངས" |"ཁ་འབྱེད་མགོ་སློང་" ལ་ཆིག་རྡེབ་བྱས།

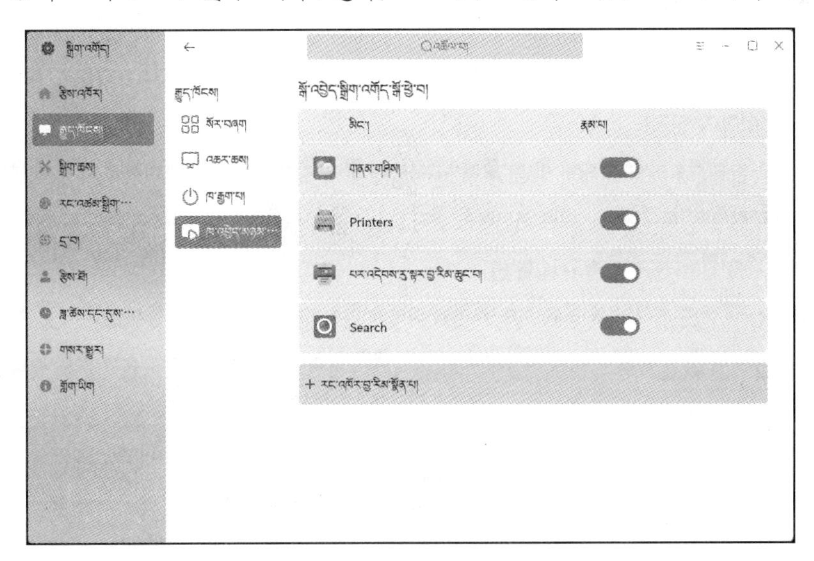

དཔེ་རིས3-8　ཁ་འབྱེད་མགོ་སློང་།

༣ སོར་བཞག་བཀོལ་སྤྱོད།

རིགས་མི་འདྲ་བའི་ཡིག་ཆ་ཁ་འབྱེད་པའི་སོར་བཞག་མཉེན་ཆས་གཏན་འཁེལ་ལ་སྤྱོད། དཔེ་རིས3-9ལྟ་བུ།

བཀོལ་རྩལ། “མགོ་རྩོམ་” | “སྒྲིག་འགོད་”|“རྒྱུད་ཁོངས” |“སོར་བཞག་བཀོལ་སྤྱོད” ལ་ཆིག་རྡེབ་བྱེས།

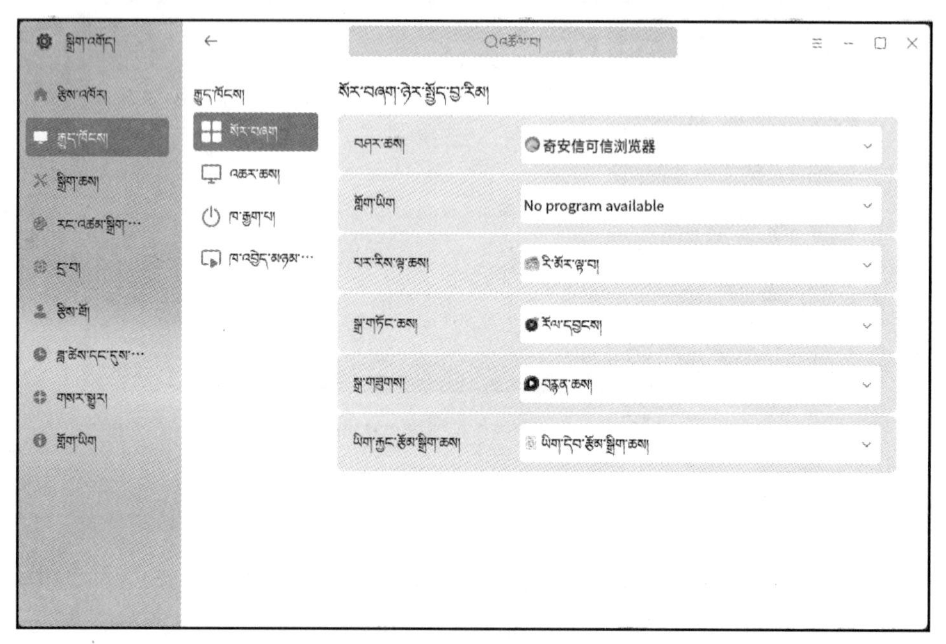

དཔེ་རིས3-9 སོར་བཞག་ཉེར་སྤྱོད།

༤ ཟླ་ཚེས་དང་དུས་ཚོད་ཀྱི་སྒྲིག་འགོད།

རྒྱུད་ཁོངས་ཀྱི་དུས་ཁུལ་དང་། དུས་ཚོད། ཟླ་ཚེས། རྣམ་བཞག་སྒྲིག་འགོད་ལ་སྤྱོད་པ། སྒྲིག་འགོད་བྱེད་ཚུལ་གཤམ་གསལ་ལྟར།

བཀོལ་རྩལ༡ རྒྱུད་ཁོངས་ངོས་པང་གི་ཟླ་ཚེས་དང་དུས་ཚོད་རིས་རྟགས་ལ་གཡས་རྡེབ་བྱས་ནས། “ཟླ་ཚེས་དང་དུས་ཚོད་སྒྲིག་འགོད”འདེམས། ཡང་ན“མགོ་རྩོམ” | “སྒྲིག་འགོད”|“དུས་ཚོད་སྐད་བརྡ” (ཟླ་ཚེས་དང་དུས་ཚོད)ལ་ཆིག་རྡེབ་བྱེས། དཔེ་རིས3-10ལྟ་བུ།

བཀོལ་རྩལ༢ “དྲ་རྒྱའི་དུས་ཚོད་དང་འགྲོས་མཉམ་བྱེས”ཁ་ཕྱེ་རྗེས། རྩིས་འཁོར་གྱི་དུས་ཚོད་དེ་དྲ་རྒྱའི NTPཞབས་ཞུ་ཆས་ཀྱི་དུས་ཚོད་དང་མཉམ་པར་བྱ། དེའི་སྐབས་སུ་ཟླ་ཚེས་དང་དུས་ཚོད་བཟོ་བཅོས་བྱ་མི་ཐུབ། དཔེ་རིས3-11ལྟ་བུ།

བཀོལ་རྩལ༣ “དྲ་རྒྱའི་དུས་ཚོད་དང་འགྲོས་མཉམ་བྱེས”ཁ་རྒྱབ་རྗེས། རྩིས་འཁོར་གྱི་དུས་ཚོད་དང་རང་སའི་རྩིས་འཁོར་གྱི་ཆུ་ཚོད་ཉིང་ལྟེབ་དང་མཉམ་པར་བྱ། དེའི་སྐབས་སུ་ཟླ་ཚེས་དང་དུས་ཚོད་བཟོ་བཅོས་བྱ་ཐུབ།

བཀོལ་སྤྱོད༤ གལ་ཏེ“དུས་ཁུལ་བཟོ་བཅོས”གཡས་མཐའི་མར་འཐེན་རིའུ་སྒར་ལ་ཆིག་རྡེབ་བྱས་ན། དུས་ཁུལ་རིའུ་སྒར་ཡོད་ཚད་མངོན་པ། བཤེར་འཚོལ་སྒྲོམ་དུ་གནད་ཡིག་སྣར་དུས་ཁུལ་འཚོལ་ཐུབ།

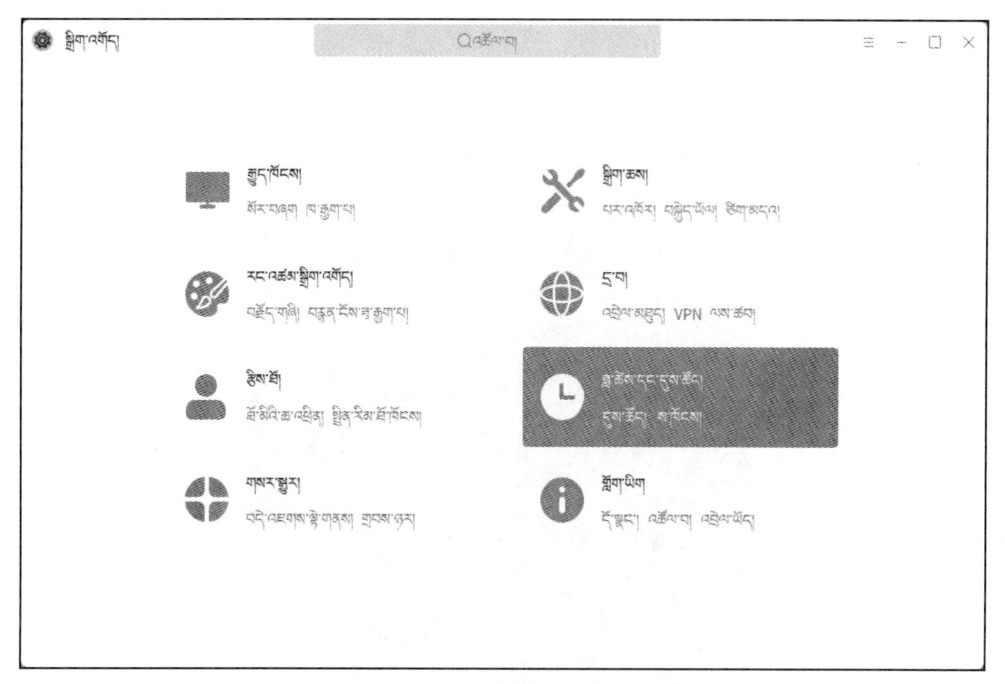

དཔེ་རིས3-10 “ཟླ་ཚེས་དང་དུས་ཚོད” སྒྲིག་འགོད་སྒེའུ་ཁུང་ཁ་འབྱེད།

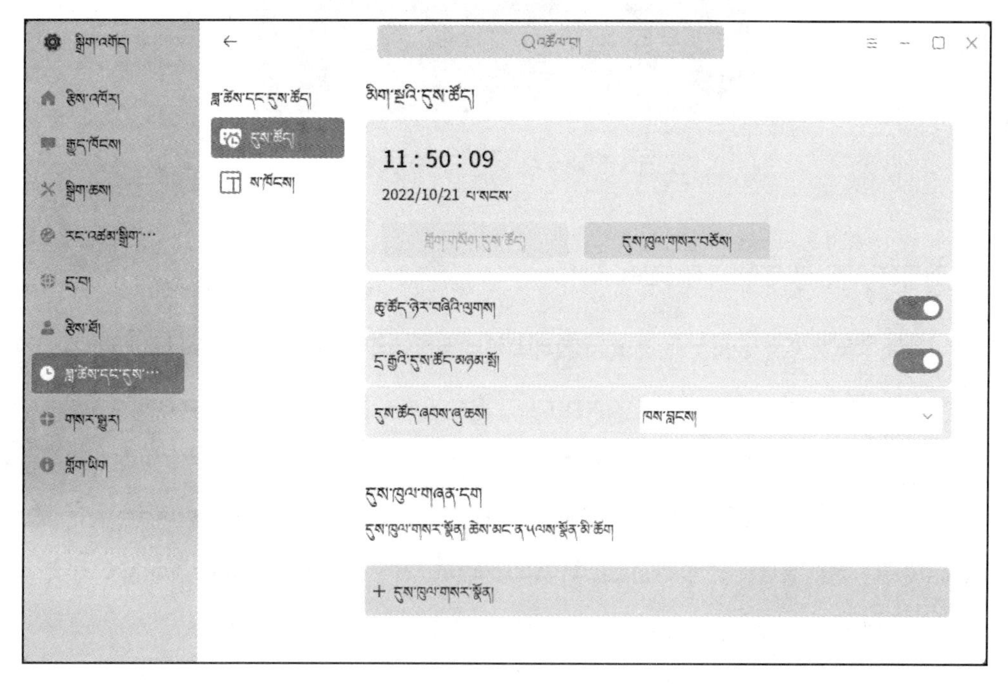

དཔེ་རིས3-11 “ཟླ་ཚེས་དང་དུས་ཚོད” སྒྲིག་འགོད་སྒེའུ་ཁུང་།

བཀོལ་ཚུལ༥ ལས་འགན་ཚང་དུས་ཚོད་ལ་གཡས་རྡེབ་བྱས་ན། ལོ་ཟླའི་ཆ་འཕྲིན་མངོན་ཐུབ། དཔེ་རིས3-12ལྟ་བུ།

དཔེ་རིས3-12 ལོ་ཟླའི་ཆ་འཕྲིན།

༥ སྤྱོད་མཁན་གྱི་སྒྲིས་ཐེམ (སྒྲིས་ཐོ)།

དེས་རྒྱུད་ཁོངས་སྤྱོད་མཁན་གྱི་ངོ་དམ་སྒྲིག་བཀོད་མཁོ་འདོན་བྱས་པ་དང་། ངོ་དམ་པས་སྤྱོད་མཁན་གསར་བཟོ་དང་། སྤྱོད་མཁན་བསུབ་པ། སྤྱོད་མཁན་གྱི་ཆ་འཕྲིན་བཟོ་བཅོས་བཅས་བྱེད་དུ་འཇུག སྤྱོད་མཁན་གྱི་བྱ་སྤྱོད་འཕྲེད་ལྟར་མངོན་པས་འཕྲེད་གཅིག་གིས་སྤྱོད་མཁན་གཅིག་མཚོན་པ་ཡིན། ཐོག་མར"མིག་སྔའི་སྤྱོད་མཁན"མངོན་པ་དང་། དེའི་འཁོར"སྤྱོད་མཁན་གཞན་དག"སོགས་མངོན་པ་ཡིན། ཅིག་རྟགས་དེ་སྤྱོད་མཁན་གྱི་འཕྲེད་དུ་གནས་སྐབས་སུ། བཀོད་སྒྲིག་ཚན་པ་དེ་ལས་མང་པོ་མངོན་པ་ཡིན། དཔེ་རིས3-13ལྟ་བུ།

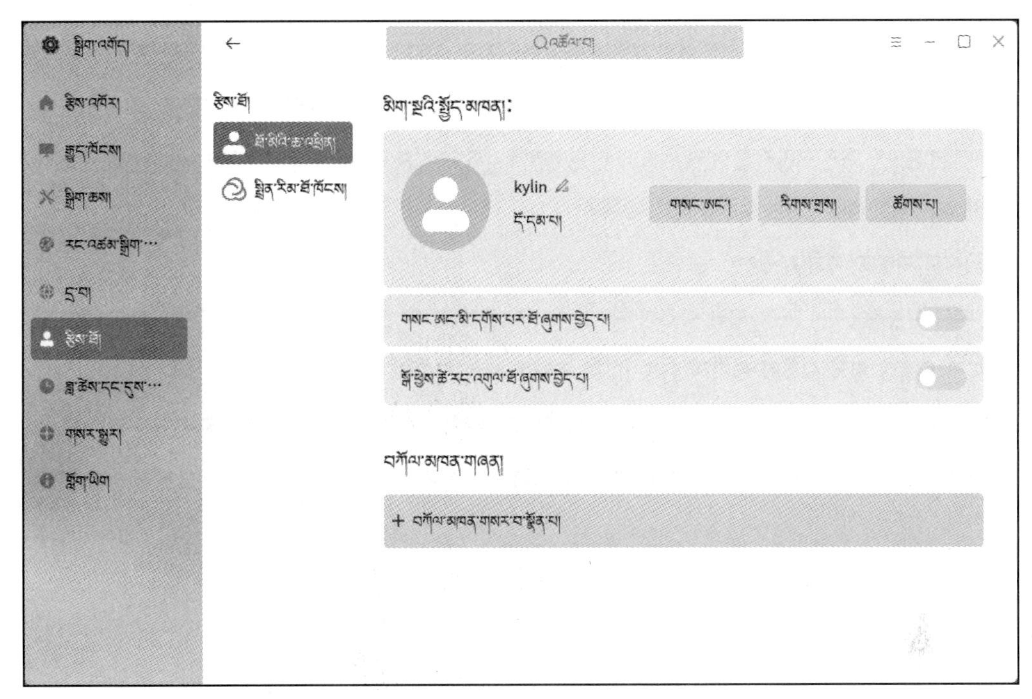

དཔེ་རིས3-13　སྤྱོད་མཁན་གྱི་རྩིས་ཞིམ།

1)གསང་ཨང་བཟོ་བཅོས།

"གསང་ཨང་བཟོ་བཅོས།"(གསང་ཨང་བརྗེ་བ)ལ་ཚིག་རྟེབ་བྱས་ན་ཁ་ཕྱེ་བའི་སྒེའུ་ཁུང་དཔེ་རིས3-14ལྟར་ཡིན། གསང་ཨང་བཟོ་བཅོས་ཀྱི་བཀོལ་སྤྱོད་གོ་རིམ་གཤམ་གསལ་ལྟར།

དཔེ་རིས3-14　གསང་ཨང་བཟོ་བཅོས།

བཀོལ་རྩལ༡ ཚན་པ་དང་པོར་མིག་ལྟའི་གསང་ཨང་ནང་འཇུག་པ་དང་། ཚན་པ་གཉིས་པར་གསང་ཨང་གསར་པ་ནང་འཇུག་བྱས་ནས། ཚན་པ་གསུམ་པར་ཡང་བསྐྱར་གསང་ཨང་གསར་པ་ནང་འཇུག་བྱ་དགོས།

བཀོལ་རྩལ༢ ནང་འཇུག་བྱས་པ་ཡོད་ཚད་ལུགས་མཐུན་ཡིན་སྐབས། "གཏན་འཁེལ"ལ་ཞིག་རྡེབ་བྱས་ན། དེའི་སྤྱོད་མཁན་གྱི་གསང་ཨང་བཅོས་ཟིན་པ་ཡིན།

2)དབྱིབས་བརྙན་བཟོ་བཅོས།

"དབྱིབས་བརྙན་(དབྱིབས་རིས)བཟོ་བཅོས"ལ་ཞིག་རྡེབ་བྱས་ན་ཁ་ཕྱེ་བའི་སྐྱེའུ་ཁྲུང་དཔེ་རིས3-15ལྟར་ཡིན། དབྱིབས་བརྙན་བཟོ་བཅོས་བཀོལ་སྤྱོད་ཀྱི་གོ་རིམ་གཤམ་གསལ་ལྟར།

བཀོལ་རྩལ༡ དབྱིབས་བརྙན་རིས་རྟགས་ལ་ཞིག་རྡེབ་བྱས་ནས། དབྱིབས་བརྙན་གསར་པ་ཞིག་འདེམས།

བཀོལ་རྩལ༢ མཐེབ་གནོན"གཏན་འཁེལ"ལ་ཞིག་རྡེབ་བྱས་ནས་དབྱིབས་བརྙན་གསར་པ་ཉར་ཚགས་བྱས།

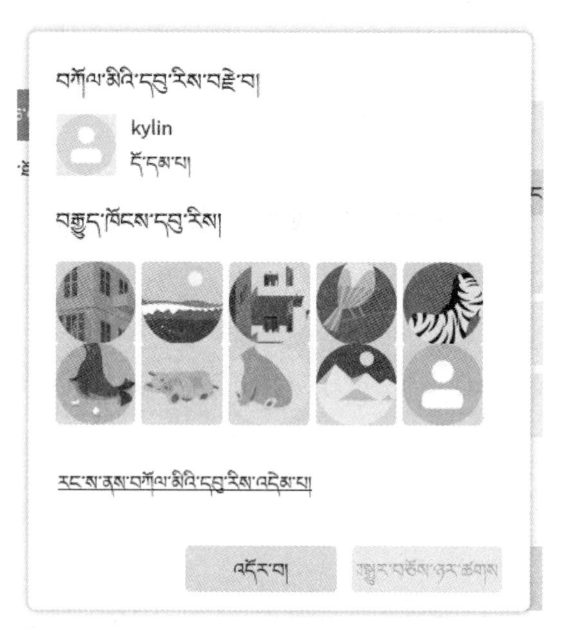

དཔེ་རིས3-15　དབྱིབས་བརྙན་བཟོ་བཅོས།

3)སྤྱོད་མཁན་གྱི་རིགས་བཟོ་བཅོས།

རྒྱུད་ཁོངས་ཀྱི་སྤྱོད་མཁན(བཀོལ་མི)ལ"ཚད་ལྡན་སྤྱོད་མཁན"དང"དོ་དམ་པའི་སྤྱོད་མཁན" གཉིས་སུ་དབྱེ། "དོ་དམ་པའི་སྤྱོད་མཁན"གྱིས་རང་ཉིད་ཀྱི་གསང་ཨང་ནང་འཇུག་བྱས་ནས་གནས་སྐབས་སུrootཡི་དབང་ཆ་མཐོ་ཤོས་གཏོང་ཐུབ། རྒྱུད་ཁོངས་ལ་མ་མཐའ་ཡང་དོ་དམ་པའི་སྤྱོད་མཁན་གཅིག་དགོས། དེ་བས་ཆེས་མཐའ་མཇུག་གི་དོ་དམ་པའི་སྤྱོད་མཁན་དེ་ཚད་ལྡན་གྱི་སྤྱོད་མཁན་དུ་བསྒྱུར་མི་ཐུབ། ཚད་ལྡན་སྤྱོད་མཁན་གྱིས་རྒྱུད་ཁོངས་དོ་དམ་པའི་གསང་ཨང་མ་ཤེས་ན། དོ་དམ་པའི་སྤྱོད་མཁན་དུ་བརྗེ་མི་ཐུབ། སྐྱེའུ་ཁྲུང་དཔེ་རིས3-16ལྟ་བུ།

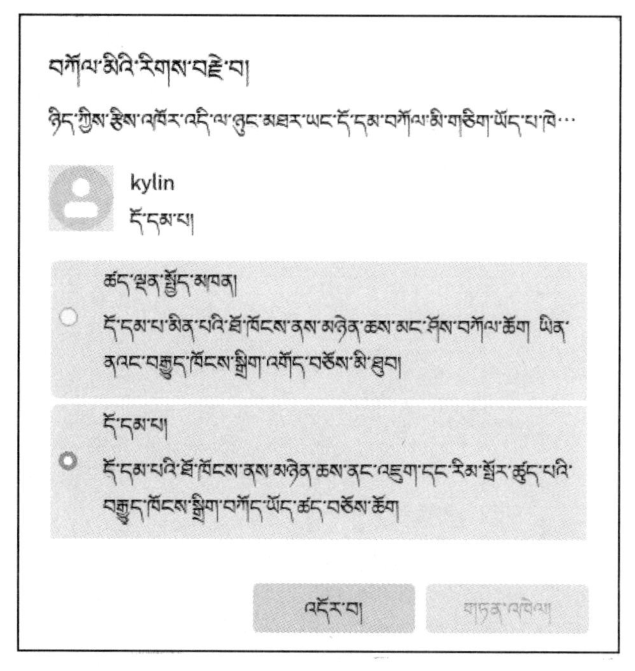

དཔེ་རིས3-16　སྤྱོད་མཁན་གྱི་རིགས་བརྗེ་བཅོས།

4)གསར་བཟོ་དང་བསུབ་པ།

"རྩིས་ཐེམ་གསར་པ་གསར་བཟོ"ལ་ཆིག་རྫེབ་བྱས་ནས་སྒེའུ་ཁུང་"རྩིས་ཐེམ་གསར་སྟོན"ཁ་ཕྱེ། དཔེ་རིས3-17ལྟ་བུ།

བཀོལ་མི་གསར་སྟོན།
སྤྱོད་མཁན་གྱི་མིང་། སྤྱོད་མཁན་གྱི་མིང་།
གསང་ཨང་རིགས། ཡོངས་སྤྱོད་གསང་ཨང་།
གསང་ཨང་། གསང་ཨང་།
གསང་ཨང་གཏན་འཁེ གསང་ཨང་གཏན་འཁེལ།
བཀོལ་མིའི་རིགས།
ཚད་ལྡན་སྤྱོད་མཁན།
དོ་དམ་པ་མིན་པའི་ཐོ་ཁོངས་ནས་མཉེན་ཆས་མང་ཤོས་བཀོལ་ཆོག ཡིན་ནའང་བརྒྱུད་ཁོངས་སྒྲིག་འགོད་བཅོས་མི་ཐུབ།
དོ་དམ་པ།
དོ་དམ་པའི་ཐོ་ཁོངས་ནས་མཉེན་ཆས་ནང་འཇུག་དང་རིམ་སྤོར་ཚུད་པའི་བརྒྱུད་ཁོངས་སྒྲིག་བཀོད་ཡོད་ཚད་བཅོས་ཆོག
འདོར་བ། གཏན་འཁེལ།

བཀོལ་མི་གསར་སྟོན།
སྤྱོད་མཁན་གྱི་མིང་། test
གསང་ཨང་རིགས། ཡོངས་སྤྱོད་གསང་ཨང་།
གསང་ཨང་། ●●●●●●●●●●●●●●
གསང་ཨང་གཏན་འཁེ ●●●●●●●●●●●●●●
བཀོལ་མིའི་རིགས།
ཚད་ལྡན་སྤྱོད་མཁན།
དོ་དམ་པ་མིན་པའི་ཐོ་ཁོངས་ནས་མཉེན་ཆས་མང་ཤོས་བཀོལ་ཆོག ཡིན་ནའང་བརྒྱུད་ཁོངས་སྒྲིག་འགོད་བཅོས་མི་ཐུབ།
དོ་དམ་པ།
དོ་དམ་པའི་ཐོ་ཁོངས་ནས་མཉེན་ཆས་ནང་འཇུག་དང་རིམ་སྤོར་ཚུད་པའི་བརྒྱུད་ཁོངས་སྒྲིག་བཀོད་ཡོད་ཚད་བཅོས་ཆོག
འདོར་བ། གཏན་འཁེལ།

དཔེ་རིས3-17　རྩིས་ཐེམ་གསར་བཟོ།

གཡོན་ཟུར་གོང་མ་ནི་དབུ་བརྙན་སྒྲིག་འགོད་ཀྱི་ཁུལ་ཡིན་ཞིང་། རྒྱུད་ཁོངས་ཀི་སོར་བཞག་དབུ་བརྙན་མཚོན་པ། དེ་ལ་ཆིག་རྫེབ་བྱས་ནས་བཟོ་བཅོས་བྱ་ཐུབ། གཡས་ཀྱི་ཡིག་སྒྲོམ་གསུམ་པོ་ནི་སྤྱོད་མཁན་གྱི་མིང་དང་། གསང་ཨང་། གསང་ཨང་བསྐྱར་ཟློས་ཡིན། སྤྱོད་མཁན་གྱི་རིགས་བདམས་རྗེས། “གཏན་འཁེལ”ལ་ཆིག་རྫེབ་བྱས་ནས“དོ་དམ་པ”ཡི་གསང་ཨང་ནང་བཙུག་སྟེ། དབང་སྤྲོད་ན་འགྲིག་པའོ།། དཔེ་རིས3-18ལྟ་བུ།

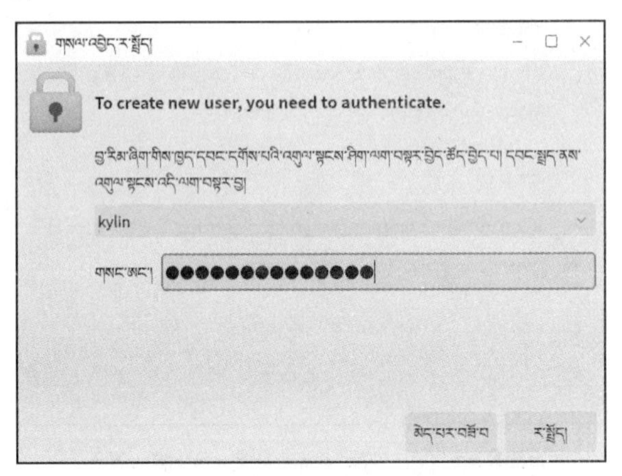

དཔེ་རིས3-18 རྩིས་ཞིབ་གསར་བཟོའི“དབང་སྤྲོད།”

སྤྱོད་མཁན་བདམས་ནས“སྤྱོད་མཁན་སུབ་པ”ལ་ཆིག་རྫེབ་བྱས་ན། “སྤྱོད་མཁན་སུབ་པ”ཡི་གསལ་འདེབས་སྒྲོམ་ཐོན་པ། དཔེ་རིས3-19ལྟ་བུ།

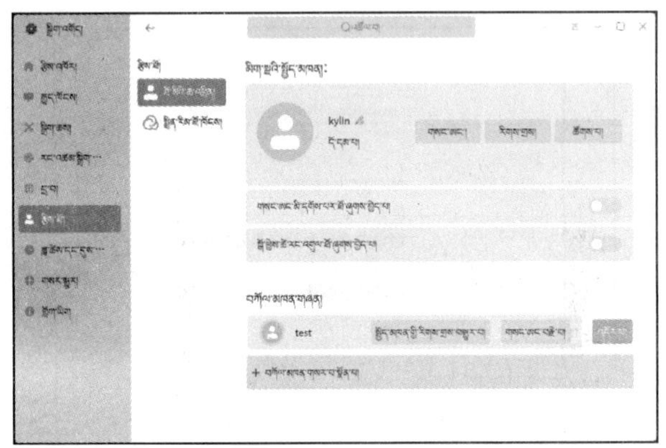

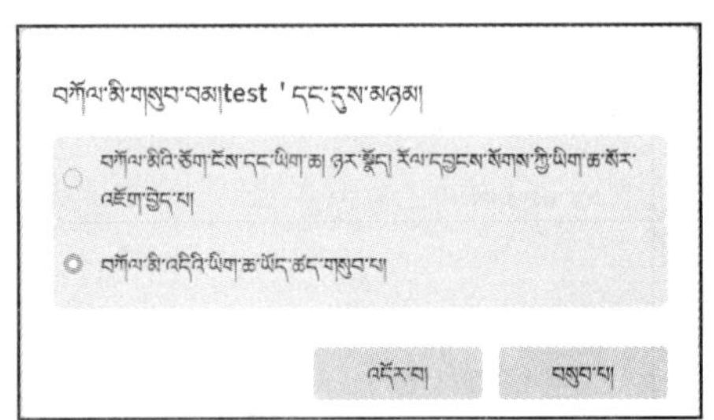

དཔེ་རིས3-19 སྤྱོད་མཁན་སུབ་པ།

མིག་སྔའི་སྤྱོད་མཁན་གྱིས་རང་ཉིད་བསུབ་ཐབས་མེད་དེ། “སྤྱོད་མཁན་གྱི་ཡིག་ཆ……སོགས་འཇོག་པ”ཡིས་སྤྱོད་མཁན་དེ་རྒྱུད་ཁོངས་ལས་བསུབས་ཀྱང་། དེའི་རང་གི་དཀར་ཆག་དང་དཀར་ཆག་ཁྲིད་ཀྱི་ཡིག་ཆ་འཇོག་པ་ཡིན། “སྤྱོད་མཁན་འདིའི་ཡིག་ཆ་ཚང་མ་སུབ་པ”ཡིས་སྤྱོད་མཁན་དེ་རྒྱུད་ཁོངས་ལས་བསུབས་ཤིང་། དེའི་རང་གི་དཀར་ཆག་དང་དཀར་ཆག་ཁྲིད་ཀྱི་ཡིག་ཆ་ཚང་མ་སུབ་པ་ཡིན།

3.2 སྒྲ་ཆས་སྒྲེབ་སྒྲིག

རྒྱུད་ཁོངས་ཁྲོད་དུ་ད་དུང་རང་གི་དགོས་མཁོ་ལྟར་གློག་ཁུངས་དང་། མཐེབ་གནོན་། སྒྲ། ཅིག་འདྲ། འཆར་ཆས། དྲ་རྒྱ་སོགས་ཀྱི་སྒྲ་ཆས་ལ་ཡང་བཀོད་སྒྲིག་བྱ་ཆོག

3.2.1 གློག་ཁུངས་དོ་དམ།

༡ གློག་ཁུངས་སྒྲིག་འགོད།

བཀོལ་རྩལ། "**མགོ་རྩོམ**"|"**སྒྲིག་འགོད**"|"**རྒྱུད་ཁོངས**"|"**གློག་ཁུངས།**"

འདི་གློག་ཁུངས་ཀྱི་རྣམ་པ་དོ་དམ་ལ་སྤྱོད། འཆར་ངོས་དཔེ་རིས3-20ལྟར་ཡིན། "རྒྱུད་ཁོངས་ཁོམ་པའི་རྣམ་པར་གྱུར་ནས་དུས་འདིའི་རྗེས་སུ་མལ་གསོར་གནས་པ"ལ་རྣམ་པ་གཉིས་སུ་དབྱེ་ཡོད་དེ། གློག་ཁུངས་ཀྱིས་གློག་འདྲེན་པ་དང་གློག་སྨན་གྱིས་གློག་འདྲེན་པའོ།།

"རྒྱུད་ཁོངས་ཁོམ་པའི་རྣམ་པར་གྱུར་ནས་དུས་འདིའི་རྗེས་སུ་མལ་གསོར་གནས་པ"མར་འཐེན་སྒྲོམ་དུ་སྐར་མ30བདམས་ན། གློག་ཁུངས་ཀྱིས་གློག་འདྲེན་པའི་གནས་ཚུལ་དུ་སྐར་མ30ཁོམ་ན། རྒྱུད་ཁོངས་མལ་གསོའི་རྣམ་པར་འཇུག་པ་དང་། "རྒྱུད་ཁོངས་ཁོམ་པའི་རྣམ་པར་གྱུར་ནས་དུས་འདིའི་རྗེས་སུ་འཆར་ཆས་ཁ་རྒྱག"མར་འཐེན་སྒྲོམ་དུ་སྐར་མ30བདམས་ན། གློག་ཁུངས་ཀྱིས་གློག་འདྲེན་པའི་གནས་ཚུལ་དུ་སྐར་མ30ཁོམ་རྗེས་རྒྱུད་ཁོངས་ཀྱིས་འཆར་ཆས་ཀྱི་ཁ་རྒྱག་པའོ།།

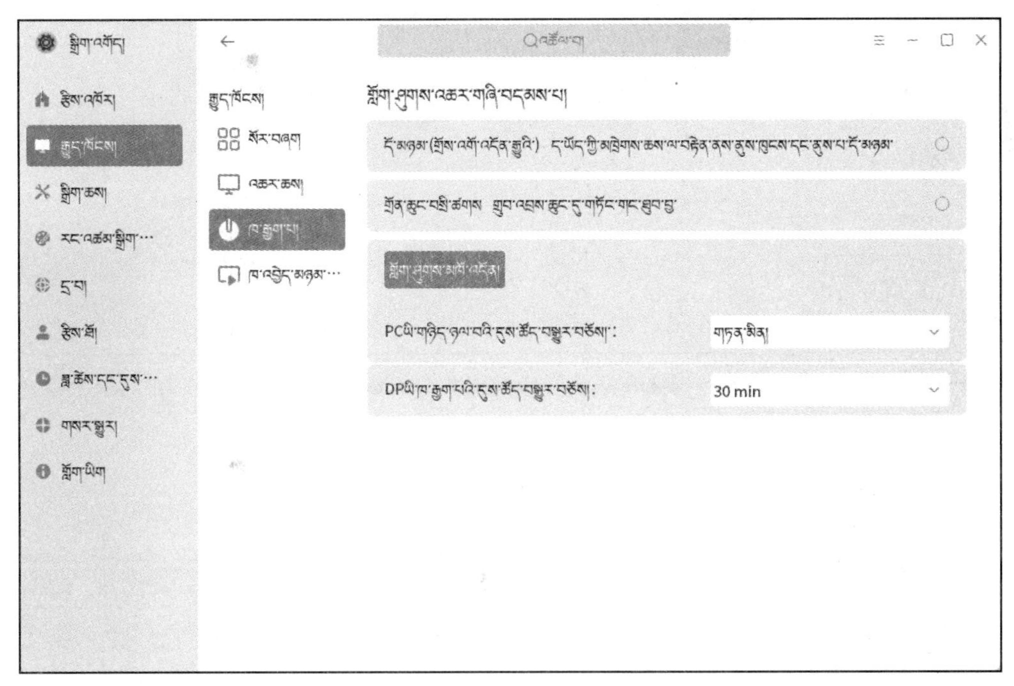

དཔེ་རིས3-20 གློག་ཁུངས་དོ་དམ།

༢ བརྙན་ཡོལ་སྲུང་སྐྱོབ།

བཀོལ་ཚུལ༡ ཅོག་ངོས་སྟེང་གཡས་རྡེབ་བྱས། "རྒྱབ་ལྗོངས་སྒྲིག་འགོད"།"ཡོལ་སྲུང་།"

བཀོལ་ཚུལ༢ "མགོ་སྙེམ"། "སྒྲིག་འགོད"།"རང་གཤིས་ཅན" | "ཡོལ་སྲུང་"

དཔེ་རིས3-21ལྟར། སྐེའུ་ཁུང་གི་སྟོད་དུ་མངོན་པ་ནི་མིག་སྔར་གྱི་བརྙན་ཡོལ་སྲུང་སྐྱོབ་ཀྱི་སྔོན་བལྟ་མཐོང་འབྲས་ཡིན།

"བརྙན་ཡོལ་སྲུང་སྐྱོབ་བྱ་རིམ"གཡས་ཕྱོགས་མར་འཐེན་རེའུ་སྟར་དུ་མིག་སྔར་རྒྱུད་ཁོངས་ཀྱིས་སྒྲིག་འཛུག་བྱས་པའི་བརྙན་ཡོལ་སྲུང་སྐྱོབ་ཚང་མ་འདུས་ཡོད། བརྗེས་རྗེས་ལམ་སེང་ནུས་པ་ཐོན། མཐེབ་གནོན"སྔོན་ལྟ"ལ་ཆིག་རྡེབ་བྱས་ན་བརྙན་ཡོལ་ཡོངས་སུ་སྔོན་བལྟའི་མཐོང་འབྲས་ཐོན་ཐུབ།

"འཆར་ངོས་སྲུང་སྐྱོབ་ཁ་འབྱེད།"ཡིས་རྒྱུད་ཁོངས་ཁོམ་པའི་དུས་ཚོད་བཀོད་སྒྲིག་བྱ། དེ་ནི་སྤྱོད་མཚམས་བཞག་པའི་དུས་ནས་བརྩི་མགོ་བརྩམས།

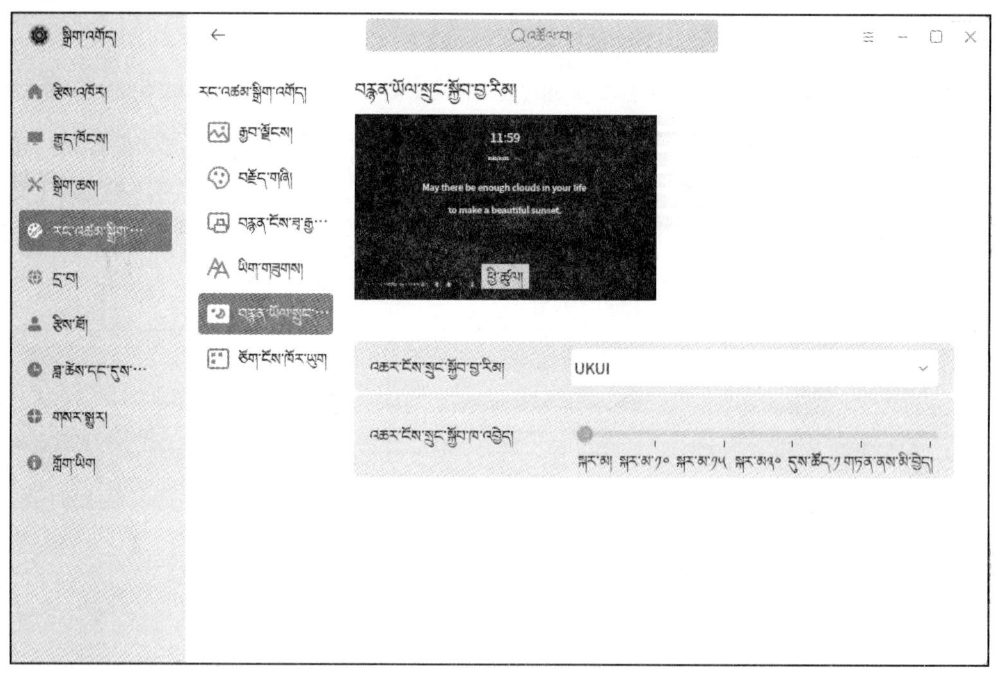

དཔེ་རིས3-21 བརྙན་ཡོལ་སྲུང་སྐྱོབ།

3.2.2 མཐེབ་གཞོང་།

བཀོལ་ཚུལ། "མགོ་སྙེམ"། "སྒྲིག་འགོད"།"སྒྲིག་ཆས" | "མཐེབ་གཞོང་།"

༡ སྤྱིར་བཏང་སྒྲིག་འགོད།

མཐེབ་གཞོང་ནང་འཇུག་གི་འབྲེལ་ཡོད་ཀྲང་གཞིའི་སྒྲིག་འགོད། དཔེ་རིས3-22ལྟར།

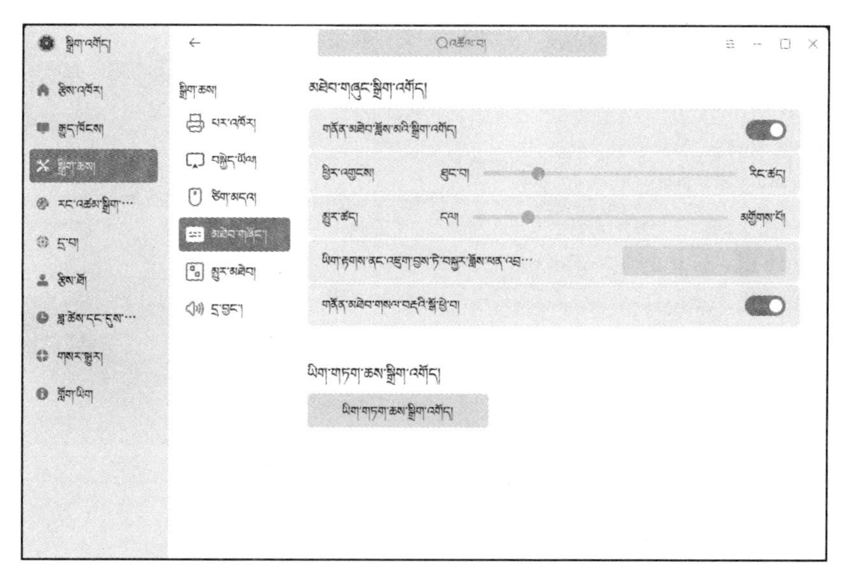

དཔེ་རིས3-22 མཐེབ་གཞོང་སྤྱིར་བཏང་སྒྲིག་འགོད།

༢ བཀོད་པ།

མིག་སྔའི་རྒྱུད་ཁོངས་ཀྱི་མཐེབ་གཞོང་བཀོད་པ་སྒྲིག་འགོད་བྱ། "ནང་འཇུག་ཐབས་སྒྲིག་འགོད"ལ་ཆིག་རྗེབ་བྱོས། དཔེ་རིས3-23ལྟ་བུ།

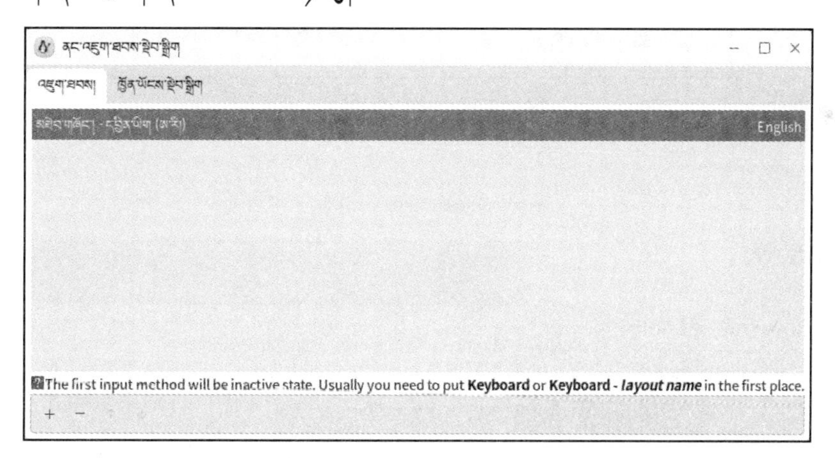

དཔེ་རིས3-23 མཐེབ་གཞོང་བཀོད་པ།

བར་ཁུལ་དུ་སྒྲིག་འཇུག་བྱས་ཟིན་པའི་མཐེབ་གཞོང་གི་བཀོད་པ་མངོན་ཡོད་ཅིང་། མང་ན་མཐེབ་གཞོང་གི་བཀོད་པ4 སྟོན་ཐུབ། "ཡར" དང་ "མར" གྱིས་མཐེབ་གཞོང་བཀོད་པའི་སྔོན་རྗེན་གྱི་སྟར་ཕྲི་སྒྲིག དང་པོར་བཞག་པ་ནི་ནུས་ལྡན་གྱི་མཐེབ་གཞོང་བཀོད་སྒྲིག་ཡིན། མཐེབ་གནོན "+" ལ་ཆིག་རྗེབ་བྱས་ན་མཐེབ་གཞོང་བཀོད་པ་སྟོན་པའི་སྒེའུ་ཁུང་ཐོན་པ། དེར"རྒྱལ་ཁབ/ས་ཁུལ"ཡང་ན་"སྐད་བརྡ"ལྟར་འཚོལ་ཐུབ། དཔེ་རིས3-24ལྟ་བུ།

ནང་འཇུག་ཐབས་སྟོན་པ།

མཐེབ་གཞོང་། - རྒྱ་སྐད - Tibetan (with ASCII numerals) བོད་ཡིག

མཐེབ་གཞོང་། - རྒྱ་སྐད - བོད་ཡིག བོད་ཡིག

མཐེབ་གཞོང་། - དབྱིན་ཡིག(དབྱིན་ཇི།) English

མཐེབ་གཞོང་། - དབྱིན་ཡིག(དབྱིན་ཇི།) - དབྱིན་ཡིག(དབྱིན་ཇི།Dvorak བཀོད་པ།) English

མཐེབ་གཞོང་། - དབྱིན་ཡིག(དབྱིན་ཇི།) - དབྱིན་ཡིག(དབྱིན་ཇི།Mac) English

མཐེབ་གཞོང་། - དབྱིན་ཡིག(དབྱིན་ཇི།) - English (UK, Colemak) English

ཡིག་ཐུའི་སྐད་བརྡ་ཁོ་ན་མངོན།

ནང་འཇུག་ཐབས་འཚོལ་བཤེར།

ངོར་བ། གཏན་འཁེལ།

དཔེ་རིས3-24 བཀོད་པ་སྟོན་པ།

3.2.3 སྒྲ།

རྒྱུད་ཁོངས་ཀྱི་སྒྲའི་མཐོ་ཚད་དང་། སྒྲའི་ནུས་འབྲས་ལ་སྒྲིག་འགོད་བྱ་བྱེད་ཡིན་ཞིང་། རྒྱུད་ཁོངས་ཀྱི་ཕྱིར་འདོན་ནང་འཇུག་སྒྲིག་ཆས་ཡིན།

བཀོལ་རྒྱུ1 "མགོ་རྩོམ"། "སྒྲིག་འགོད"།"སྒྲིག་ཆས" | "སྒྲ"

བཀོལ་རྒྱུ2 དེ་ཡང་རྒྱུད་ཁོངས་ངོས་བང་གི་སྒྲའི་རིས་རྟགས་ལ་གཡས་རྡེབ་བྱས་ནས། "སྒྲའི་སྒོན་འདེམས་ཚན"བདམས་ན་སྒྲའི་སྒྲིག་འགོད་སྒེའུ་ཁུང་ཁ་འབྱེད་ཐུབ། དཔེ་རིས3-25ལྟ་བུ།

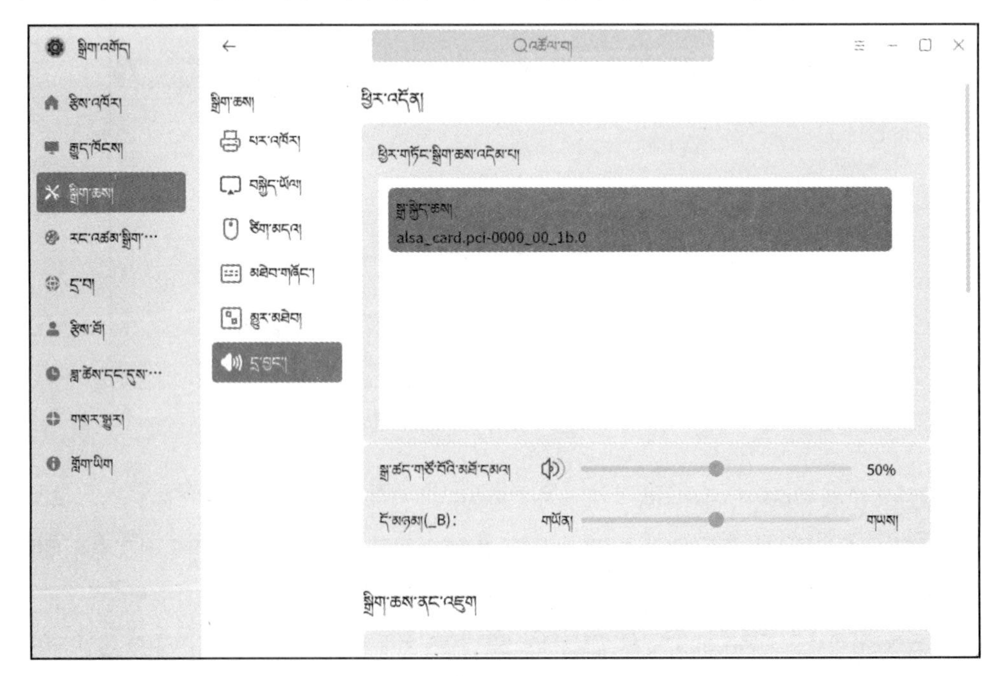

དཔེ་རིས3-25 སྒྲ།

3.2.4 ཙིག་འདྲ།

བཀོལ་རྩལ། “**མགོ་རྩོམ**”| “**སྒྲིག་འགོད**”|“**སྒྲིག་ཆས**” | “**ཙིག་འདྲ།**”(**ཙིག་མདའ།**)

སྒེའུ་ཁུང་ནི་དཔེ་རིས3-26ལྟར་ཡིན།

ཙིག་འདྲའི་སྒྲིག་འགོད་དུ “ཙིག་འདྲའི་མཐེབ་སྒྲིག་འགོད”དང་། “ཙིག་མདའ་སྒྲིག་འགོད།” “འོད་རྟགས་སྒྲིག་འགོད”སོགས་འདུས། “ཙིག་འདྲའི་འཁྲིལ་འཁོར་མྱུར་ཚད”གཡས་ཕྱོགས་ཀྱི་འདྲེད་བྱང་གིས་ཙིག་འདྲའི་འཁྲིལ་འཁོར་གྱིས་ལྡེབ་ངོས་འཁྲིལ་བའི་མྱུར་ཚད་ཀྱི་སྒྲིག་འགོད་བྱ། “ཙིག་འདྲ་ཉིས་རྡེབ་བར་ཚོད་དུས་ཚད”གཡས་ཕྱོགས་ཀྱི་འདྲེད་བྱང་གིས་ཙིག་འདྲ་ཉིས་རྡེབ་བྱེད་པའི་དུས་ཚོད་ཀྱི་བར་ཚོད་ལ་སྒྲིག་འགོད་བྱ། “མྱུར་ཚད”གཡས་ཕྱོགས་ཀྱི་འདྲེད་བྱང་གིས་ཙིག་མདའི་སྐྱོད་བའི་མྱུར་ཚད་དང་སྐྱེན་ཚད་ལ་སྒྲིག་འགོད་བྱའོ།།

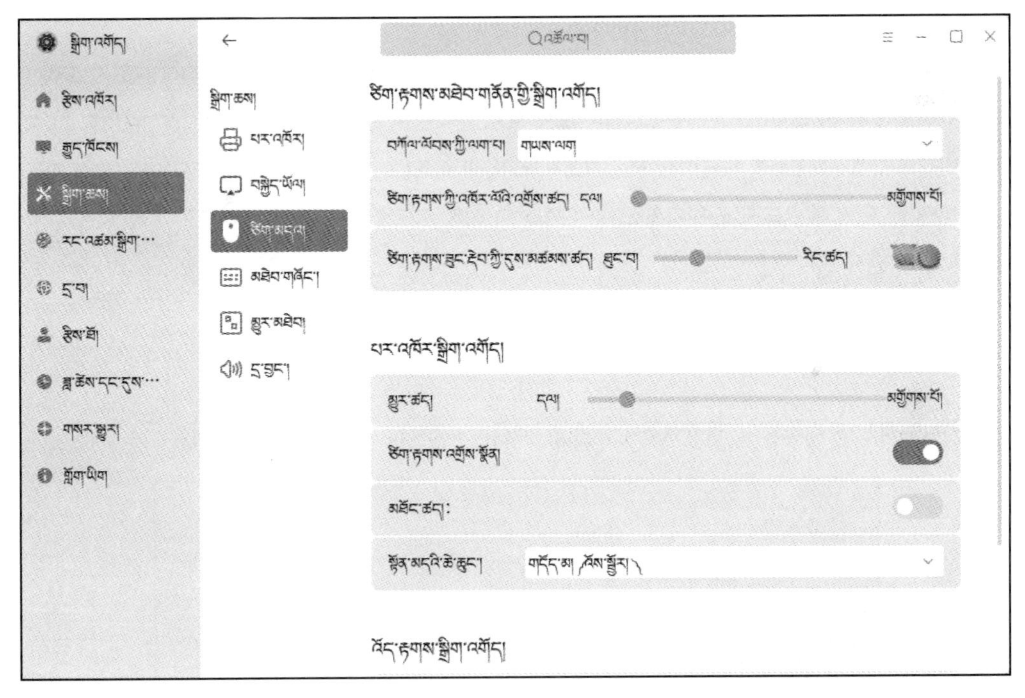

དཔེ་རིས3-26 ཙིག་འདྲ་སྒྲིག་འགོད།

3.2.5 འཆར་ཆས།

བཀོལ་རྩལ། “**མགོ་རྩོམ**”| “**སྒྲིག་འགོད**”|“**རྒྱུད་ཁོངས**”|“**འཆར་ཆས།**”

དེས་འཆར་མཐོང་དང་འབྲེལ་ཡོད་ཀྱི་སྒྲིག་འགོད་ལ་བཀོལ་བ། འཆར་ངོས་དཔེ་རིས3-27ལྟར་ཡིན།

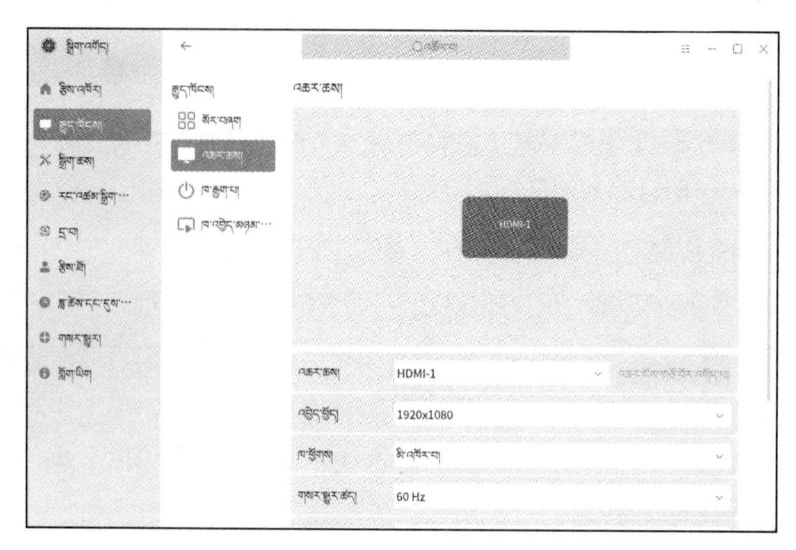

དཔེ་རིས 3-27 འཆར་ཆས།

"འཆར་ཆས"གཡས་ཕྱོགས་ཀྱི་མར་འཐེན་རེའུ་སྟེང་དུ་མིག་སྔར་འདེམས་ཐུབ་པའི་འཆར་ཆས་ཡོད་ཚད་འདུས་པ་མ་ཟད། དབྱེ་འབྱེད་ཚད་དང་གསར་བསྐྱར་ཚད་སོགས་ཀྱི་སྒྲིག་འགོད་ཀྱི་བཟོ་བཅོས་ཡོད་ཚད་ནི་མིག་སྔར་བདམས་པའི་འཆར་ཆས་ལ་ཡིན། འཆར་ཆས་མང་པོ་ཡོད་པའི་གནས་ཚུལ་དུ་གལ་ཏེ་ད་དེའི་འཆར་ཆས་བརྟན་ཡོལ་གཙོ་བོ་མིན་པའི་སྐབས་སུ། མཐེབ་གནོན"བརྟན་ཡོལ་གཙོ་བོར་སྒྲིག"སྤྱོད་ཐུབ།

3.2.6 དྲ་རྒྱ་སྒྲིལ་བ།

བཀོལ་རྩལ7 "མགོ་རྩོམ"། "སྒྲིག་འགོད"།"དྲ་རྒྱ (འབྲེལ་མཐུད)" དཔེ་རིས 3-28 ལྟ་བུ།

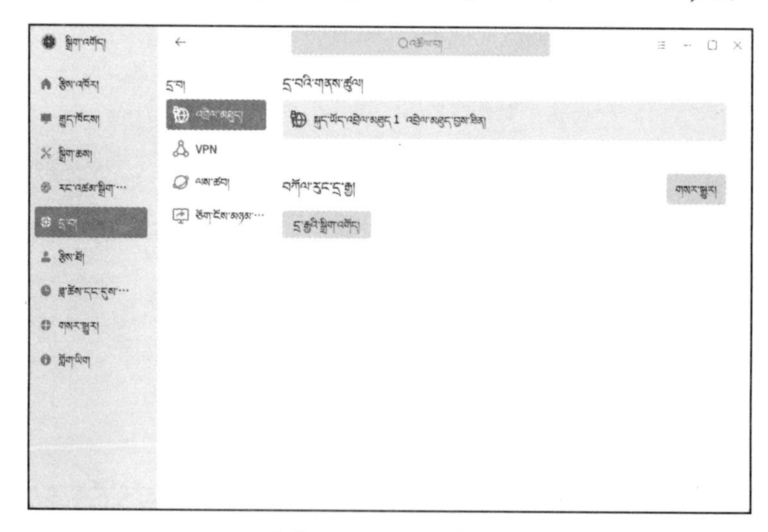

དཔེ་རིས3-28 དྲ་རྒྱ་སྒྲིལ་བ།

བཀོལ་རྩལ༢ “དྲ་རྒྱ་སྒྲིག་འགོད”ལ་ཆིག་རྗེབ་བྱས།|“སྒྲིག་འགོད”|“དྲ་རྒྱ།” དཔེ་རིས3-29ལྟ་བུ།

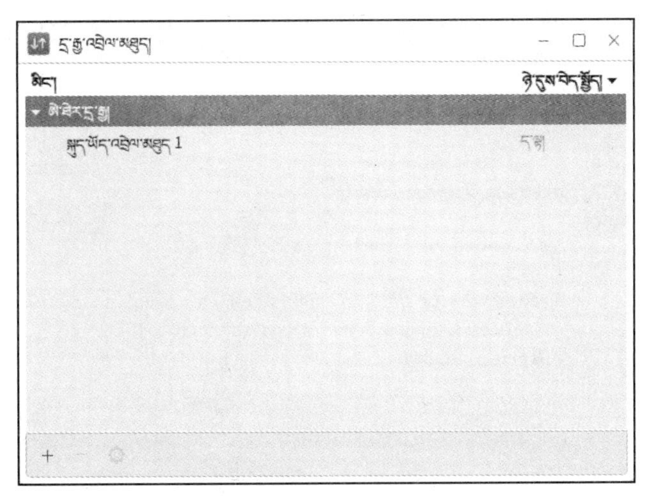

དཔེ་རིས3-29 “དྲ་རྒྱ་སྒྲིག་འགོད”

སྤྱོད་མཁན་གྱིས་སྐུར་ཡོད་ཀྱི་སྦྲེལ་བ་རྩོམ་སྒྲིག་བྱ་ཐུབ། སྐུར་ཡོད་ཀྱི་སྦྲེལ་བ་ཞིག་བདམས་ནས། མཐེབ་གནོན“སྒྲིག་འགོད”ལ་ཆིག་རྗེབ་བྱས། དཔེ་རིས3-30ལྟ་བུ། ཤོག་བྱང“ཨི་ཐའི་དྲ་བ”ངོས་སུ་དྲ་ཁྲ་སྒྲིག་ཆས་སོགས་ཀྱི་གདམ་བྱ་ལ་སྒྲིག་འགོད་བྱ་ཐུབ། ཤོག་བྱང“IPv4 སྒྲིག་འགོད”ངོས་སུIPདང་། དྲ་འགག་སོགས་སྒྲིག་འགོད་བྱ་ཐུབ། སྤྱོད་མཁན་གྱིས་དོན་དངོས་ཀྱི་གནས་ཚུལ་ལ་བསྟུན་ནས“ལག་སྒྲུལ”དང“རང་འགུལ(DHCP)”སོགས་ཀྱི་སྦྲེལ་ཐབས་གདམ་ཆོག

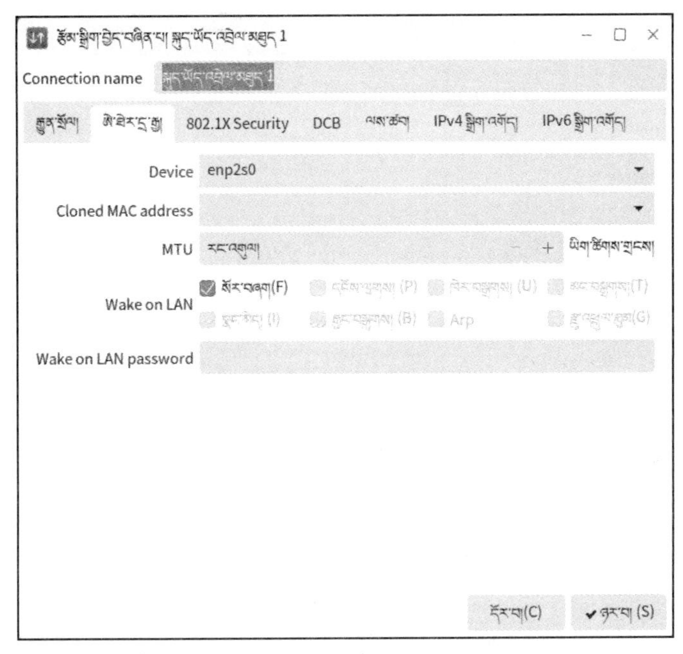

དཔེ་རིས3-30 སྐུར་ཡོད་ཀྱི་སྦྲེལ་བ་རྩོམ་སྒྲིག་བྱ།

བཀོལ་ཚུལ༤ མཐེབ་གནོན“+”(སྦྲེལ་བ་གསར་བ་ཞིག་སྣོན་པ)ལ་ཆིག་རྡེབ་བྱས། དཔེ་རིས3-31ལྟ་བུ།

སྤྱོད་མཁན་གྱིས་སྔར་ཡོད་ཀྱི་སྦྲེལ་བ་རྩོམ་སྒྲིག་བྱ་ཐུབ་ལ། སྦྲེལ་བ་གསར་བ་ཞིག་ཀྱང་སྣོན་ཐུབ། མཐེབ་གནོན “གསར་བཟོ”ལ་ཆིག་རྡེབ་བྱས་ནས་སྒྲིག་འགོད་བྱ།

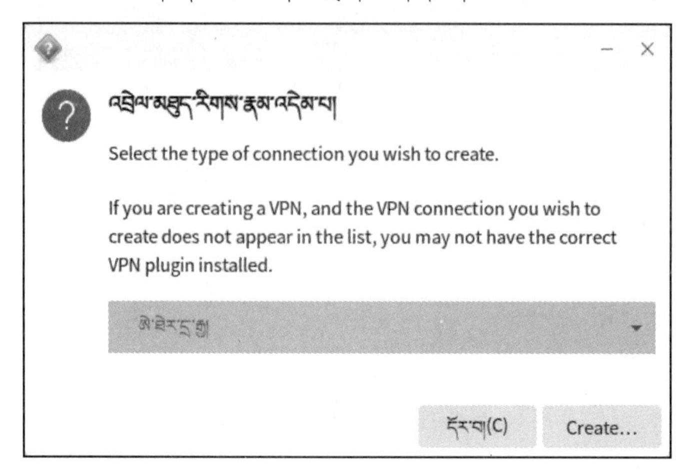

དཔེ་རིས3-31 སྦྲེལ་བ་རྩོམ་སྒྲིག

4 ཡིག་ཆ་བཀོལ་སྤྱོད།

Windows རྒྱུད་ཁོངས་དང་མཚུངས་ཏེ་དགུ་ཚོགས་ཆི་ལིན་(Kylin)བཀོལ་སྤྱོད་རྒྱུད་ཁོངས་ནང་དུའང་ཡིག་ཁུག་དང་ཡིག་ཆའི་མཚན་ཉིད་བཞག་ཡོད་མོད། དེའི་དཀར་ཆག་གྲུབ་ཚུལ Windows རྒྱུད་ཁོངས་དང་མི་འདྲ་སྟེ།

4.1 ཡིག་ཆ་འབྲེལ་ཡོད་ཀྱི་མཚན་ཉིད།

དགུ་ཚོགས་ཆི་ལིན་བཀོལ་སྤྱོད་རྒྱུད་ཁོངས་ཀྱིས་བང་རིམ་སྡོང་དབྱིབས་དཀར་ཆག་གྲུབ་ཚུལ་སྤྱོད་ཡོད་དེ། རྩ་བའི་དཀར་ཆག་གཅིག་ཏུ་བུ་དཀར་ཆག་གམ་ཡིག་ཆ་མང་པོ་འདུས་པ་དང་། བུ་དཀར་ཆག་ནང་དུའང་རིམ་པ་དེ་ལས་དམའ་བའི་བུ་དཀར་ཆག་གམ་ཡང་ན་ཡིག་ཆའི་ཆ་འཕྲིན་འདུ་ཚོག་པ་ཡིན།

4.1.1 ཡིག་ཆའི་མིང་།

(1) རྒྱུད་ཁོངས་ཡིག་ཆའི་མིང་གི་རིང་ཚད་ལ་ཆེས་ཆེ་ན་ཡིག་རྟགས 255 ཡོད་ཅིང་། དེ་སྤྱིར་བཏང་དུ་གསལ་བྱེད་དང་ཨང་གྲངས། "." (ཚེག་རྟགས)དང་། "_" (འོག་ཐིག) "- "(འཐེན་རྟགས) བཅས་ལས་གྲུབ་པ་ཡིན།

(2) ཡིག་ཆའི་མིང་དུ་རྟགས " / " ཡོད་མི་རུང་སྟེ། གང་ལགས་ཤེ་ན། རྟགས " /" འདིས་བཀོལ་སྤྱོད་མ་ལག་གི་དཀར་ཆག་ཁྲོད་དུ་རྩ་བའི་དཀར་ཆག་གམ་བརྒྱུད་ལམ་ཁྲོད་ཀྱི་ཐྲལ་རྟགས་མཚོན་གྱི་ཡོད་པས་རེད།

4.1.2 བརྒྱུད་ལམ།

(1) མིག་སྔའི་དཀར་ཆག་འོག་གི་ཡིག་ཆ་བཀོལ་སྤྱོད་བྱེད་སྐབས། ཐད་ཀར་ཡིག་ཆའི་མིང་བེད་སྤྱོད་བྱ་ཆོག གལ་ཏེ་དཀར་ཆག་གཞན་པའི་འོག་གི་ཡིག་ཆ་བཀོལ་དགོས་ན། ངེས་པར་དུ་ཡིག་ཆ་དེ་གནས་སའི་དཀར་ཆག་གཏན་འཁེལ་བྱ་དགོས།

(2) དཀར་ཆག་རེ་རེའི་འོག་ཏུ་མིག་སྔའི་དཀར་ཆག་མཚོན་པའི་ཡིག་ཆ "." དང་། མིག་སྔའི་དཀར་ཆག་གི་རིམ་པ་གོང་མའི་དཀར་ཆག་མཚོན་པའི་ཡིག་ཆ ".." ཡོད་པ་ཡིན།

བསྒོས་མེད་ཀྱི་བརྒྱུད་ལམ་དང་བསྒོས་བཅས་ཀྱི་བརྒྱུད་ལམ་གསལ་བཤད་རེའུ་མིག4-1 ལྟར་ཡིན།

རེའུ་མིག 4-1　ཡིག་ཆའི་འགྲོ་ལམ།

གནས་ཚུལ།	འགྲོ་ལམ་མཚོན་པ།
བསྟོས་མེད་བརྒྱུད་ལམ་།	/home/kylin/test
/home དཀར་ཆག་འོག་ཏུ་གནས་པ།	kylin/test
/etc དཀར་ཆག་འོག་ཏུ་གནས་པ།	../home/kylin/test

4.1.3 ཡིག་ཆའི་རིགས་གྲས།

རྒྱུད་ཁོངས་ཀྱིས་རྒྱབ་སྐྱོར་བྱ་བའི་ཡིག་ཆའི་རིགས་གྲས་རེའུ་མིག 4-2 ལྟར་ཡིན།

རེའུ་མིག 4-2　ཡིག་ཆའི་རིགས་གྲས།

ཡིག་ཆའི་རིགས་གྲས།	གསལ་བཤད།
སྤྱིར་བཏང་གི་ཡིག་ཆ།	ཡིག་རྐྱང་ཡིག་ཆ་དང་། གཞི་གྲངས་ཡིག་ཆ། ལག་བསྟར་བྱེད་ཆོག་པའི་གཉིས་གོང་འགྲེལ་ལུགས་ཀྱི་གོ་རིམ་སོགས་ཚུད་ཡོད།
དཀར་ཆག་གི་ཡིག་ཆ།(དཀར་ཆག)	རྒྱུད་ཁོངས་ཀྱིས་དཀར་ཆག་ནི་དམིགས་བསལ་གྱི་ཡིག་ཆ་ཞིག་ཏུ་བརྩིས་པ་དང་། དེ་བེད་སྤྱད་ནས་ཡིག་ཆའི་རྒྱུད་ཁོངས་ཀྱི་རིམ་པ་བགོས་ནས་སྡོང་དབྱིབས་གྲུབ་པ།
སྒྲིག་ཆས་ཀྱི་ཡིག་ཆ།(ཡིག་རྟགས་སྒྲིག་ཆས་ཡིག་ཆ/རྫོག་མའི་སྒྲིག་ཆས་ཀྱི་ཡིག་ཆ།)	རྒྱུད་ཁོངས་ཀྱིས་དེ་བཀོལ་ནས་དབྱེ་འབྱེད་སྒྲིག་ཆས་སྐྱལ་ཆས་དང་། ནང་ཉིང་དེ་དག་བཀོལ་སྤྱོད་དང་མཁྲིགས་ཆས་སྒྲིག་ཆས་འཕྲིན་གཏོང་བྱེད་པ་ཡིན།
མཚོན་རྟགས་འབྲེལ་མཐུད།	ཉར་ཚགས་བྱས་པའི་གཞི་གྲངས་ནི་ཡིག་ཆའི་མ་ལག་ཁྲོད་ཀྱི་ཡིག་ཆ་ག་གེ་མོ་ཞིག་གི་བརྒྱུད་ལམ་ཡིན། མཚོན་རྟགས་སྦྲེལ་མཐུད་ཡིག་ཆ་འདོན་སྤྱོད་རྩིས་སྐབས་རྒྱུད་ཁོངས་ཀྱིས་རང་འགུལ་འཚམས་འདྲི་ཡིག་ཆའི་ཁྲོད་ཀྱི་འགྲོ་ལམ་ཉར་ཚགས་བྱེད་པ་ཡིན།

4.1.4 རྒྱུད་ཁོངས་དཀར་ཆག་དང་དེའི་གསལ་བཤད།

/bin: སྤྱིར་བཏང་སྤྱོད་མཁན་གྱིས་སྤྱོད་ཆོག་པའི་བཀའ་རྒྱའི་ཡིག་ཆ་ཉར་ས།

/etc:རྒྱུད་ཁོངས་ཀྱི་སྡེབ་སྒྲིག་ཡིག་ཆ།

/root:རྒྱུད་ཁོངས་དོ་དམ་པའི(rootཡང་ན་རིམ་འདས་སྤྱོད་མཁན)དཀར་ཆག་གཙོ་བོ།

/home:སྤྱོད་མཁན་གྱི་དཀར་ཆག་གཙོ་བོའི་གནས་ཏེ། 　སྤྱོད་མཁན་ཡིག་ཆ་ཉར་ཚགས་བྱེད་ལ་སྡེབ་སྒྲིག་ཡིག་ཆ་དང་ཡིག་ཚགས་སོགས་འདུས།

/usr: རྒྱུད་ཁོངས་སྤྱོད་མཁན་དང་ཐད་ཀར་འབྲེལ་བ་ཡོད་པའི་ཡིག་ཆ་དང་དཀར་ཆག་ཚུད་པའི་ཉེར་སྤྱོད་གོ་རིམ་གཙོ་བོ་འགའ་ཞིག་ཀྱང་དཀར་ཆག་དེའི་འོག་ཏུ་ཉར་ཚགས་བྱས་ཡོད།

/dev: སྒྲིག་ཆས་ཡིག་ཆ་གནས་སའི་དཀར་ཆག དགུ་ཚིགས་ཆེ་ལིན་བཀོལ་སྤྱོད་རྒྱུད་ཁོངས་ཁྲོད་དུ་སྒྲིག་ཆས་ཀྱིས་ཡིག་ཆའི་རྣམ་པས་དོ་དམ་བྱས་ཏེ། ཡིག་ཆ་བཀོལ་སྤྱོད་བྱེད་སྟངས་ལྟར་སྒྲིག་ཆས་བཀོལ་སྤྱོད་བྱ་ཆོག

/mnt: ཡིག་ཆའི་རྒྱུད་ཁོངས་ཀྱི་འདེགས་གནས། སྤྱིར་བཏང་དུ་སྤྲུལ་བདེའི་བར་རྫས་དང་། གཞན་པའི་ཡིག་ཆའི་རྒྱུད་ཁོངས(དཔེར་ནDS) ཡི་ཡན་ལག་ཁུལ་དང་། དྲ་རྒྱའི་མཉམ་སྤྱོད་ཡིག་ཆའི་རྒྱུད་ཁོངས་སམ་ཡང་ན་སྒྲིག་སྦྱོར་བྱ་ཆོག་པའི་ཡིག་ཆའི་རྒྱུད་ཁོངས་སྒྲིག་སྦྱོར་བྱེད་ཀྱི་ཡོད།

/lib:དེའི་ནང་དུ/binནང་གི་གོ་རིམ་ཁྲོད་དུ་སྤྱོད་པའི་མཉམ་སྤྱོད་མཛོད་ཀྱི་ཡིག་ཆ་མང་པོ་འདུས།

/boot:ནང་ཉིང་དང་རྒྱུད་ཁོངས་གཞན་པའི་གོ་རིམ་བརྒྱུད་སྐབས་བཀོལ་བའི་ཡིག་ཆ་འདུས་ཡོད།

/var:རྒྱུན་དུ་འགྱུར་བའི་ཡིག་ཆ་འགའ་འདུས་ཏེ། དཔེར་ན་འཁོར་བྲལ་རྫུན་མའི (spool) དཀར་ཆག་དང་། ཡིག་ཆའི་ཉིན་ཐོའི་དཀར་ཆག ཡིག་ཆ་སྒྲིག་པ་དང་གནས་སྐབས་ཡིག་ཆ་ལ་སོགས་པ་ལྟ་བུ།

/proc:བཀོལ་སྤྱོད་རྒྱུད་ཁོངས་ཀྱི་ནང་གསོག་བརྙན་འཆར་ཡིག་ཆའི་མ་ལག་དེ་ནི་རྟོག་བཟོས་ཡིག་ཆའི་རྒྱུད་ཁོངས་ཤིག་ཡིན། (སྡུད་སྡེར་བར་སྟོང་མི་འཛིན་པ)ལྟ་ཞིབ་བྱེད་སྐབས་མཐོང་བ་ནི་ནང་གསོག་ནང་གི་ཆ་འཕྲིན་ཡིན། ཡིག་ཆ་འདི་དག་གིས་རྒྱུད་ཁོངས་ནང་ཁུལ་གྱི་ཆ་འཕྲིན་ལ་རྒྱུས་ལོན་བྱེད་པར་ཕན་པ་ཡོད།

/opt:སྒྲིག་སྦྱོར་བྱ་ཆོག་པའི་ཡིག་ཆ་དང་བྱ་རིམ་ཉར་ཚགས་བྱེད་པ། གཙོ་བོ་ཕྱོགས་གསུམ་པའི་གསར་སྤེལ་བྱེད་མཁན་གྱིས་ཁོ་ཚོའི་མཉེན་ཆས་ཁུག་མ་སྒྲིག་སྦྱོར་བྱེད་པར་སྤྱོད་ཀྱི་ཡོད།

/tmp:བཀོལ་མཁན་དང་གོ་རིམ་གྱི་གནས་སྐབས་དཀར་ཆག དཀར་ཆག་འདིའི་ཁྲོད་ཀྱི་ཡིག་ཆའི་རྒྱུད་ཁོངས་ནི་རྒྱུད་ཁོངས་ཀྱིས་དུས་ཆད་ལྟར་རང་འགུལ་གྱིས་གཙང་སེལ་བྱ་སྲིད།

/lost+found:རྒྱུད་ཁོངས་ཉམས་གསོ་བྱེད་པའི་བརྒྱུད་རིམ་ཁྲོད་སླར་གསོ་བྱ་པའི་ཡིག་ཆ་གནས་སའི་དཀར་ཆག

སྤྱིར་བཏང་གི་སྤྱོད་མཁན་གྱི་ངོས་ནས་བཤད་ན། /homeདཀར་ཆག་འདི་ཁོ་ནར་དོ་སྣང་བྱ་དགོས། /homeདཀར་ཆག་འོག་སྤྱོད་མཁན་གྱི་མིང་ཐོག་ནས་མིང་བཏགས་པའི་དཀར་ཆག་ནི་སྤྱོད་མཁན་སྒེར་གྱི་དཀར་ཆག་ཡིན་ཞིང་། ཁ་ཕྱེ་རྗེས་དཔེ་རིས4-1ལྟར། བཀོལ་མཁན་མི་སྒེར་གྱི་ཡིག་ཆ་དཀར་ཆག་འདིའི་འོག་ཏུ་གསོག་སྲིད།

4.1.5 མི་སྒེར་དཀར་ཆག་ཏུ་འཇུལ་ཐབས།

བཀོལ་ཐུལ༡ ཙོག་ངོས“མི་སྒེར”རིས་རྟགས་ལ་ཉིས་རྡེབ་བྱོས།

བཀོལ་ཐུལ༢ ཙོག་ངོས་ཞབས་ཆའི་ལག་ཆའི་ཚང་གི“ཡིག་ཆ་དོ་དམ་ཆས”རིས་རྟགས་ལ་ཅིག་རྡེབ་བྱོས།

བཀོལ་ཐུལ༣ ཙོག་ངོས་ཀྱི“རྩིས་འཁོར”རིས་རྟགས་ལ་ཉིས་རྡེབ་བྱས་རྗེས་གཡོན་ཕྱོགས་ཀྱི“མི་སྒེར”རིས་རྟགས་ལ་ཅིག་རྡེབ་བྱོས།

ཁ་ཕྱེ་པའི་མི་སྒེར་དཀར་ཆག་དཔེ་རིས 4-1 ལྟ་བུ།

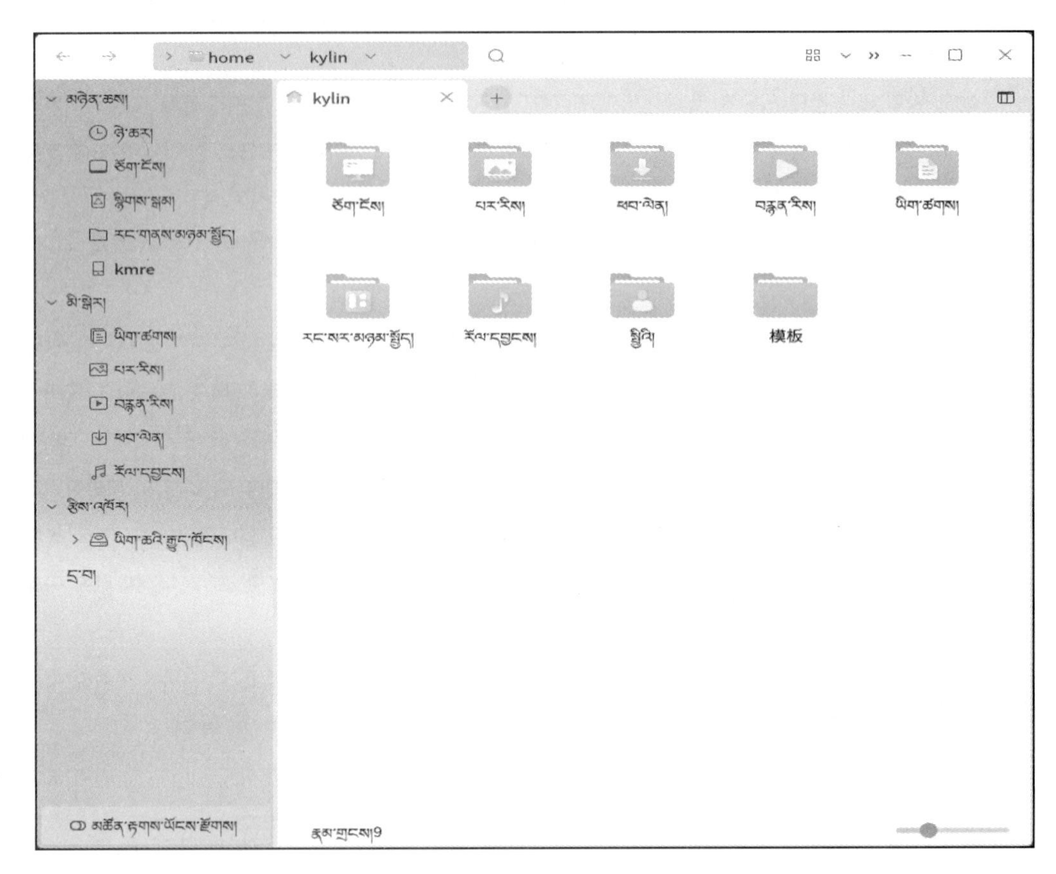

དཔེ་རིས 4-1　མི་སྒེར་ཡིག་ཆའི་དཀར་ཆག

4.2　ཡིག་ཆ་དོ་དམ།

4.2.1　ཡིག་ཆའི་བཤར་ཆས་ཀྱི་ངོ་སྤྲོད་མདོར་བསྡུས།

ཅོག་ངོས་ཀྱི"རྩིས་འཁོར"རིས་རྟགས་ལ་ཉིས་རྡེབ་བྱས་ན་དཀྱུ་ཚོགས་ཆི་ལིན་བཀོལ་སྤྱོད་རྒྱུད་ཁོངས་ཀྱི་ཡིག་ཆའི་བཤར་ཆས་ཁ་ཕྱེ་ཐུབ། ཡིག་ཆའི་བཤར་ཆས་ནི་དཀྱུ་ཚོགས་ཆི་ལིན་བཀོལ་སྤྱོད་རྒྱུད་ཁོངས་ཁྲོད་ཀྱི་རིས་དབྱིབས་ཅན་གྱི་ཡིག་ཆའི་དོ་དམ་ལག་ཆ་ཡིན་ལ། Windowsཁྲོད་ཀྱི་ཡིག་ཆའི་ཐོན་ཁུངས་དོ་དམ་ཆས་དང་འདྲ་བ་དང་།　ཡིག་ཆ་ལ་ལྟ་སྤྱོད་བྱེད་པ་ཚོད་འཛིན་བྱས་ནས་ང་ཚོས་ལས་ཚོད་ཆེ་ཞིང་ཐད་མཐོང་གིས་ཡིག་ཆ་དང་ཡིག་ཁུག་ལ་དོ་དམ་བྱ་ཐུབ། "ཡིག་ཆའི་རྒྱུད་ཁོངས"ལ་ཆིག་རྡེབ་བྱས་ནས་ནང་དུ་འཛུལ་ན་དཔེ་རིས་4-2ལྟར་གྱི་འཆར་ངོས་ཐོན་ཡོང་།

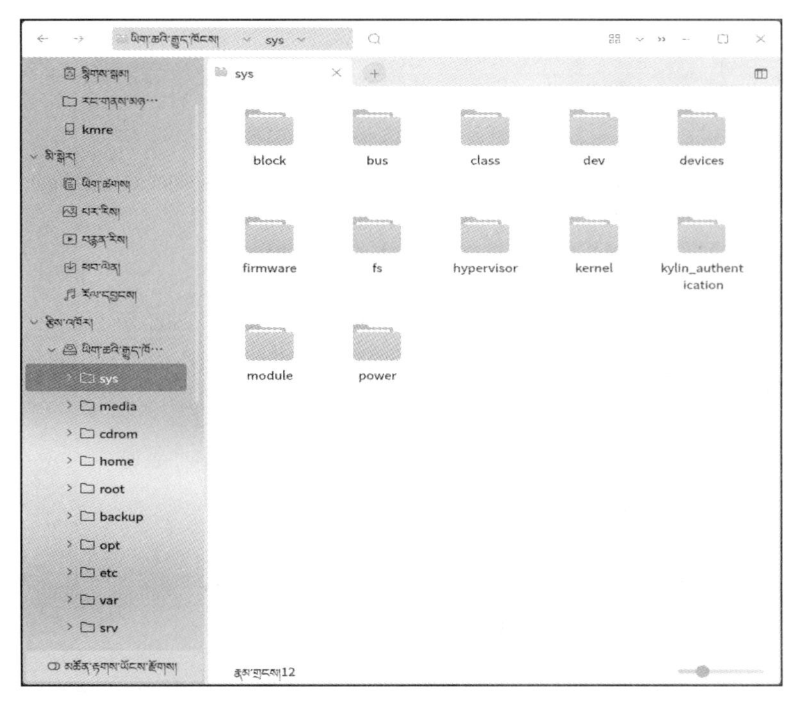

དཔེ་རིས 4-2 ཡིག་ཆའི་བཤར་ཆས།

༡ ཡིག་ཆའི་བཤར་ཆས་ཀྱི་བྱེད་ནུས་གཙོ་བོ།

(1)རིགས་དབྱེ་ནས་ཡིག་ཆ་དང་ཡིག་ཁུག་ལྟ་ཞིབ་བྱེད་པ།

(2) ཡིག་ཆ་དང་ཡིག་ཁུག་གི་རྒྱུན་སྤྱོད་བཀོལ་སྤྱོད་དྲས་གཅུབ་དང་། འདྲ་ཕབ། སྦྱལ་སྦྱོར། བསུབ་པ། མིང་བསྒྱུར་འདོགས་ལ་སོགས་ལ་རྒྱབ་སྐྱོར་བྱེད་པའོ།།

(3)ཡིག་ཆ་བཤེར་འཚོལ།

གསལ་བཤད་དེ། བདེ་འཛུགས་ལ་བསམ་གཞིག་བཏང་ནས། དགུ་ཚོགས་ཆེ་ཤིན་རྒྱུད་ཁོངས་ཀྱིས་དཀར་ཆག་དང་ཡིག་ཆ་བཀོལ་སྤྱོད་ཐད་ལ་གནད་འབེབས་ནན་མོ་བྱས་ཡོད། གལ་ཏེ་དཀར་ཆག་ཁ་ཤས་ཁྲོད་དུ་ཡིག་ཆ་བཀོལ་སྤྱོད་གང་ཡང་བྱེད་ཐབས་མེད་པ་ཡིན་ན། དེ་ནི་རྒྱུན་པར་དབང་ཆ་མེད་པའི་རྐྱེན་གྱིས་ཡིན་པས། རྒྱུད་ཁོངས་ལ་གནོད་དོན་འབྱུང་བར་སེམས་ཁྲལ་བྱ་མི་དགོས། གལ་ཏེ་དེ་ལས་མང་བའི་བཀོལ་སྤྱོད་ཀྱི་དབང་ཆ་ཐོབ་འདོད་ན། ཚོད་བརྒྱལ་དོ་དམ་པའི་དབང་ཆར་བརྗེ་ནས་སྤྱོད་རོགས།

༢ ཡིག་ཆའི་བཤར་ཆས་སྒེའུ་ཁུང་།

ཡིག་ཆའི་བཤར་ཆས་ཀྱི་སྒེའུ་ཁུང་ལ་འདེམས་བྱང་དང་། ལག་ཆའི་སྒོ། ཤག་གནས་ཀྱི་སྒོ། ཡིག་ཁུལ་རགས་ལྟ་ཁུལ། མཐའ་ཚན། སྒེའུ་ཁུང་ཁུལ་དང་རྣམ་པའི་སྒོ་བཅས་ཁག་དྲུག་ཏུ་དབྱེ་ཆོག་སྟེ། དཔེ་རིས 4-3ལྟ་བུ།

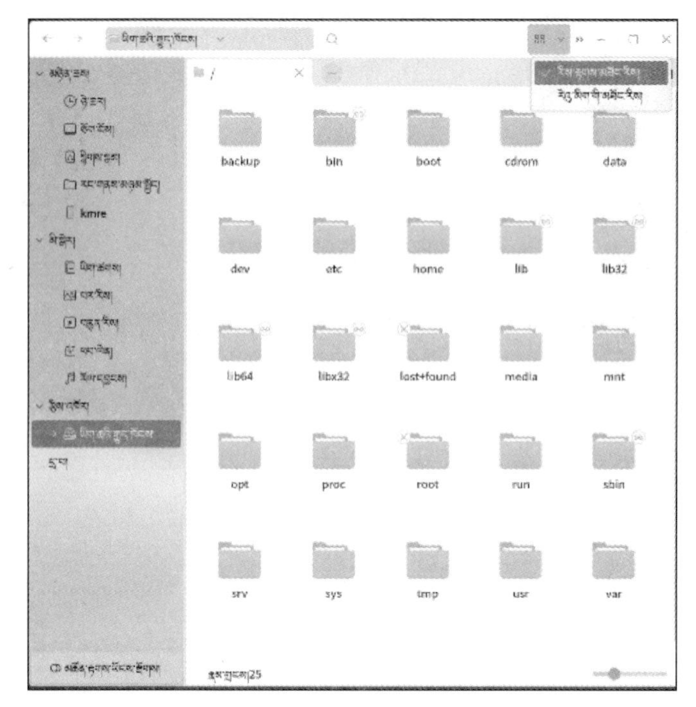

དཔེ་རིས 4-3 སྣེའུ་ཁུང་རིགས་འབྱེད།

4.2.2 ཡིག་ཆའི་བཤར་ཆས་ཀྱི་བྱེད་ནུས་གཙོ་བོ།

༡ ཡིག་ཆ་དང་ཡིག་ཁུག་ལྟ་ཞིབ།

སྤྱོད་མཁན་གྱིས་ཡིག་ཆའི་བཤར་ཆས་ལ་བརྟེན་ནས་རང་རེའི་འཕྲུལ་ཆས་ཀྱི་ཡིག་ཆ་དང་། རང་སའི་གསོག་འཇོག་སྒྲིག་ཆས། (དཔེར་ན་ཕྱིའི་སྦྲ་སྡེར)ཡིག་ཆའི་ཞབས་ཞུ་ཡོ་བྱད་དང་དྲ་རྒྱའི་མཉམ་སྤྱོད་ཐོག་གི་ཡིག་ཆ་བཅས་ལ་ལྟ་ཞིབ་དང་དོ་དམ་བྱ་ཆོག

བཀོལ་ཐབས༡ ཡིག་ཆའི་བཤར་ཆས་ཁྲོད་ཡིག་ཁུག་གང་རུང་ལ་ཉིས་རྡེབ་བྱས་ན་དེའི་ནང་དོན་ལ་ལྟ་ཞིབ་བྱ་ཆོག(ཡིག་ཆ་བཀོལ་སྤྱོད་ཀྱི་སོར་བཞག་ཉེར་སྤྱོད་བྱ་རིམ་སྤྱད་ནས་དེའི་ཁ་ཕྱེ།)

བཀོལ་ཐབས༢ གཡས་མཐེབ་མནན་ཏེ་ཡིག་ཁུག་གཅིག་ལ་མནན་ན་ཤོག་བྱང་གསར་པ་དང་ཡང་ན་སྣེའུ་ཁུང་གསར་པའི་ནང་ནས་དེའི་ཁ་ཕྱེ་ཆོག

༢ རིམ་སྒྲིག་བྱེད་ཐབས།

རགས་ལྟ་བྱེད་སྐབས། སྤྱོད་མཁན་གྱིས་ཐབས་ལམ་མི་འདྲ་བ་སྤྱད་ནས་ཡིག་ཆ་རིམ་སྒྲིག་བྱ་ཆོག ཡིག་ཆ་སྟར་དུ་སྒྲིག་པའི་རྣམ་པ་ནི་མིག་སྔར་བཀོལ་བའི་ཡིག་ཁུག་དཔེ་རིས་ཀྱི་རྣམ་པར་རག་ལས་ཡོད་པས། སྤྱོད་མཁན་གྱིས་ལག་ཆའི་སྡེ་སྟེང་གི“རེའུ་མིག་མཐོང་རིས”སམ“རིས་རྟགས་མཐོང་རིས” ཀྱི་མཐེབ་གནོན་མནན་ནས་བསྒྱུར་ཆོག དཔེ་རིས 4-4 ལྟ་བུ།

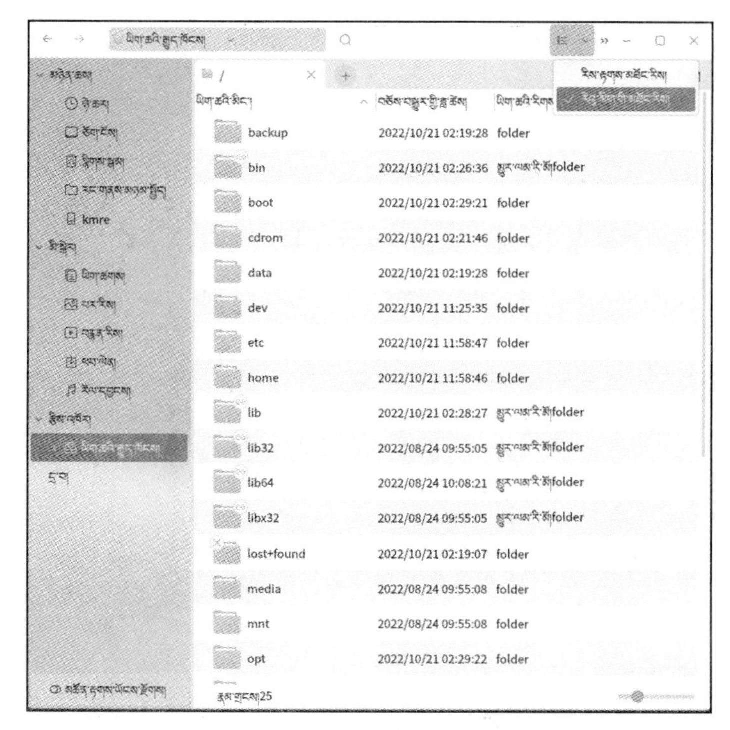

དཔེ་རིས 4-4 རེའུ་མིག་གི་རྣམ་པས་མངོན་པ།

རེའུ་མིག་ལྟ་ཞིབ་རྣམ་པ་འདེམས་དུས། ལག་ཆའི་ཚང་སྟེང་གི“ >> ”ལ་ཆིག་རྡེབ་བྱས་ནས། “སྟར་སྒྲིག་རིགས་གྲས།” “ཡིག་ཆའི་མིང་།” “ཡིག་ཆའི་ཆེ་ཆུང་། “ཡིག་ཆའི་རིགས་གྲས།”དང་“བཟོ་བཅོས་བརྒྱབ་པའི་ཟླ་ཚེས” བཅས་བདམས་ནས་ཡིག་ཆར་རིམ་སྒྲིག་བྱ་ཆོག དཔེ་རིས 4-5ལྟ་བུ།

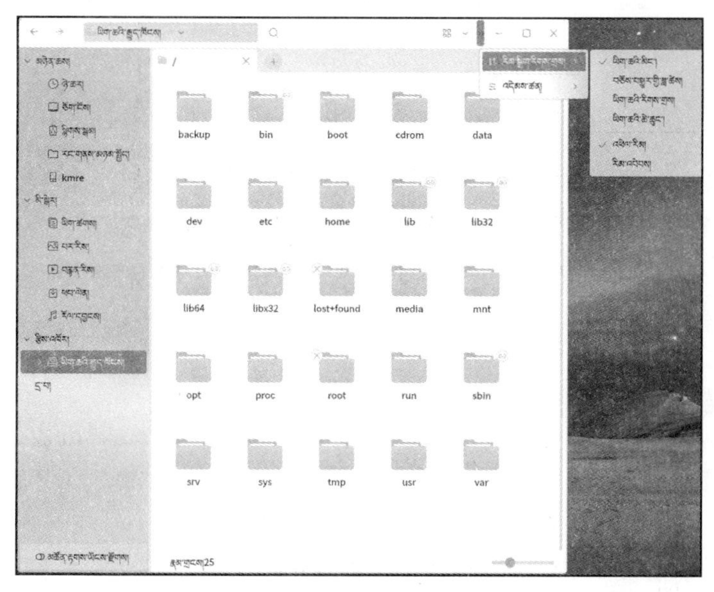

དཔེ་རིས 4-5 སྟར་སྒྲིག་རིགས་གྲས།

ཡིག་ཆའི་རིགས་སྣ་ཚོགས་རིམ་སྒྲིག་བྱེད་ཐབས་ངོ་སྤྲོད་གཤམ་གསལ་ལྟར།

(1)མིང་ལྟར་རིམ་སྒྲིག་བྱེད་པ། ཡིག་ཆའི་མིང་གི་གསལ་བྱེད་ཀྱི་གོ་རིམ་ལྟར་རིམ་སྒྲིག་བྱེད་པ།

(2)ཆེ་ཆུང་ལྟར་རིམ་སྒྲིག་བྱེད་པ། ཡིག་ཆའི་ཆེ་ཆུང་ལྟར(ཡིག་ཆའི་ཟིན་པའི་སྣུད་སྡེར་བར་སྟོང) རིམ་སྒྲིག་བྱེད་པ། སོར་བཞག་ཏུ་ཆུང་བ་ནས་ཆེ་རུ་སྒྲིག་པ་ཡིན།

(3)རིགས་གྲས་ལྟར་རིམ་སྒྲིག་བྱེད་པ། ཡིག་ཆའི་རིགས་གྲས་གསལ་བྱེད་ལྟར་རིམ་སྒྲིག་བྱེད་པ་དང་། རིགས་མཐུན་པའི་ཡིག་ཆ་མཉམ་དུ་བཞག་རྗེས་མིང་ལྟར་རིམ་སྒྲིག་བྱེད་པ་ཡིན།

(4)བཟོ་བཅོས་བྱས་པའི་ཟླ་ཚེས་ལྟར་རིམ་སྒྲིག་བྱེད་པ། ཐེངས་གོང་མར་ཡིག་ཆ་བཟོ་བཅོས་བྱས་པའི་ཟླ་ཚེས་དང་དུས་ཚོད་ལྟར་རིམ་སྒྲིག་བྱེད་པ་དང་། སོར་བཞག་ཏུ་ཆེས་རྙིང་བ་ནས་ཆེས་གསར་བ་རུ་རིམ་སྒྲིག་བྱེད་པ་ཡིན།

༣ ཞིབ་ཆའི་ཆ་འཕྲིན།

པར་རིས་སོགས་ཡིག་ཆ་ཞིག་བདམས་ནས"ཞིབ་ཆའི་ཆ་འཕྲིན"ལ་ཆིག་རྗེབ་བྱས་ན། དཔེ་རིས 4-6 ལྟར་སྟོན་ལྟའི་སྒེའུ་ཁུང་ལས་རིས་རྟགས་ཀྱི་མིང་དང་། རིགས་གྲས། ཆེ་ཆུང་། གསར་བཟོའི་དུས་ཚོད། འབྱེད་ཕྱོད་སོགས་ཆ་འཕྲིན་འཆར་ཡོང་བ་ཡིན།

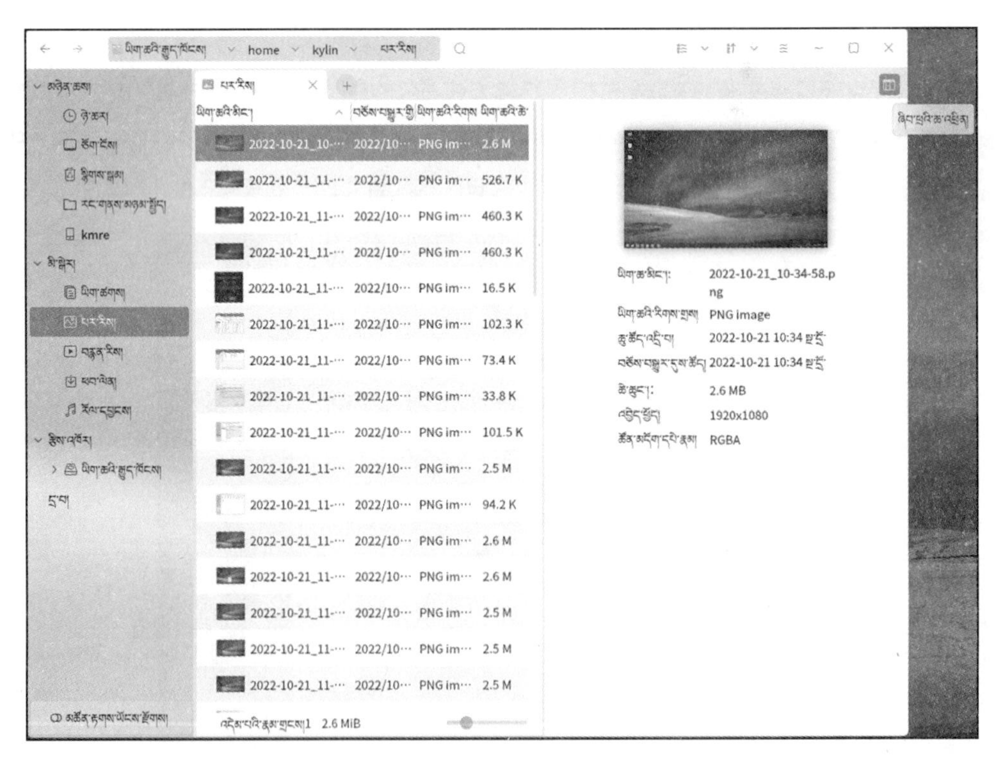

དཔེ་རིས 4-6 སྟོན་ལྟའི་སྒེའུ་ཁུང་།

༥ ཡིག་ཆ་དང་ཡིག་ཁུག་གི་རྒྱུན་སྤྱོད་བཀོལ་སྤྱོད།

1)འདྲ་ཕབ།

བཀོལ་ཚུལ ༡ བདམས་ནས་གཡས་རྗེབ་བྱས་སྟེ |“འདྲ་ཕབ”| **དེ་ནས་དམིགས་ཡུལ་བདམསནས** |**གཡས་རྗེབ་བྱས་ནས** |“**སྦྱར་བ**”**གནོན།**

བཀོལ་ཚུལ ༢ བདམས་ནས Ctrl+C **གནོན་པ་དང་དམིགས་ཡུལ་བདམས་སྟེ** Ctrl+V **གནོན་པ།**

བཀོལ་ཚུལ ༣ རྣམ་གྲངས་གནས་སའི་ཡིག་ཁུག་སྒེའུ་ཁུང་ནས་དམིགས་བྱའི་ཡིག་ཁུག་སྒེའུ་ཁུང་དུ་འཐེན།

བཀོལ་ཚུལ་གསུམ་པར། གལ་ཏེ་ཡིག་ཁུག་གཉིས་ཀ་རྩིས་འཁོར་གྱི་སྲ་སྡེར་སྒྲིག་ཆས་གཅིག་གི་ཐོག་ཏུ་ཡོད་ན། རྣམ་གྲངས་སྤོ་སྒྱུལ་བྱ་ཐུབ་ལ། གལ་ཏེUསྡེར་ནས་རྒྱུད་ཁོངས་ཡིག་ཁུག་ནང་དུ་འདྲུད་འཇུག་བྱས་ན་རྣམ་གྲངས་འདྲ་ཕབ་བྱ་རིས། (གང་ལགས་ཤེ་ན་དེ་ནི་སྒྲིག་ཆས་གཅིག་སྒྲིག་ཆས་གཞན་ཞིག་ཏུ་འདྲུད་འཐེན་བྱ་དགོས་པས་ཡིན།) སྒྲིག་ཆས་གཅིག་གི་སྟེང་ནས་འདྲུད་འཐེན་འགྲུལ་འདྲ་ཕབ་བྱ་དགོས་ན་འདྲུད་འཐེན་བྱེད་པའི་དུས་མཉམ་དུ་མཐེབ་གནོན Ctrl གནོན་དགོས།

2)སྤྱུལ་སྤོར།

བཀོལ་ཚུལ ༡ བདམས་ནས་གཡས་རྗེབ་བྱས་སྟེ |“**དྲས་གཏུབ**”**གནོན་པ་དང་། དམིགས་ཡུལ་དུ་གཡས་མཐེབ་མནན་ནས** |“**སྦྱོར་བ**”**གནོན།**

བཀོལ་ཚུལ ༢ བདམས་ནས Ctrl+X **གནོན་པ་དང་དམིགས་ཡུལ་བདམས་ནས** Ctrl+V **གནོན།**

3)བསུབ་པ།

(1)སྙིགས་སྣམ་དུ་བསུབ་པ།

བཀོལ་ཚུལ ༡ བདམས་ནས་གཡས་རྗེབ་བྱས་སྟེ|“**སྙིགས་སྣམ་དུ་བསུབ་པ**”།

བཀོལ་ཚུལ ༢ བདམས་ནས Delete **གནོན་པ།**

བཀོལ་ཚུལ ༣ བདམས་ནས་ཙིག་རྫས་ཀྱི “**སྙིགས་སྣམ**”**དུ་འདྲུད་པ།**

གལ་ཏེ་བསུབ་པའི་ཡིག་ཆ་ནི་སྤྱུལ་བདེའི་སྒྲིག་ཆས་ཐོག་གི་ཡིག་ཆ་ཡིན་པ་དང་། སྙིགས་སྣམ་གཙང་སེལ་མ་བྱས་པའི་གནས་ཚུལ་འོག་ཏུ་སྒྲིག་ཆས་ཕྱིར་བུད་པ་ཡིན་ན། སྤྱུལ་བདེའི་སྒྲིག་ཆས་ཐོག་བསུབ་པའི་ཡིག་ཆ་དེ་བཀོལ་སྤྱོད་རྒྱུད་ཁོངས་གཞན་དག་ཐོག་མཐོང་མི་ཐུབ་མོད། འོན་ཀྱང་ཡིག་ཆ་དེ་དག་སྔར་བཞིན་གནས་ཡོད་པ་ཡིན། སྒྲིག་ཆས་བསྐྱར་དུ་ཡིག་ཆ་དེ་བསུབ་པར་སྤྱོད་པའི་རྒྱུད་ཁོངས་སུ་བཙུགས་སྐབས་སྙིགས་སྣམ་ནས་མཐོང་ཐུབ་པ་ཡིན།

(2)གཏན་བསུབ།

བཀོལ་ཚུལ ༡ “**སྙིགས་སྣམ**”**ནང་ནས་བསུབ་པ།**

བཀོལ་ཚུལ ༢ བདམས་ནས Shift+Delete **གནོན་པ།**

4)མིང་བསྐྱར་འདོགས།

བཀོལ་ཚུལ ༡ བདམས་ནས་གཡས་རྗེབ་བྱས་སྟེ | “**མིང་བསྐྱར་འདོགས**”**གནོན།**

བཀོལ་ཚུལ ༢ བདམས་ནསF2 **གནོན།**

གལ་ཏེ་མིང་བསྐྱར་འདོགས་ཕྱིར་འཐེན་བྱ་དགོས་ནCtrl+Zམནན་པ་དང་འཕྲད་མར་སླར་གསོ་བྱ་ཐུབ།

༥ དྲ་རྒྱར་ལྷ་སྤྱོད།

ཁྱབ་ཆུང་དྲ་རྒྱ་ནང་མཉམ་སྤྱོད་ཡིག་ཆ་ཏུ་སྤྱོད་པ།　"སྒྲ་དབྱངས"ཡིག་ཁུག་མཉམ་སྤྱོད་དཔེར་བྱས་ན།

བཀོལ་རྩལ 7 གཡས་མཐེབ་ནས"སྒྲ་དབྱངས"ལ་ཆིག་རྡེབ་བྱེད་པ་དང་།　འདེམས་བྱང"ངོ་བོ"གདམ་ན་སྣང་སྒྲོམ་ཐོན་ཡོང་སྟེ་དཔེ་རིས 4-7ལྟར་ཡིན། སྤྱོད་མཁན་གྱིས་འདེམས་བྱང"ངོ་བོ"རུ་མཉམ་སྤྱོད་ཀྱི་ཡིག་ཁུག་གི་ཆ་འཕྲིན་དང་དབང་ཚད་ལ་སྒྲིག་འགོད་བྱ་ཆོག དཔེ་རིས 4-7 ལྟ་བུ།

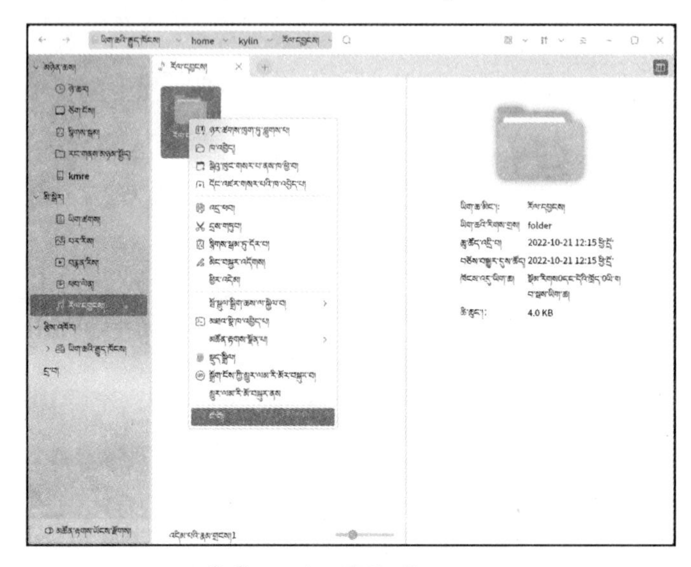

དཔེ་རིས 4-7　ངོ་བོ་འདེམས་བྱང་།

དཔེ་རིས 4-8　མཉམ་སྤྱོད་འདེམས་བྱང་།

བཀོལ་རྩལ ༢ "གཏན་ཁེལ"ལ་ཆིག་རྡེབ་བྱས་རྗེས། ཡིག་ཁུག་དེ་མཉམ་སྤྱོད་བྱས་ཟིན་པ་ཡིན།

བཀོལ་རྩལ ༣ ཁྱབ་ཚུང་དྲ་རྒྱ་གཅིག་པའི་ནང་གི་རྒྱུད་ཁོངས་གཞན་ཞིག་གི་ཁྲོད་དུ་རྗེས་འཁོར་དཀར་ཆག་ཁ་ཕྱེ་ནས། དྲ་ཐོག་ཁྱིམ་མཚེས་འོག་གི་ལས་གཞིར་ལྟ་ཞིབ་བྱས་ནས་མཉམ་སྤྱོད་ཡིག་ཆ་ཡི་འཕྲུལ་ཆས་ཀྱི་མིང་བཙལ་ནས་རྙེད་དགོས་པ་དང་། ཁ་ཕྱེ་རྗེས་མཉམ་སྤྱོད་ཀྱི་ཡིག་ཆ་མཐོང་ཐུབ། ཡིག་ཆ་དེར་ཉིས་རྡེབ་བྱས་པ་དང་འབྲེལ་མཐུད་གསལ་བརྙ་སྒྲོམ་བུ་ཐོན་ཡོང་སྟེ་དཔེ་རིས 4-9 ལྟ་བུ།

དཔེ་རིས 4-9 འབྲེལ་མཐུད་གསལ་བརྙ་སྒྲོམ་བུ།

བཀོལ་རྩལ༤ འབྲེལ་མཐུད་བྱས་རྗེས། མཉམ་སྤྱོད་ཡིག་ཆའི་ནང་གི་ནང་དོན་མཐོང་ཐུབ། གཞོགས་མཐའི་སྒྲོམ་དུ་འང་འབྲེལ་མཐུད་བྱས་པའི་གཙོ་འཕྲུལ་འཆར་ཐུབ། དཔེ་རིས 4-10 ལྟ་བུ།

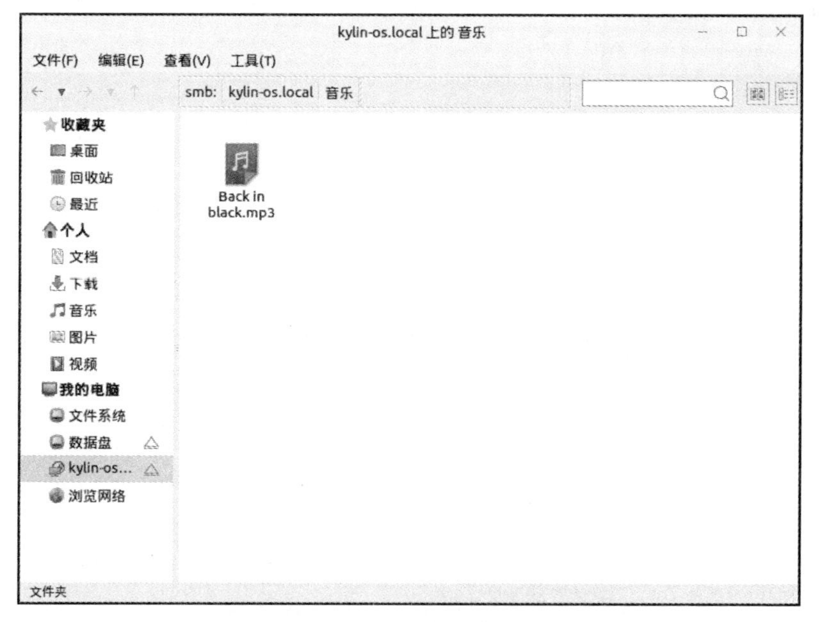

དཔེ་རིས 4-10 མཉམ་སྤྱོད་ཡིག་ཆའི་ནང་དོན།

བཀོལ་ཚུལ༥ གལ་ཏེ་ཡིག་ཁུག་དེ་མཉམ་སྤྱོད་བྱ་མི་འདོད་ན། ཡིག་ཁུག་དེར་ཡང་བསྐྱར་གཡས་རྡེབ་བྱས་ཏེ “མཉམ་སྤྱོད་འདེམས་བྱང” ཁྲོད་དུ་མཉམ་སྤྱོད་ཀྱི་འདེམ་རྟགས་མེད་པར་བཟོ་དགོས།

4.3 ཡིག་ཆ་བརྒྱུད་སྤྲོད།

“བརྒྱུད་སྤྲོད”ནི་ལས་སྣེགས་བགྲལ་བ་དང་ལས་ཚོད་ཆེ་བའི་ཡི་གེའམ་ཡིག་ཆ་བརྒྱུད་གཏོང་བྱེད་པའི་ལག་ཆ་ཞིག་ཡིན། “བརྒྱུད་སྤྲོད”ལ་ཞབས་ཞུ་ཆས་མེད་པར་བྱེད་ནུས་ཡོད་ཚད་དུད་སྣེ་བརྒྱུད་ནས་གྲུབ་པ་ཡིན།

བཀོལ་ཚུལ། “འགོ་རྩོམ་འདེམས་བྱང”|“བརྒྱུད་སྤྲོད”ཁ་ཕྱེ་བ། འཆར་ངོས་དཔེ་རིས 4-11 ལྟ་བུ།

དཔེ་རིས 4-11 ཆི་ལིན་བརྒྱུད་སྤྲོད་འཆར་ངོས་གཙོ་བོ།

ཆི་ལིན་བརྒྱུད་སྤྲོད་ཀྱི་གཙོ་ངོས་ནས་འཕྲུལ་ཆས་དེའི་བརྡ་འཕྲིན་མཐོང་ཐུབ་པ་དང་།　ཁ་སྣོན་བྱས་ཟིན་པའི་གྲོགས་པོ་དག་གིས་ད་དུང་བསྒྱུ་ལེན་བྱས་ཟིན་པའི་ཡིག་ཆ་དང་རང་གི་རྩིས་འཁོར་གྱི་IP

ཤག་གནས། འདེམས་བྱའི་སྒྲིག་བཀོད་ལ་ལྟ་ཞིབ་བྱ་ཐུབ། ཆེ་ཡིན་བརྒྱུད་སྤྱོད་ཀྱི་བཀོལ་སྤྱོད་ལ་གཙོ་བོ་གྲོགས་པོ་ཁ་སྟོན་བྱེད་པ་དང་། དྲ་ཐོག་ནས་ཁ་བརྡ་བྱེད་པ། ཡིག་ཆ་སྐྱེལ་བ། ཡིག་ཁུག་སྐྱེལ་བ་སོགས་འདུས།

4.4 ཡིག་ཆ་སྲུང་སྐྱོབ།

ཆེ་ཡིན་བཀོལ་སྤྱོད་རྒྱུད་ཁོངས་ཀྱིས་སྟབས་བདེ་དང་བདེ་འཇགས་ཀྱི་མི་སྒེར་གྱི་ཡིག་ཆ་སྲུང་སྐྱོབ་མཁོ་འདོན་བྱས་ཡོད།

4.4.1 སྲུང་སྐྱོབ་སྒམ་གསར་བཟོ།

བཀོལ་ཐུལ ༡ "འགོ་རྩོམ་འདེམས་བྱང"། "ཡིག་ཆའི་སྲུང་སྐྱོབ་སྒམ" མནན་ནས་མཉེན་ཆས་ཀྱི་ཁ་ཕྱེ་བ་དཔེ་རིས 4-12 **ལྟ་བུ།**

དཔེ་རིས 4-12 ཡིག་ཆ་སྲུང་སྐྱོབ་སྒམ།

བཀོལ་ཐུལ༢ "གསར་འཛུགས"མཐེབ་སྟོན་ལ་ཆིག་རྡེབ་བྱས་ནས་མིང་ནང་འཇུག་དང་གསང་ཨང་སྒྲིག་འགོད་བྱས་རྗེས"གཏན་འཁེལ"མཐེབ་སྟོན་ལ་ཆིག་རྡེབ་བྱེས། དཔེ་རིས 4-13 **ལྟ་བུ།**

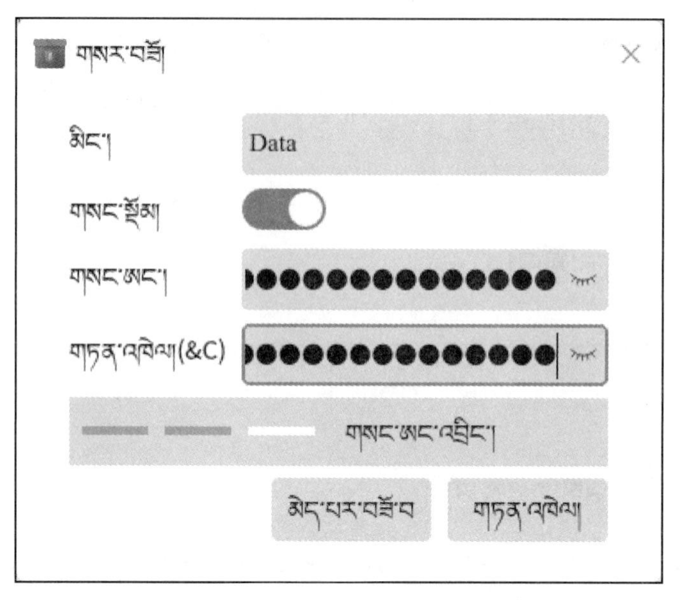

དཔེ་རིས 4-13　ཡིག་ཆ་སྲུང་སྐྱོབ་སྒྲིག་འགོད།

སྲུང་སྐྱོབ་བྱ་དགོས་པའི་ཡིག་ཆའམ་ཡིག་ཁུག་ལ་གསང་ཨང་སོགས་སྒྲིག་འགོད་བྱས་རྗེས། "ངའི་སྲུང་སྐྱོབ་སྒམ"ནང་དུ་འབྲེལ་ཡོད་ཀྱི་ཡིག་ཆའམ་ཡིག་ཁུག་མཐོང་ཐུབ་སྟེ་དཔེ་རིས 4-14 ལྟ་བུ།

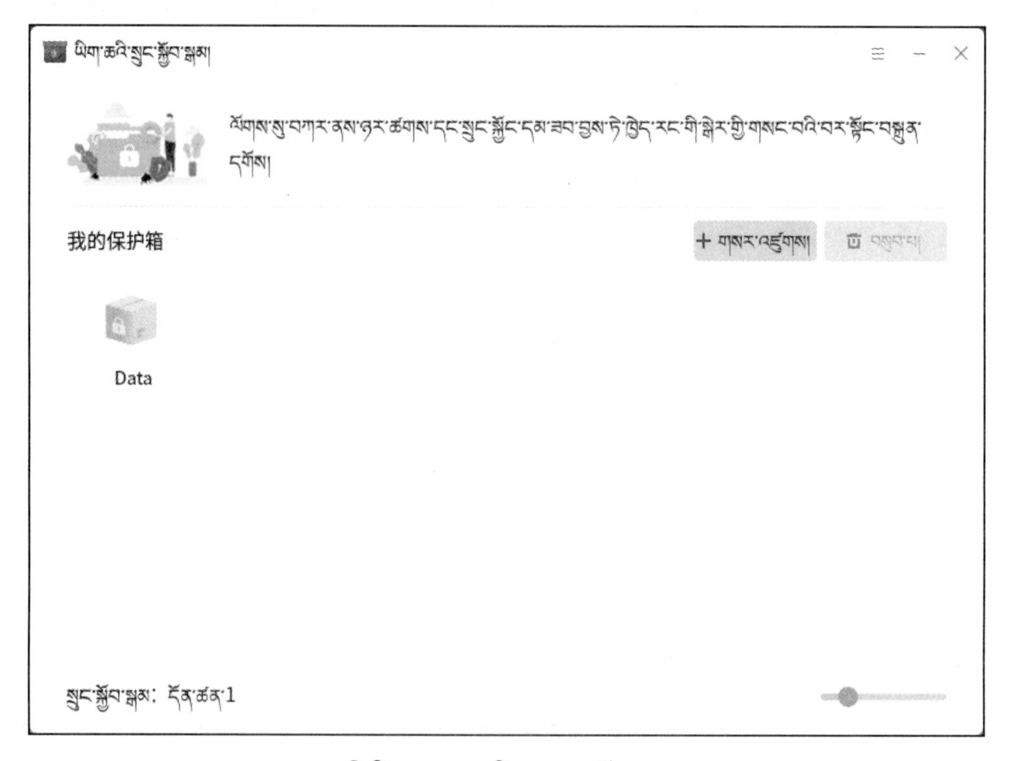

དཔེ་རིས 4-14　ཡིག་ཆ་སྲུང་སྐྱོབ་སྒམ།

ཆེ་ཞིན་ཡིག་ཆ་སྲུང་སྐྱོབ་སྒམ་དེ་ལོགས་སུ་བཞག་ནས་སྦ་གསང་བྱེད་པ་དང་། གསང་གྲངས་བཞག་ནས་སྲུང་སྐྱོབ་བྱེད་པ། མཉམ་སྤྱོད་བྱེད་པ་བཅས་ཀྱི་དབང་ཆ་སྤྲོད་པ་དང་ཟུང་འབྲེལ་བྱེད་པའི་བྱེད་སྟངས་བརྒྱུད་ནས་སྤྱོད་མཁན་གྱི་སྒེར་ལ་དབང་བའི་གཞི་གྲངས་ཀྱི་བདེ་འཇགས་སྲུང་སྐྱོབ་དང་མཉམ་སྤྱོད་བྱེད་ཐུབ་པ་མངོན་འགྱུར་བྱས་ཡོད། ཡིག་ཆ་སྲུང་སྐྱོབ་སྒམ་ལ་གཤམ་གྱི་ཁྱད་ཆོས་ལྡན་ཏེ།

(1)གསར་དུ་བཟོས་པའི་སྲུང་སྐྱོབ་སྒམ་ལ་གསང་ཨང་འགོད་པའམ་ཡང་ན་གསང་ཨང་མི་འགོད་པ་གདམ་ཆོག

(2)གསར་དུ་བཏོད་པའི་མི་སྒེར་གྱི་དཀར་ཆག(སྲུང་སྐྱོབ་སྒམ་དང་སྲུང་སྐྱོབ་སྒམ་གྱི་དཀར་ཆག)དེ་སྤྱོད་མཁན་རང་ཉིད་ཁོ་ནས་མཐོང་ཐུབ་ལས་སྤྱོད་མཁན་གཞན་གྱིས་མཐོང་མི་ཐུབ།

(3)གསང་ཨང་མ་བཀོད་པའི་གསུང་སྐྱོབ་སྒམ་དེ་གཡས་མཐེབ་བརྒྱུད་ནས་ཁ་ཕྱེ་པ་དང་སུབ་པ། མིང་བསྒྱུར་འདོགས་བྱ་ཆོག

(4)གསང་ཨང་མ་བཀོད་པའི་(སྒྲོག་ཟིན་པ)སྲུང་སྐྱོབ་སྒམ་དེ་གཡས་མཐེབ་བརྒྱུད་ནས་ཁ་ཕྱེ་པ་དང་། སྒྲོག་པ། སྲུང་སྐྱོབ་གསང་ཨང་བཟོ་བཅོས། སུབ་པ་དང་མིང་བསྒྱུར་འདོགས་སོགས་བཀོལ་སྤྱོད་བྱ་ཆོག

4.4.2 སྲུང་སྐྱོབ་སྒམ་གྱི་ཁ་ཕྱེ་པ་དང་བསུབ་པ། མིང་བསྒྱུར་འདོགས།

བཀོལ་སྤྱད7 བསུབ་དགོས་པའི་རིས་རྟགས་ལ་གཡས་རྡེབ་བྱས་ནས་ཕྱིར་ཐོན་པའི་སྒྲུབས་བདེ་འདེམས་བྱང་དུ“ཁ་ཕྱེ་པ”དང“སུབ་པ”ཡང་ན“མིང་བསྒྱུར་འདོགས”འདེམས་པ། དཔེ་རིས 4-15 ལྟར།

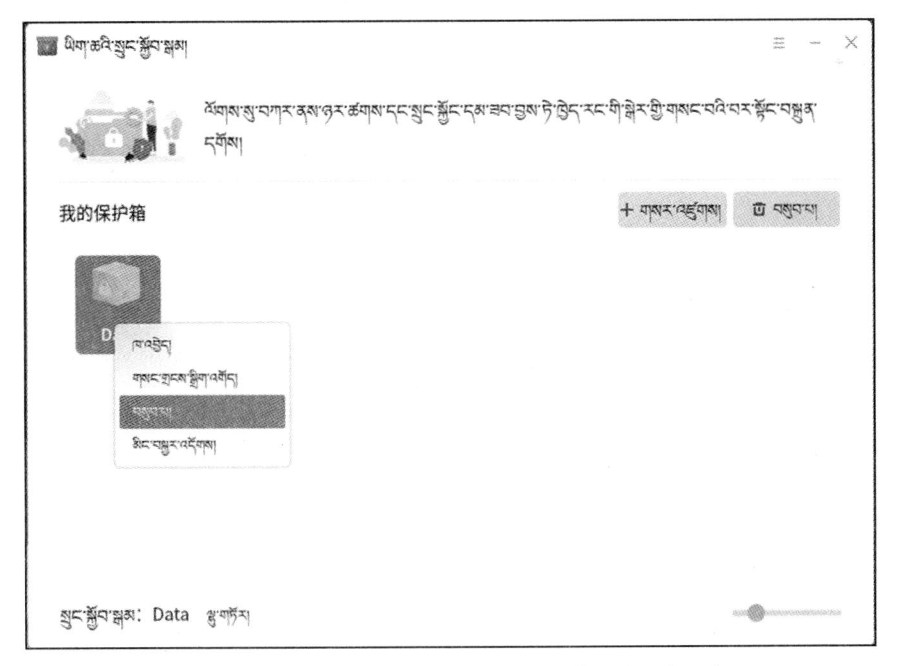

དཔེ་རིས 4-15 གསང་ཨོམ་བྱས་པའི་སྲུང་སྐྱོབ་སྒམ་གྱི་བཀོལ་སྤྱོད་འདེམས་པ།

བཀོལ་ཚུལ༢ གསང་ཨང་ནང་འཇུག་བྱས་རྗེས"གཏན་འཁེལ"མཐེབ་སྣོན་ལ་ཆིག་རྡེབ་བྱས་པ། དཔེ་རིས4-16དང4-17ལྟ་བུ།

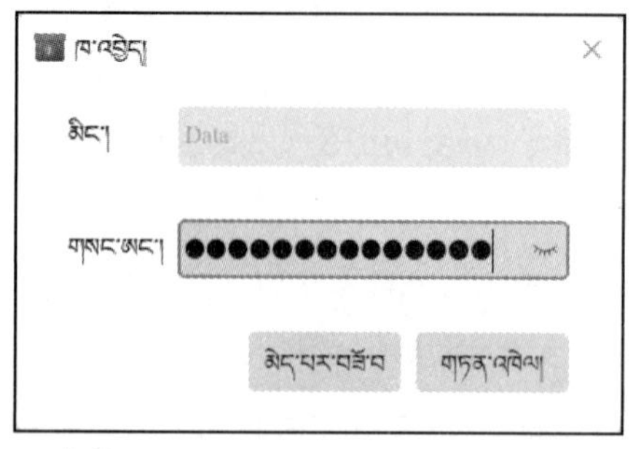

དཔེ་རིས 4-16 གསང་ཨང་ནང་འཇུག་བྱས་ནས་ཁ་ཕྱེ་བ།

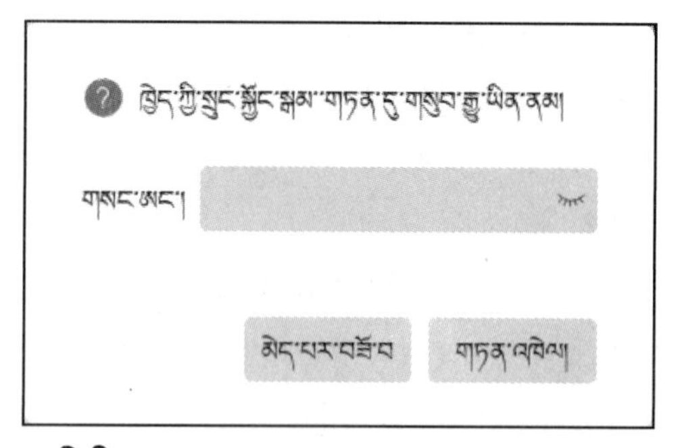

དཔེ་རིས 4-17 གསང་ཨང་ནང་འཇུག་བྱས་ནས་ཤུབ་པ་གཏན་འཁེལ་བྱེད་པ།

4.4.3 སྲུང་སྐྱོབ་གསང་ཨང་བཟོ་བཅོས།

གསང་སྡོམ་བྱས་པའིBOXདཀར་ཆག་གི་གསང་ཨང་བཟོ་བཅོས་སམ་ཡང་ན་སྲུང་སྐྱོབ་ཕྱིར་འཐེན་བྱ་ཆོག

བཀོལ་ཚུལ༡ གསང་སྡོམ་བྱས་པའིBOXལ་གཡས་རྡེབ་བྱས་རྗེས། "གསང་ཨང་སྒྲིག་འགོད"ལ་ཆིག་རྡེབ་བྱེས། དཔེ་རིས 4-18 ལྟ་བུ།

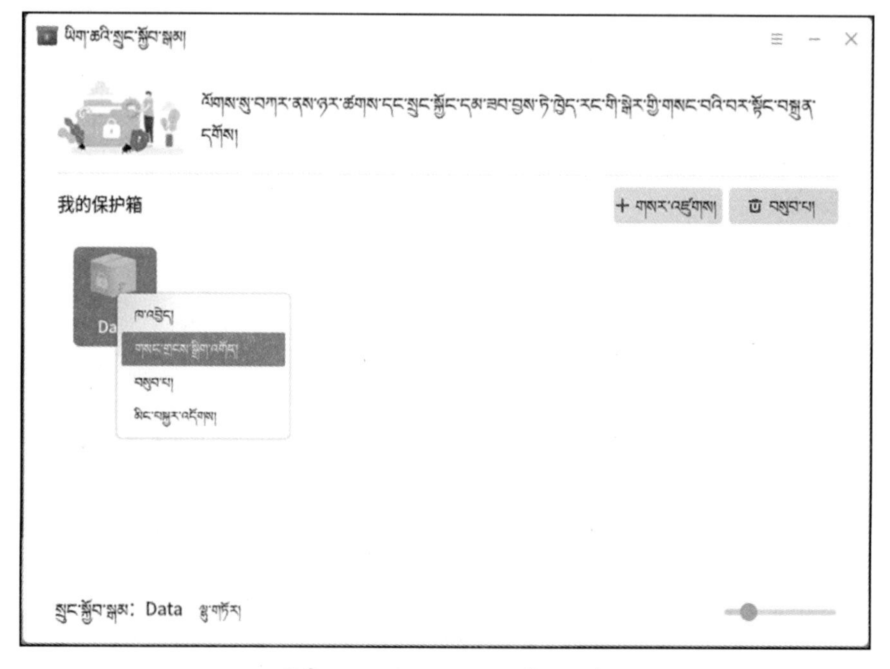

དཔེ་རིས 4-18 གསང་ཨང་སྒྲིག་འགོད།

བཀོལ་རྩལ༢ སྔོན་མའི་གསང་ཨང་དང་གསང་ཨང་གསར་པ་ནང་འཇུག་བྱས་རྗེས"གཏན་འཁེལ"མཐེབ་སྣོན་ལ་ཆིག་རྡེབ་བྱས། དཔེ་རིས 4-19 ལྟ་བུ།

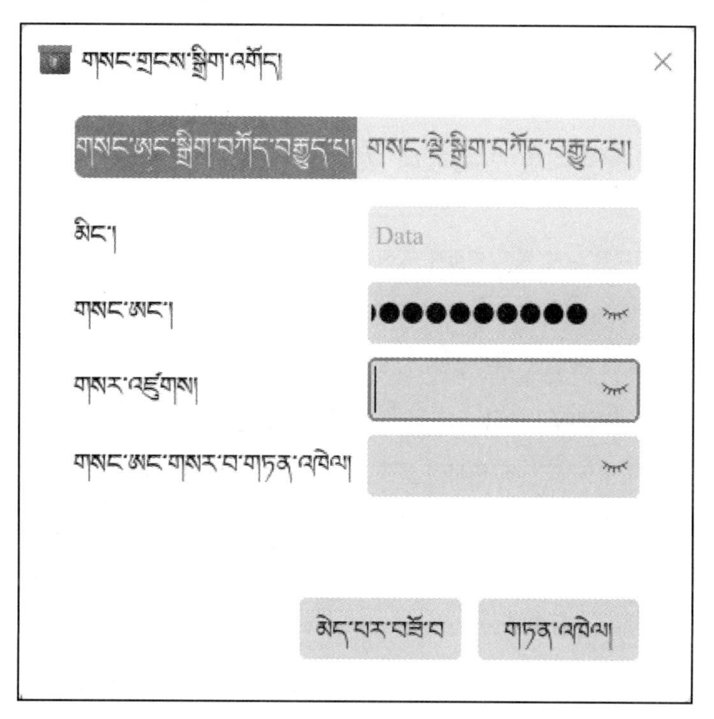

དཔེ་རིས 4-19 གསང་ཨང་བཟོ་བཅོས།

5 རྒྱུད་ཁོངས་བདེ་འཛུགས།

5.1 རྒྱུད་ཁོངས་གྲབས་ཉར་དང་སོར་ལོག

བཀོལ་སྤྱོད་རྒྱུད་ཁོངས་སྤྱོད་པའི་བརྒྱུད་རིམ་ཁྲོད་དུ་དུས་བཅད་ལྟར་གཞི་གྲངས་གྲབས་ཉར་བྱ་རྒྱུའི་རེ་བ་ཡོད་དེ། ཕྱོགས་གཅིག་ནས་སྤྱོད་མཁན་གྱི་གཞི་གྲངས་ལ་སྲུང་སྐྱོབ་བྱ་ཐུབ་པ་དང་། ཕྱོགས་གཞན་ཞིག་ནས་རྒྱུད་ཁོངས་ལ་སྐྱོན་ཤོར་རྗེས་ཀྱི་སླར་གསོ་དུས་ཚོད་ལ་གྲོན་ཆུང་ཐུབ་ཀྱི་ཡོད།

ཆི་ལིན་གྲབས་ཉར་སོར་ལོག་ལག་ཆས་ཆི་ལིན་བཀོལ་སྤྱོད་རྒྱུད་ཁོངས་གྲབས་ཉར་དང་སོར་ལོག་མངོན་འགྱུར་བྱ་ཐུབ། གལ་ཏེ་ཆི་ལིན་གྲབས་ཉར་སོར་ལོག་ལག་ཆ་བཀོལ་ན། བཀོལ་སྤྱོད་རྒྱུད་ཁོངས་སྒྲིག་སྦྱོར་བྱེད་སྐབས་ཤོག་བྱང་ནིKYLLIN-BAKUPཡིན་པའི་རང་ཚུགས་སྤྱད་སྡེར་ཁུལ་བགོས་ཡིན་དགོས། ཁུལ་དེ་ནི་སྤྱོད་མཁན་གྱིས་བཟོས་པའི་གྲབས་ཉར་གཞི་གྲངས་སུ་སྤྱོད་དགོས། བགོ་ཁུལ་གྱི་ཆེ་ཆུང་གིས་གྲབས་ཉར་གཞི་གྲངས་ཀྱི་ཆེ་ཆུང་དང་གྲབས་ཉར་ཐེངས་གྲངས་ཐག་གཅོད་བྱས་ཡོད་པ་དང་། གལ་ཏེ་གྲབས་ཉར་སོར་ལོག་བགོ་ཁུལ་གསར་འཛུགས་བྱེད་མེད་ན་རྒྱུན་ལྡན་ལྟར་ཆི་ལིན་གྱི་གྲབས་ཉར་ལག་ཆ་བཀོལ་མི་ཐུབ། རྒྱུད་ཁོངས་གྲབས་ཉར་ལག་བསྟར་བྱེད་དུས"གྲབས་ཉར་ཁུལ་ལམ་ཡང་ན་དེ་བསྟུན་གྱི་སྒྲིག་ཆས་ཡིག་ཆ་འཚོལ་མི་ཐུབ།"ཞེས་པའི་དོན་བརྡ་གཏོང་ཡོང་། ཆི་ལིན་གྲབས་ཉར་ལག་ཆས་བཀོལ་སྤྱོད་རྒྱུད་ཁོངས་དང་གཞི་གྲངས་ལ་དམིགས་ཏེ་སོ་སོར་གྲབས་ཉར་དང་སོར་ལོག་བྱ་ཆོག གྲབས་ཉར་ལ་གསར་དུ་སྒྲུབ་པའི་གྲབས་ཉར་དང་འཕར་ཚད་གྲབས་ཉར་རྣམ་པ་རིགས་གཉིས་ཡོད་དེ། གསར་དུ་སྒྲུབ་པའི་གྲབས་ཉར་གྱིས་ཡོངས་རྫོགས་གྲབས་ཉར་བྱས་ཚར་རྗེས་གྲབས་ཉར་རེའུ་མིག་ནང་དུ་གྲབས་ཉར་གྱི་མིང་གསར་དུ་སྟོན་སྲིད། འཕར་གྲངས་གྲབས་ཉར་དེ་གསར་དུ་བཙུགས་པའི་གྲབས་ཉར་གྱི་རྨང་གཞིའི་ཐོག་གྲབས་ཉར་བྱས་རྗེས་གྲབས་ཉར་རེའུ་མིག་ནང་དུ་གྲབས་ཉར་གྱི་མིང་གསར་དུ་མི་སྟོན་པ་རེད།

བཀོལ་ཐབས། "འགོ་རྩོམ་འདེམས་བྱང"|"གྲབས་ཉར་སོར་ལོག"ལ་ཆིག་རྡེབ་བྱས་ནས་གྲབས་ཉར་སོར་ལོག་ལག་ཆ་ཁ་ཕྱེ་བ།

ཆི་ལིན་གྲབས་ཉར་སོར་ལོག་ལག་ཆ་ལ་མ་དཔེ་རིགས་གསུམ་ཡོད་དེ། རྒྱུན་ལྡན་མ་དཔེ་དང་། Grubགྲབས་ཉར་སོར་ལོག LiveCDསོར་ལོག་ཡིན། ལག་ཆ་ལ་ཆ་དྲུག་གི་བྱེད་ནུས་འདུས་ཡོད་དེ། རྒྱུད་ཁོངས་གྲབས་ཉར་དང་། རྒྱུད་ཁོངས་སོར་ལོག གཞི་གྲངས་གྲབས་ཉར། གཞི་གྲངས་སོར་ལོག བཀོལ་སྤྱོད་ཉིན་ཐོ། Ghost ཤེལ་བརྙན་སོགས་ཡིན།

5.1.1 རྒྱུན་སྤྱོད་རྣམ་པ།

༡ རྒྱུད་ཁོངས་གྲབས་ཉར།

རྒྱུད་ཁོངས་གྲབས་ཉར་ལ"མཐོ་རིམ་རྒྱུད་ཁོངས་གྲབས་ཉར"དང"ཁྱོན་ཡོངས་རྒྱུད་ཁོངས་གྲབས་ཉར"གཉིས་ཀྱི་ནོག་བྱང་ངོས་སུ་འདུས་ཡོད་པ་དང་། "མཐོ་རིམ་རྒྱུད་ཁོངས་གྲབས་ཉར"ལ"གསར་འཛུགས་རྒྱུད་ཁོངས་གྲབས་ཉར"དང"རྒྱུད་ཁོངས་འཕར་ཚད་གྲབས་ཉར"གཉིས་འདུས་ཡོད། གཙོ་ངོས་ནི་དཔེ་རིས5-1ལྟ་བུ།

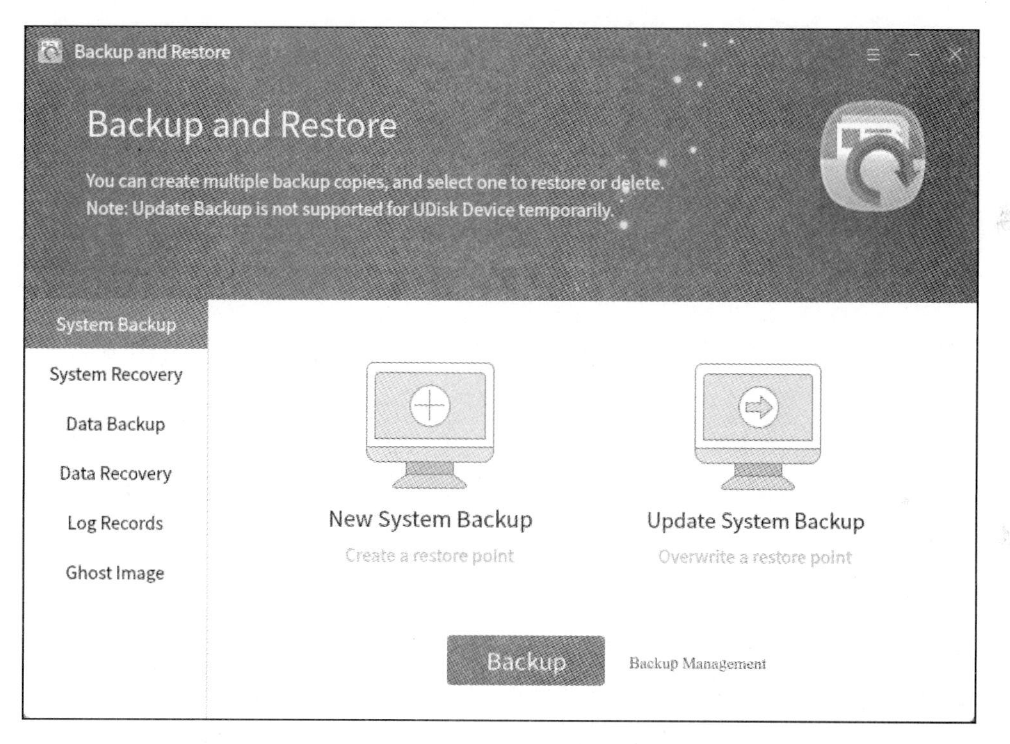

དཔེ་རིས5-1 རྒྱུད་ཁོངས་གྲབས་ཉར།

1)གསར་འཛུགས་རྒྱུད་ཁོངས་གྲབས་ཉར།

གྲབས་ཉར་སོར་ལོག་བགོ་ཁུལ་དང་གཞི་གྲངས་བགོ་ཁུལ་ལས་གཞན་གྱི་རྒྱུད་ཁོངས་ཡོངས་ལ་གྲབས་ཉར་བྱེད་པ་སྟེ།

བཀོལ་ཐབས༡ "གསར་འཛུགས་རྒྱུད་ཁོངས་གྲབས་ཉར"བདམས་རྗེས"གྲབས་ཉར་བྱེད་འགོ་རྩོམ་པ"ཞེས་པ་མནན་ན། གླིང་སྒྲོམ་ཞིག་ཕྱིར་ཐོན་ཡོང་སྟེ་སྤྱོད་མཁན་གྱིས"གྲབས་ཉར་ཆ་འཕྲིན"སྣོང་འཇུག་བྱས་རྗེས "གཏན་འཁེལ" མཐེབ་སྣོན་ལ་ཨིག་རྡེབ་བྱས། དཔེ་རིས 5-2 ལྟ་བུ།

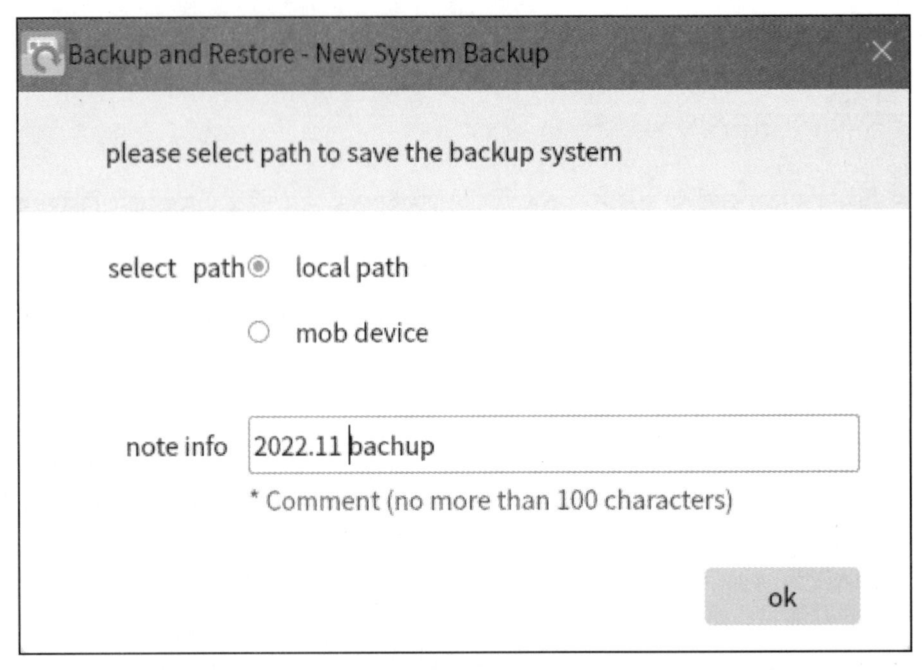

དཔེ་རིས5-2 སྣང་མེད་དུ་བཞག་པའི་དཀར་ཆག་གམ་ཡིག་ཆ་གྲབས་ཉར།

བཀོལ་རྩལ༢ “གཏན་འཁེལ”མཐེབ་སྣོན་ལ་ཆིག་རྡེབ་བྱས་ན་གྲབ་ཉར་འགོ་འཛུགས་པ་ཡིན། དཔེ་རིས 5-3 ལྟ་བུ།

གྲབས་ཉར་ལ་ཞུགས་པར་གཏན་འཁེལ་བྱེད་སྐབས། རྒྱུད་ཁོངས་ཀྱིས་གྲབས་ཉར་སོར་ཡོག་བགོ་ཁུལ་ལ་ཐེངས་འདིར་གྲབས་ཉར་བྱེད་པར་བར་སྟོང་འདང་ངེས་ཤིག་ཡོད་མེད་འཚོལ་ཞིབ་བྱེད་པ་དང་། གལ་ཏེ་བར་སྟོང་འདང་ངེས་ཤིག་མེད་ན་ནོར་འཁྲུལ་བྱུང་པའི་སྐྱེའུ་ཁུང་འདོན་པ་དང་། གལ་ཏེ་བར་སྟོང་འདང་ངེས་ཡོད་ན་རིམ་པ་བཞིན་གསལ་འདེབས་བྱེད་སྲིད། དཔེ་རིས 5-4 ལྟ་བུ།

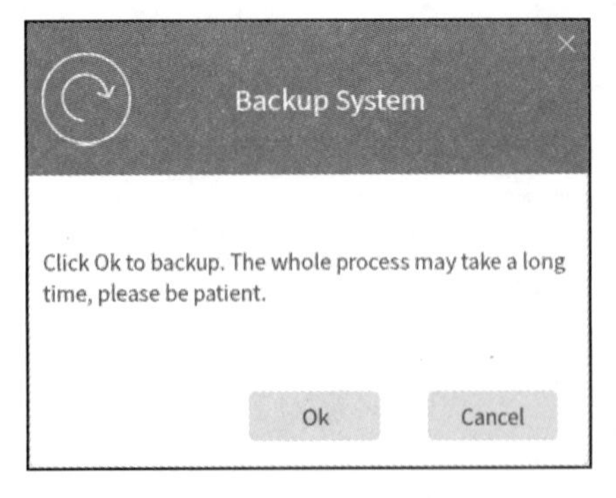

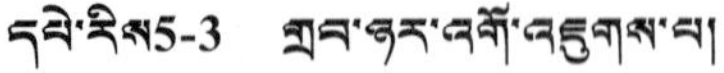
དཔེ་རིས5-3 གྲབ་ཉར་འགོ་འཛུགས་པ།

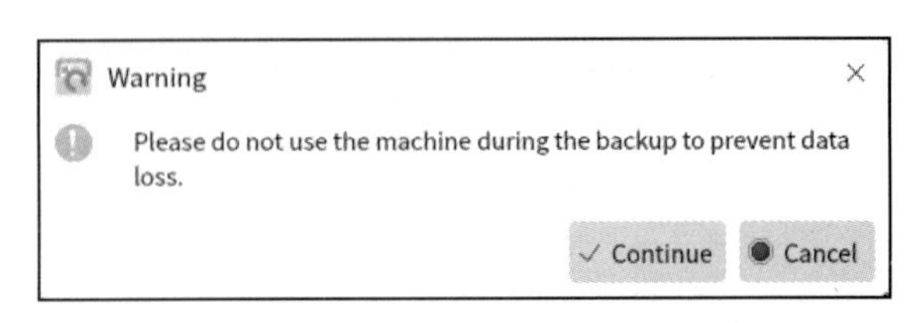

དཔེ་རིས5-4 གྲབ་ཉར་གསལ་བརྡ།

བཀོལ་རྩལ༣མཐེབ་གནོན“མུ་མཐུད”མནན་ན་གྲབས་ཉར་སོར་ཡོག་བགོ་ཁུལ་སྟེང་དུ་གྲབས་ཉར་གཅིག་གསར་འཛུགས་བྱེད་པ་ཡིན།

གྲབས་ཉར་རྒྱུད་རིམ་ཁྲིད་དཔེ་རིས5-5ལྟར་བསྟན་པ་ལྟར་གྱི་གསལ་འདེབས་སྒྲོམ་ཐོན་ཡོང་བ། གྲབས་ཉར་དུས་ཚོད་རིང་ཐུང་དེ་གྲབས་ཉར་ནང་དོན་གྱི་ཆེ་ཆུང་དང་འབྲེལ་བ་ཡོད།

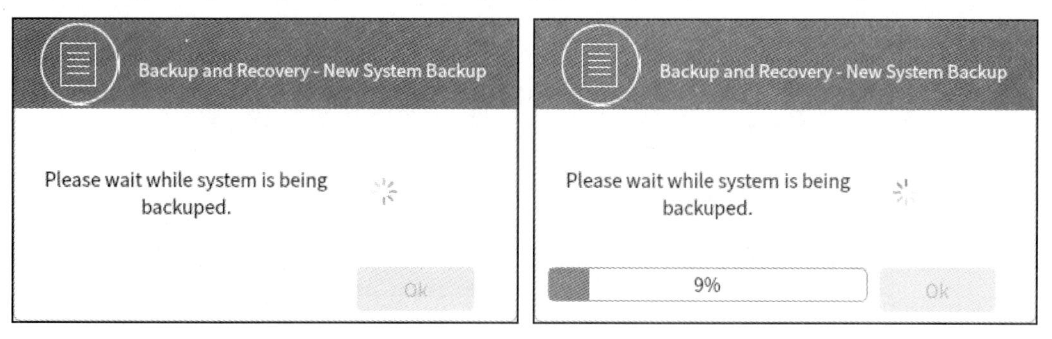

དཔེ་རིས5-5 གྲབས་ཉར་བྱེད་བཞིན་པ།

"གྲབས་ཉར་དོ་དམ"གྱིས་རྒྱུད་ཁོངས་གྲབས་ཉར་རྣམ་པ་ལྟ་ཞིབ་དང་ནུས་མེད་གྲབས་ཉར་བསུབ་པར་སྤྱོད་ཆོག་སྟེ། དཔེ་རིས 5-6 ལྟ་བུ།

Backup and Recovery - System Backup

Unnecessary data backups can be deleted. Please refer to Log Records for more details.

Backup Name	UUID	Backup Size	Backup State
22-10-21 13:02:04	{1f32df85-1b76-451e-8933-afcae25de8bf}	10.55GB	good

Delete

དཔེ་རིས5-6 རྒྱུད་ཁོངས་གྲབས་ཉར་དོ་དམ།

2)རྒྱུད་ཁོངས་འཕེལ་ཚད་གྲབས་ཉར།

སྔར་ཡོད་གྲབས་ཉར་ཞིག་གི་རྨང་གཞིའི་ཐོག་མུ་མཐུད་དུ་གྲབས་ཉར་བྱེད་དུས། འཕར་ཚད་གྲབས་ཉར་བདམས་རྗེས་གྲབས་ཉར་ཚང་མ་ཡོད་པའི་གླེང་སྒྲོམ་ཞིག་བཀོད་ནས་སྤྱོད་མཁན་ལ་འདེམས་སུ་འཇུག་སྲིད་དེ། ཕམ་པའི་གྲབས་ཉར་གྱི་རྨང་གཞིའི་ཐོག་འཕར་ཚད་གྲབས་ཉར་བྱ་ཆོག་པ་ཡིན།

༢ རྒྱུད་ཁོངས་སོར་ལོག

"རྒྱུད་ཁོངས་སོར་ལོག" ཞེས་པས་རྒྱུད་ཁོངས་དེ་སྔོན་གྱི་གྲབས་ཉར་བྱས་པའི་རྣམ་པ་ r་སོར་ལོག་བྱ་ཐུབ། དཔེ་རིས 5-7 ལྟ་བུ།

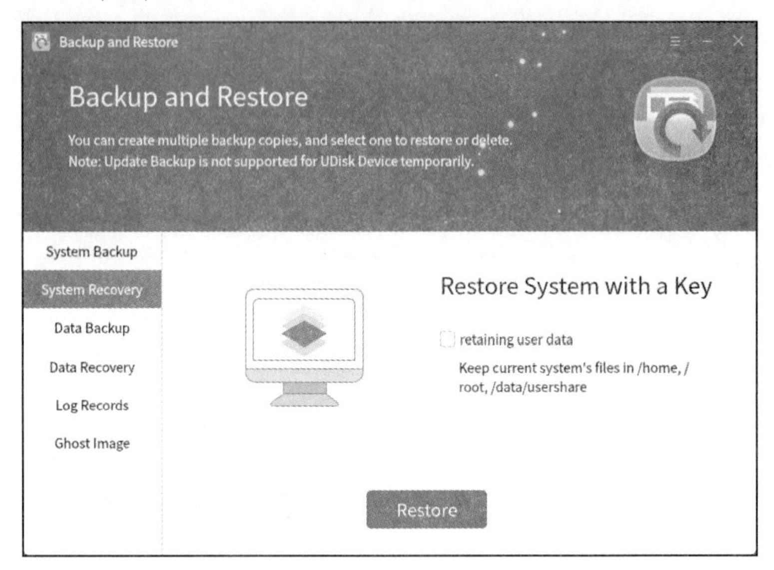

དཔེ་རིས5-7 རྒྱུད་ཁོངས་སོར་ལོག

"མཐེབ་གཅིག་སོར་ལོག" ལ་ཆིག་རྡེབ་བྱས་ཚེ་སྒྲིང་སྒྲོམ་ཞིག་ཐོན་ཡོང་སྟེ། སོར་ལོག་བདམས་རྗེས "གཏན་འཁེལ" མཐེབ་སྣོན་ལ་ཆིག་རྡེབ་བྱེད་པ། དཔེ་རིས5-8ལྟར། སོར་ལོག་ལེགས་གྲུབ་བྱུང་རྗེས་རྒྱུད་ཁོངས་རང་འགུལ་ངང་སླར་སློང་བྱ་དགོས།

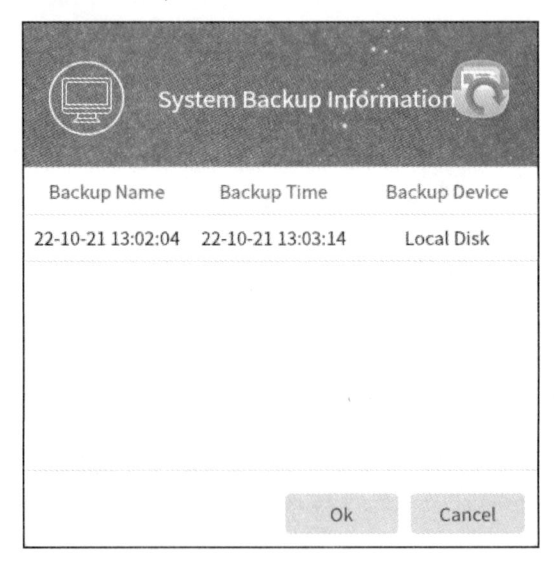

དཔེ་རིས5-8 སྔར་མེད་དུ་བཞག་པའི་དཀར་ཆག་གསལ་ཤིག་ཆ་སོར་ལོག

༣ གཞི་གྲངས་གྲབས་ཉར་དང་གཞི་གྲངས་འཕར་ཚད་གྲབས་ཉར།

1)གཞི་གྲངས་གྲབས་ཉར།

"གཞི་གྲངས་གྲབས་ཉར"ནི་སྤྱོད་མཁན་གྱིས་གྲབས་ཉར་བྱེད་འདོད་པའི་གཞི་གྲངས་དཀར་ཆག་དང་ཡིག་ཆ་གྲབས་ཉར་བྱེད་པར་སྤྱོད། དེ་ལ"གཞི་གྲངས་གྲབས་ཉར་གསར་བཟོ"དང་"གཞི་གྲངས་འཕར་ཚད་གྲབས་ཉར" རིགས་གཉིས་སུ་བཀར་ཡོད། དཔེ་རིས5-9ལྟ་བུ།

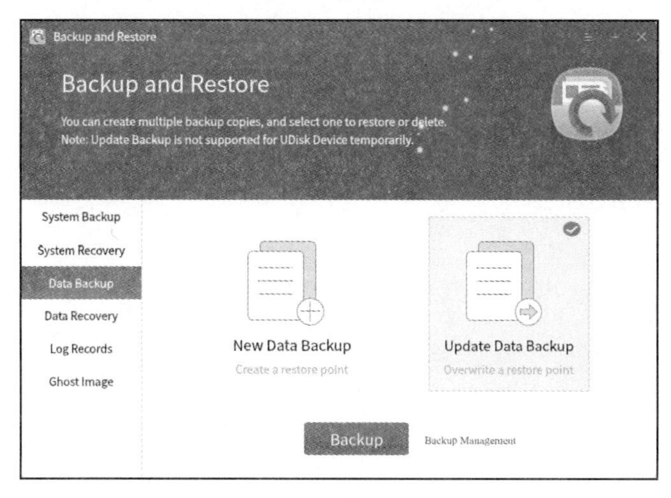

དཔེ་རིས5-9 གཞི་གྲངས་གྲབས་ཉར།

བཀོལ་ཚུལ། "གཞི་གྲངས་གྲབས་ཉར་གསར་བཟོ"བདམས་རྗེས། "གྲབས་ཉར་འགོ་རྩོམ"ལ་ཚེག་རྡེབ་བྱས་ན་གླེང་སྒྲོམ་ཞིག་ཐོན་ཡོང་སྟེ། སྤྱོད་མཁན་ལ་གྲབས་ཉར་བྱ་དགོས་པའི་དཀར་ཆག་གམ་ཡིག་ཆ་དམིགས་འཛུགས་བྱེད་པར་མཁོ་འདོན་བྱེད་པ་ཡིན། དཔེ་རིས5-10ལྟ་བུ།

དཔེ་རིས 5-10 གཞི་གྲངས་གྲབས་ཉར་དཀར་ཆག་དམིགས་འཛུགས།

"གྲབས་ཉར་དོ་དམ"གྱིས་གཞི་གྲངས་གྲབས་ཉར་རྣམ་པ་ལ་ལྟ་ཞིབ་དང་ནུས་མེད་གྲབས་ཉར་སུབ་པར་སྤྱོད།

2) གཞི་གྲངས་འཕར་ཚད་གྲབས་ཉར།

གཞི་གྲངས་གྲབས་ཉར་ག་གེ་མོ་ཞིག་གི་རྨང་གཞིའི་སྟེང་གྲབས་ཉར་བྱས་ནས་གཞི་གྲངས་ཁ་སྣོན་བྱ་བ།

༤ གཞི་གྲངས་སོར་ལོག

"གཞི་གྲངས་སོར་ལོག"གིས་གཞི་གྲངས་སྔ་མའི་གྲབས་ཉར་བྱེད་དུས་ཀྱི་གཞི་གྲངས་སུ་སླར་གསོ་བྱ་བ། དཔེ་རིས5-11ལྟ་རུ།

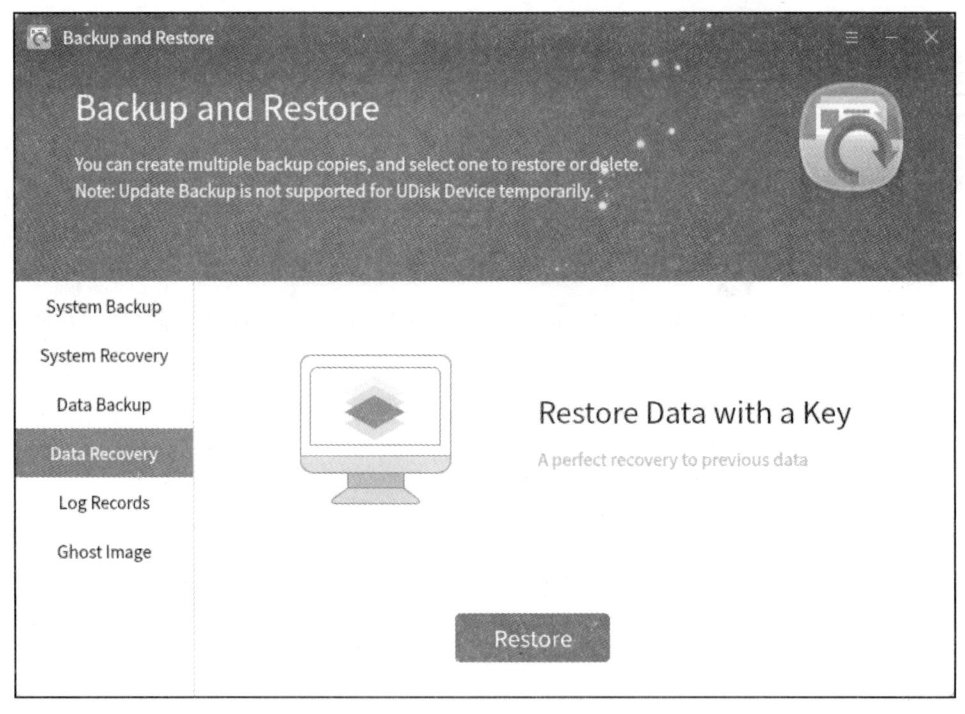

དཔེ་རིས5-11　གཞི་གྲངས་སོར་ལོག

༥ བཀོལ་སྤྱོད་ཉིན་ཐོ།

གྲབས་ཉར་སོར་ལོག་ལག་ཆའི་སྟེང་གི་བཀོལ་སྤྱོད་ཡོད་ཚད་ཟིན་ཐོར་བཀོད་ཡོད་པ་དང་། "ཐོག་ངོས་གོང་མ"དང"ཐོག་ངོས་རྗེས་མ"ཞེས་པའི་མཐེབ་གནོན་བརྒྱུད་ནས་ལྟ་ཞིབ་བྱ་ཆོག་སྟེ། དཔེ་རིས 5-12 ལྟ་རུ།

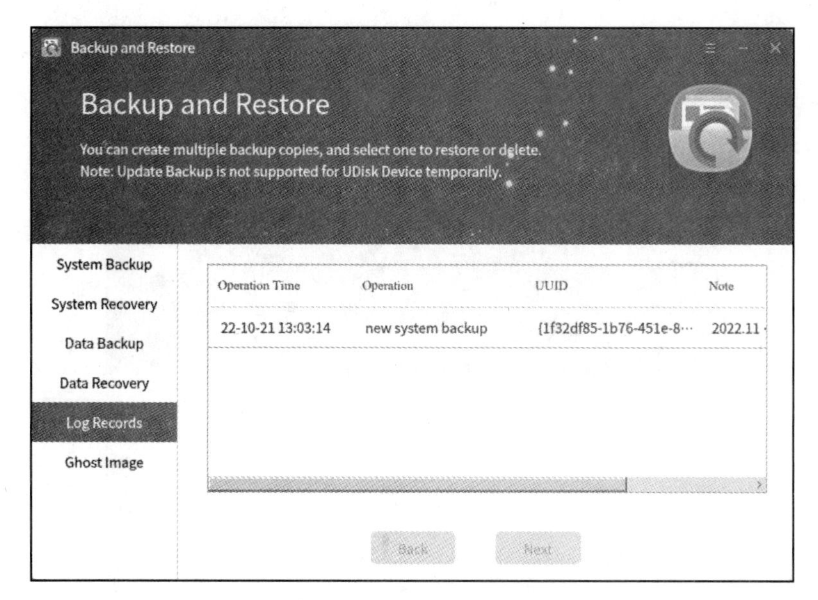

དཔེ་རིས5-12　བཀོལ་སྤྱོད་ཉིན་ཐོ།

༤ Ghost ཤེལ་བརྙན།

Ghost ཤེལ་བརྙན་སྒྲིག་འཇུག་ཞེས་པ་ནི་འཕྲུལ་ཆས་ཤིག་སྟེང་གི་རྒྱུད་ཁོངས་དེ་ཤེལ་བརྙན་ཡིག་ཆ་གྲུབ་རྗེས། ཤེལ་བརྙན་ཡིག་ཆ་འདི་སྤྱད་ནས་བཀོལ་སྤྱོད་རྒྱུད་ཁོངས་སྒྲིག་འཇུག་བྱེད་པ་དེ་ལ་ཟེར་ཞིང་། བྱེད་ནུས་འདི་སྤྱོད་དགོས་ན་ཐོག་མར་ངེས་པར་དུ་གྲུབ་ཤར་ཞིག་ཡོད་དགོས།

1)Ghost ཤེལ་བརྙན་གསར་འཛུགས།

བཀོལ་རྒྱུན7 འདེམས་བྱང་"Ghost ཤེལ་བརྙན" འདེམས་པ། དཔེ་རིས5-13ལྟ་བུ།

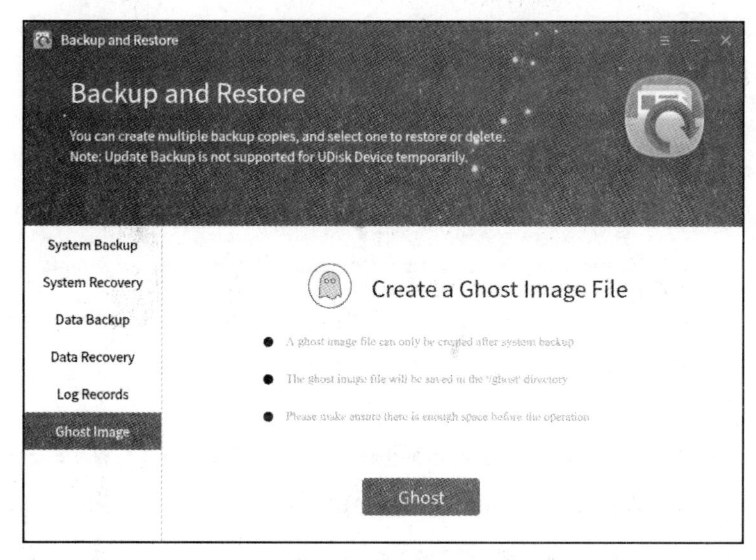

དཔེ་རིས5-13　Ghost ཤེལ་བརྙན།

བཀོལ་རྩལ༢ "མཐེབ་གཅིག Ghost"ལ་ཆིག་རྡེབ་བྱས་རྗེས། མིག་སྔར་གྲབས་ཉར་བྱས་པའི་རིའུ་མིག་ཡོད་ཚད་ཐོན་ཡོང་སྟེ་དཔེ་རིས5-14ལྟ་བུ། སྤྱོད་མཁན་གྱིས་དེ་ལས་གཅིག་བདམས་ནGhostཤེལ་བརྙན་བཟོ་རྒྱུའི་འགོ་རྩོམ་པ་ཡིན།

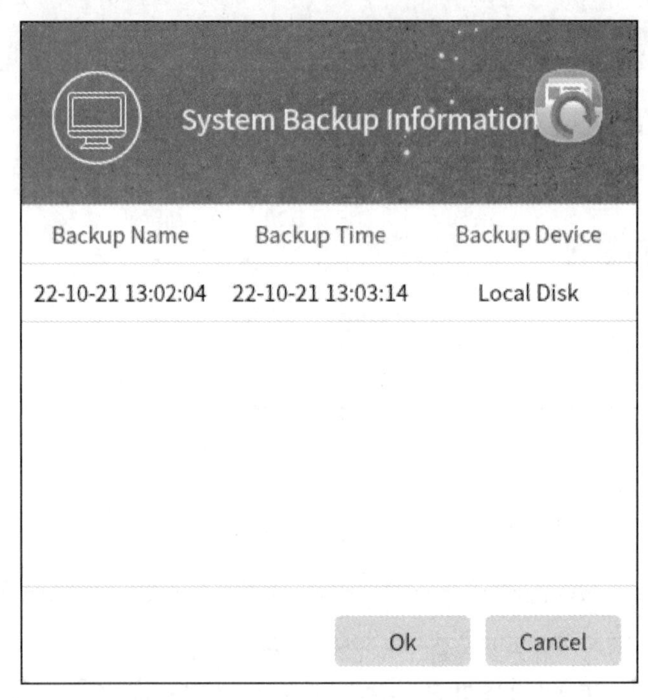

དཔེ་རིས5-14 **Ghost ཤེལ་བརྙན་གདམ་པ་བཟོ་བ།**

ཤེལ་བརྙན་ཡིག་ཆའི་མིང་གི་རྣམ་གཞག་ནི"གཙོ་འཁོར་མིང་+མ་ལག་སྒྲོམ་གཞི+གྲབས་ཉར་མིང་.kyimg"ཡིན། དེའི་ནང་ནས་གྲབས་ཉར་མིང་དུ་གྲངས་ཀ་ཁོ་ན་སོར་བཞག་བྱས་ཡོད།

2)Ghost ཤེལ་བརྙན་སྒྲིག་འཇུག

བཀོལ་རྩལ༡ བཟོས་ཟིན་པའི Ghost ཤེལ་བརྙན(/ghost དཀར་ཆག་འོག་ཏུ་གནས་པ)U སྡེར་སོགས་སྒྲུལ་རྟང་སྒྲིག་ཆས་སུ་འདྲ་ཕབ་བྱེད་པ།

བཀོལ་རྩལ༢ LiveCD རྒྱུད་ཁོངས་སུ་འཛུལ་རྗེས་སྒྲུལ་རྟང་སྒྲིག་ཆས་མཐུད་པ།

བཀོལ་རྩལ༣ གལ་ཏེ་སྒྲིག་ཆས་ལ་རང་འགྲུལ་འདེགས་འགེལ་མེད་ན། མཐའ་སྣེ་བརྒྱུད་དེ་ལག་པས་སྒྲིག་ཆས་དེ/mntཡི་དཀར་ཆག་འོག་ཏུ་འགེལ་དགོས། རྒྱུན་ལྡན་གྱི་གནས་ཚུལ་འོག་ཏུ་སྒྲུལ་རྟང་སྒྲིག་ཆས་ནི /dev/sdb1 ཡིན་ཞིང་བཀའ་བརྡ"fdisk -l"སྤྱད་ནས་ལྟ་ཆོག

```
sudo mount /dev/sdb1 /mnt
```

བཀོལ་རྩལ༤ སྒྲིག་འཇུག་རིམ་རྟགས་ལ་ཉིས་རྡེབ་བྱས་ནས་སྒྲིག་འཇུག་ཁྲིད་སྟོན་བྱེད་འགོ་རྩོམ་དགོས། "སྒྲིག་འཇུག་བྱེད་སྟངས" ཀྱི་ཁྲོད་དུ "Gholt ཤེལ་བརྙན་སྒྲིག་འཇུག་བྱེད་པ" འདེམས་པ་དང་། སྒྲུལ་བདེའི་སྒྲིག་ཆས་ཁྲོད་ཀྱི Gholt ཤེལ་བརྙན་ཡིག་ཆ་འཚོལ་དགོས། དཔེ་རིས 5-15 ལྟ་བུ།

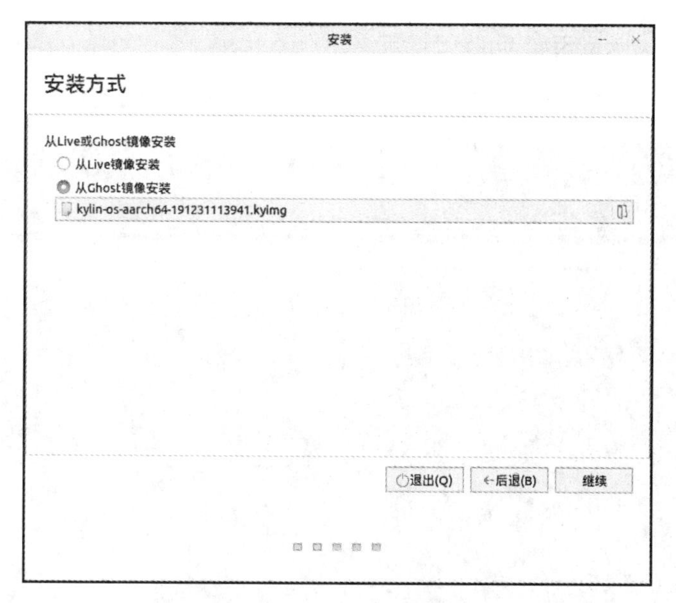

དཔེ་རིས5-15 Ghost སྒྲིག་འཇུག

གལ་ཏེ་ཞིབ་བརྟན་ཡིག་ཆ་བཟོ་སྐབས་གཞི་གྲངས་སྡེར་ཡོད་ན་གོམ་རིམ་རྗེས་མའི“སྒྲིག་སྦྱོར་རིགས་གྲས”ནང་ནས་ཡང“གཞི་གྲངས་སྡེར་གསར་འཛུགས” གདམ་དགོས།

5.1.2 Grub གྲབས་ཉར་སོར་ཕྱོག

བཀོལ་སྤྱོད། འཕྲུལ་ཆས་ཀྱི་ཁ་ཕྱེ་ནས་རྒྱུད་ཁོངས་འགོ་སློང་སྐབས། Grub འདེམས་བྱང་ནས་རྒྱུད་ཁོངས་གྲབས་ཉར་སོར་ཕྱོག་རྣམ་པ་གདམ་དགོས་ཏེ། དཔེ་རིས 5-16 ལྟ་བུ།

GNU GRUB 2.02~beta2-36kord4k18 版

Kylin Desktop V10 4.4.131-20200221.kylin.desktop-generic
*Kylin Desktop V10 (Backup and Restore Mode)

使用 ↑ 和 ↓ 键选择条目。
按回车键启动选中的操作系统，按'e'键编辑启动项，按'c'进入命令行。

དཔེ་རིས5-16 Grub འདེམས་བྱང་།

འདིར་གྲབས་ཉར་རམ་སོར་ལོག་གདམ་ཆོག་སྟེ། དཔེ་རིས5-17 ལྟར། གལ་ཏེ་ནོར་འཁྲུལ་བྱུང་ཚེ་རྒྱུད་ཁོངས་བསྐྱར་སྒྲིག་བྱས་ནས་ཡང་བསྐྱར་གྲབས་ཉར་རམ་སོར་ལོག་བྱ་ཆོག

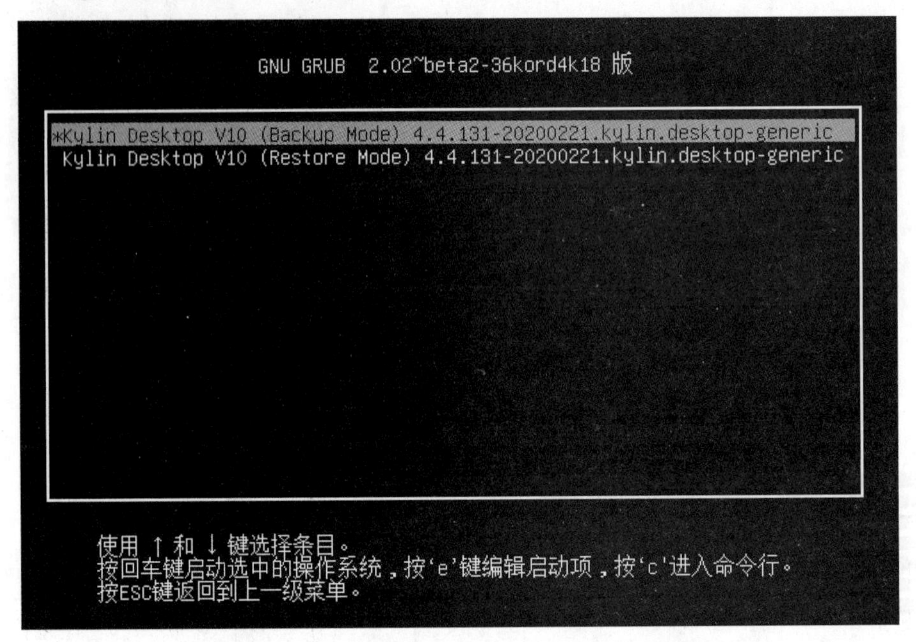

དཔེ་རིས5-17 གྲབས་ཉར་དང་སོར་ལོག་རྣམ་པ་འདེམས་པ།

(1)གྲབས་ཉར་རྣམ་པ། རྒྱུད་ཁོངས་ཀྱིས་མྱུར་དུ་གྲབས་ཉར་བྱེད་འགོ་བརྩམས་ན། འཆར་ངོས་སུ་གསལ་འདེབས་བྱ་སྲིད།

གྲབས་ཉར་རྣམ་པ་ཡི་ངོས་ནས་བརྗོད་ན། རྒྱུན་གཏན་རྣམ་པའི་འོག་གི"གསར་འཛུགས་རྒྱུད་ཁོངས་གྲབས་ཉར"དང་གཅིག་མཚུངས་ཡིན། གལ་ཏེ་གྲབས་ཉར་སོར་ལོག་བགོ་ཁུལ་ལ་བར་སྟོང་འདང་ངེས་ཤིག་མེད་ན་གྲབས་ཉར་ལེགས་འགྲུབ་བྱ་ཐབས་མེད།

(2)སོར་ལོག་རྣམ་པ། རྒྱུད་ཁོངས་ཀྱིས་མྱུར་དུ་ཆེས་ཉེ་བའི་གྲབས་ཉར་རྣམ་པ་ཞིག་སོར་ལོག་བྱེད་འགོ་བརྩམས་ན་འཆར་ཤེལ་སྟེང་ནས་གསལ་འདེབས་འཆར་ངེས་ཡིན།

སོར་ལོག་རྣམ་པའི་ངོས་ནས་བརྗོད་ན་རྒྱུན་གཏན་རྣམ་པའི་འོག་གི"མཐེབ་གཅིག་སླར་གསོ"དང་གཅིག་མཚུངས་ཡིན། གལ་ཏེ་གྲབས་ཉར་སོར་ལོག་བགོ་ཁུལ་སྟེང་དུ་ལེགས་འགྲུབ་ཀྱི་གྲབས་ཉར་གཅིག་མེད་ན་རྒྱུད་ཁོངས་སོར་ལོག་བྱ་མི་ཐུབ།

5.1.3 LiveCD སོར་ལོག

བཀོལ་ཚུལ། རྒྱུད་ཁོངས་སྒྲུལ་སྒྲིང་ཞེར་རྒྱུད་ནས་བཀོལ་སྤྱོད་རྒྱུད་ཁོངས་སུ་འཛུལ་རྗེས། "འགོ་རྩོམ་འདེམས་བྱང"། "གྲབས་ཉར་སོར་ལོག"ལ་ཆིག་རྗེབ་བྱས་ནས་མཉེན་ཆས་ཀྱི་ཁ་ཕྱེ་བ། གཙོ་ངོས་དཔེ་རིས 5-18 ལྟ་བུ།

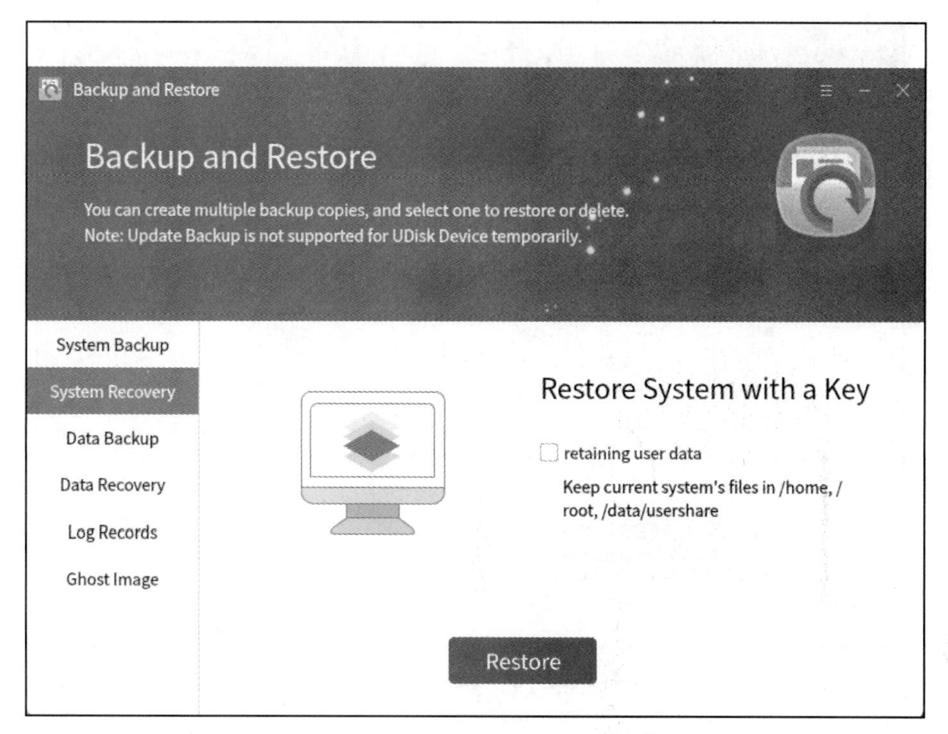

དཔེ་རིས5-18 LiveCD སོར་ལོག་གཙོ་ངོས།

དེའི་རྒྱུད་ཁོངས་སོར་ལོག་དང་བཀོལ་སྤྱོད་ཉིན་ཐོ་དེ་རྒྱུན་ལྡན་རྣམ་པའི་འོག་གི་ལྟོས་ཟླའི་བྱེད་ནུས་ལ་ཟུར་ལྟ་བྱས།

5.2 ལག་ཆའི་སྒམ།

ཆེ་ཡིན་ལ་རྒྱུད་ཁོངས་སྟར་བས་གོམ་གང་མདུན་སྤོས་ཀྱི་དོ་དམ་བྱ་འདོད་ན། ད་དུང་རྒྱུད་ཁོངས་ཀྱིས་མགོ་འདོན་བྱས་པའི“ལག་ཆའི་སྒམ”ལ་བརྟེན་ནས་ལེགས་འགྲུབ་བྱ་ཆོག ལག་ཆ་འདིས་སྒྲིག་སྐུད་གཙང་སེལ་དང་། བྱེད་ནུས་ལྟ་བཤེར། དོ་དམ་སྐྱུལ་སྒྲོང་། འཕྲུལ་འཁོར་ཆ་འཕྲིན་ལྟ་ཞིབ་དང་ལག་ཆ་ཀུན་འཛོམས་སོགས་བྱེད་ནུས་མགོ་འདོན་བྱས་ཡོད།

བཀོལ་ཐབས། “འགོ་རྩོམ་འདེམས་བྱང”|“མཉེན་ཆས་ཡོད་ཚད”|“ལག་ཆའི་སྒམ”རྒྱུད་ནས་སྐྱུལ་སྒྲོང་བྱེད་པ།

རྒྱུད་ཁོངས་གཙང་སེལ་བྱེད་ནུས་སུ་རྒྱུད་ཁོངས་ལྟོད་གསོག་གཙང་སེལ་དངCookiesགཙང་སེལ། ལོ་རྒྱུས་ཀྱི་རྗེས་ཤུལ་གཙང་སེལ་སོགས་འདུས་ཏེ། དཔེ་རིས 5-19 ལྟ་བུ།

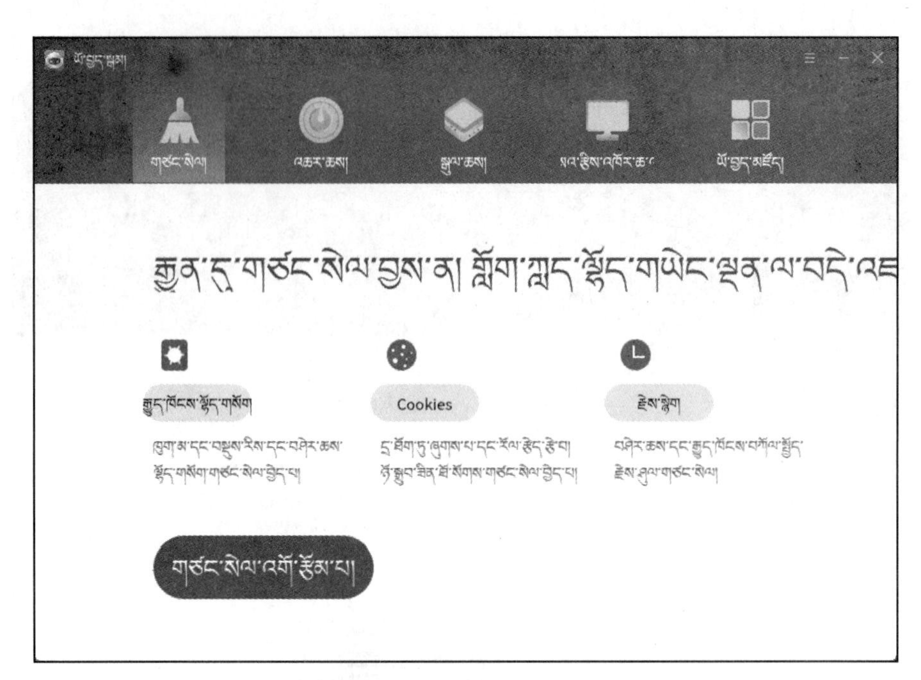

དཔེ་རིས5-19 གློག་ཀླད་གཙང་སེལ།

"འཕྲུལ་ཆས་ཆ་འཕྲིན"དུ་གློག་ཀླད་རགས་བཤད་དང་། ཅོག་ངོས་ཁོར་ཡུག གློག་གཙོད་ཆས། ནང་གསོག སྣ་སྒྲེར། དྲ་བྲ་སོགས་ཆ་འཕྲིན་འདུས་ཡོད་དེ། དཔེ་རིས 5-20 ལྟ་བུ།

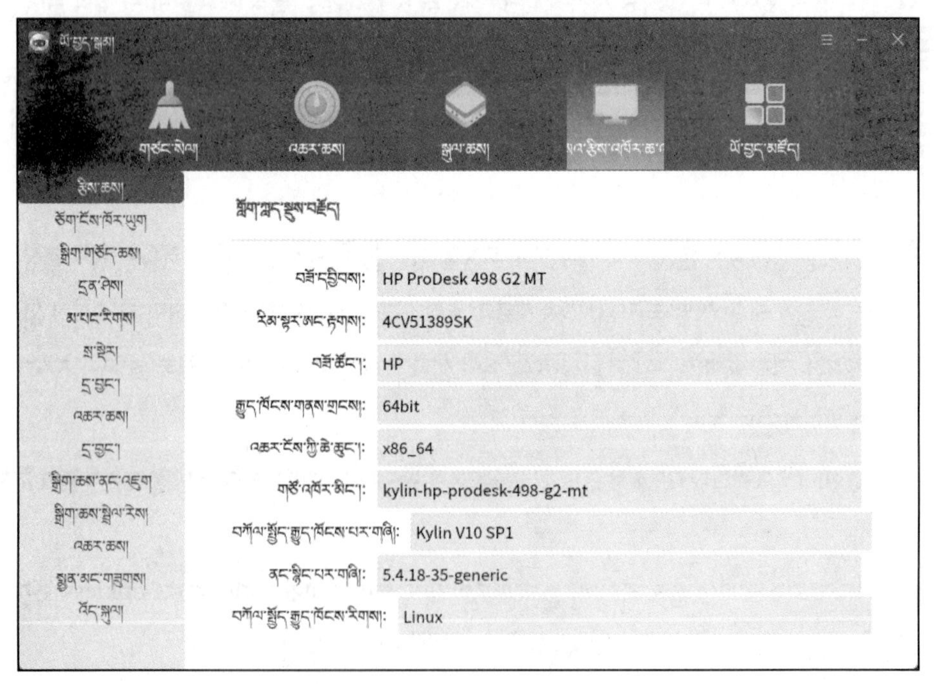

དཔེ་རིས5-20 རྒྱུད་ཁོངས་ཆ་འཕྲིན་ལྟ་ཞིབ།

"ལག་ཆ་ཀུན་འཛོམས"སུ་མཉེན་ཆས་ཚོང་ཁང་དང་། རྒྱུད་ཁོངས་སོ་ལྟ་ཆས། ཡིག་ཆ་ཞིབ་འཐག་འཕྲུལ་འཁོར་སོགས་ཀྱི་ལག་ཆ་འདུས་ཏེ། དཔེ་རིས 5-21 ལྟ་བུ།

དཔེ་རིས5-21 　བྱེད་ནུས་ཀུན་འཛོམས།

གསལ་བཤད། 　རྒྱུད་ཁོངས་གཙང་སེལ་གྱིས་རང་འགུལ་ངང་སྤྱོད་མཁན་གྱི་གཞུང་ལས་ཡིག་ཆ་སུབ་མི་སྲིད་མོད། འོན་ཀྱང་རྒྱུད་ཁོངས་གཙང་སེལ་བཀོལ་སྤྱོད་མ་བྱས་གོང་སྔོན་ལ་གལ་ཆེ་བའི་ཡིག་ཆ་གྲབས་ཉར་བྱ་རྒྱུའི་རེ་བ་ཆེའོ།།

5.3 　བདེ་འཇགས་ལྟེ་གནས།

ཆེ་�ཨིན་བདེ་འཇགས་ལྟེ་གནས་ནི་ཆེ་ཡིན་བདེ་འཇགས་ཚོགས་པས་གསར་སྤེལ་བྱས་པའི་རྒྱུད་ཁོངས་བདེ་འཇགས་དོ་དམ་གྱི་བྱ་རིམ་ཞིག་ཡིན་པ་དང་། དེའི་ནང་བདེ་འཇགས་བརྟག་དཔྱད་དང་། རྩིས་ཐོ་བདེ་འཇགས། དྲ་རྒྱ་སྲུང་སྐྱོང་། བཀོལ་སྤྱོད་ལག་བསྟར་དང་སྲུང་སྐྱོབ་བཅས་དཔེ་དུམ་བཞི་འདུས་ཡོད་པ་རེད།

བཀོལ་ཐབས། "འགོ་རྩོམ་འདེམས་བྱང"|"བདེ་འཇགས་ལྟེ་གནས"རྒྱུད་ནས་ཁ་ཕྱེ་ཚོག དཔེ་རིས5-22ལྟ་བུ།

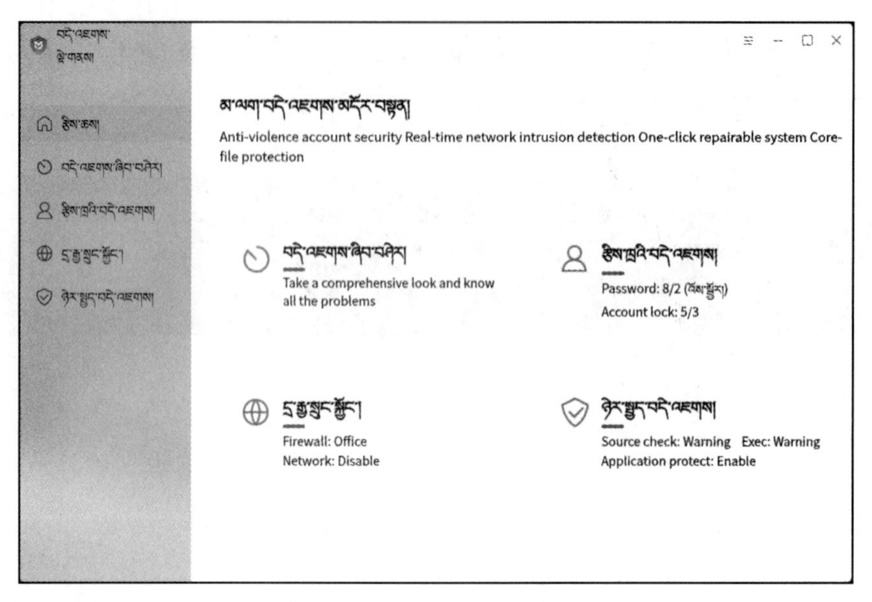

དཔེ་རིས5-22　བདེ་འཛག་ལྟེ་གནས།

5.3.1 བདེ་འཛགས་བརྟག་དཔྱད།

ཐད་ཀར་རྒྱུད་ཁོངས་ཀྱི་ཨིག་སྤྱིའི་ནད་དུག་འགོག་སྲུང་གི་རྣམ་པ་མངོན་པ་མ་ཟད།　སྟབས་བདེའི་ནད་དུག་འགོག་པའི་བཀོལ་སྤྱོད་མགོ་འདོན་བྱེད་པ་ཡིན།

བཀོལ་རྩལ7　མདུན་ངོས་ཀྱི"བདེ་འཛགས་བརྟག་དཔྱད"མཐེབ་གནོན་ལ་ཙིག་རྡེབ་བྱས་ནས"བདེ་འཛགས་ལྟེ་གནས"ཤོག་གླིང་སྒྲོམ་ཁ་ཕྱེ་པ། དཔེ་རིས 5-23 ལྟ་བུ།

དཔེ་རིས5-23　ནད་དུག་འགོག་སྲུང་།

བཀོལ་སྤྱོད༢ མཐེབ་གནོན“བརྟག་དཔྱད་འགོ་རྩོམ”བདམས་ན་ཁྱོན་ཡོངས་ཀྱི་བརྟག་དཔྱད་བྱ་ཐུབ་པ་ཡིན། དཔེ་རིས5-24 ལྟ་བ།

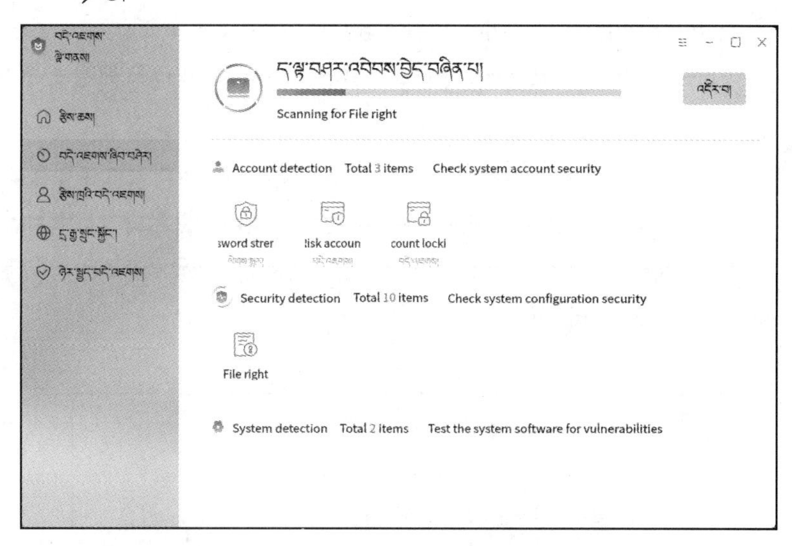

དཔེ་རིས5-24 བདེ་འཛགས་བརྟག་དཔྱད།

5.3.2 རྩིས་ཐོའི་བདེ་འཛགས།

རྒྱུད་ཁོངས་ཀྱི་རྩིས་ཐོ་གསང་ཨང་བདེ་འཛགས་ཞིབ་བཤེར་ཐབས་ཇུས་སྲིད་སྲིག་མཁོ་འདོན་དང་། རྩིས་ཐོ་དམིགས་འཛིན་དང་དེ་བཞིན་ཐོ་འཛུལ་ཆ་འཕྲིན་མངོན་པར་བྱེད་ཐུས་སྲིད་སྲིག་བྱེད་པ་ཡིན།

བཀོལ་སྤྱོད། མདུན་ངོས་ཀྱི“རྩིས་ཐོ་བདེ་འཛགས”མཐེབ་གནོན་ལ་ཐེངས་གཅིག་རྡེབ་བྱེད་པའམ་ཡང་ན་གཡོན་ཟུར་རེའུ་མིག་ནང་གི“རྩིས་ཐོ་བདེ་འཛགས”ཁོག་བྱང་ངོས་ནས་ནང་འཛུལ་བྱེད་པ། དཔེ་རིས 5-25 ལྟ་བ།

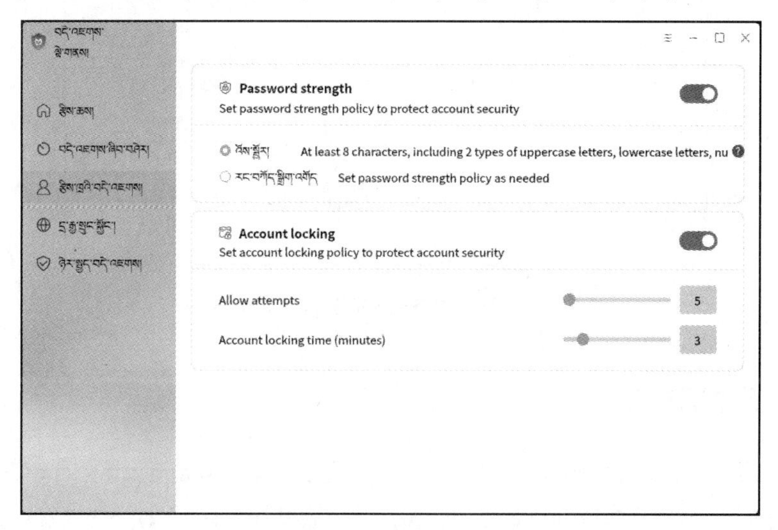

དཔེ་རིས5-25 རྩིས་ཐོ་བདེ་འཛགས།

གསང་ཨང་དྲག་ཚད་ལ་སྟེབ་སྒྲིག་དཔེ་རྣམ་སྐྱུལ་འདེད(ཐོས་སྦྱོར)དང་རང་བཟོ(རང་བཀོད་སྒྲིག་འགོད)གཉིས་ཡོད་དེ།

1)སྐྱུལ་འདེད། གསང་ཨང་གི་རིང་ཚད་ལ་མ་མཐར་ཡང་གནས 8 དགོས་པ་དང་།མ་མཐར་ཡང་ཆེ་བྲིས་ཡིག་རྟགས་དང་། ཆུང་བྲིས་ཡིག་རྟགས། གྲངས་ཀ རིས་རྟགས་བཅས་ཀྱི་ནང་གི་རིགས་གཉིས་འདུ་དགོས།

2)རང་བཟོ། དགོས་མཁོར་གཞིགས་ནས་གང་འཚམ་གྱི་གསང་ཨང་དྲག་ཚད་རང་བཟོ་བྱེད་དེ། དཔེ་རིས 5-26 ལྟར། གལ་ཏེ་སྒྲིག་འགོད་བྱས་པའི་ཐབས་ཇུས་དེ་དང་མཐོ་རིམ་དང་འབྲིང་རིམ། དམའ་རིམ་སོགས་དང་གཅིག་མཚུངས་ཡིན་པ་དང་། ཡང་བསྐྱར་རྩིས་ཐོའི་བདེ་འཇགས་ཁ་ཕྱེ་སྐབས། རང་འགུལ་ངང་ལྟོས་ཟླའི་རྣམ་པར་བརྗེ་ཡོང་།

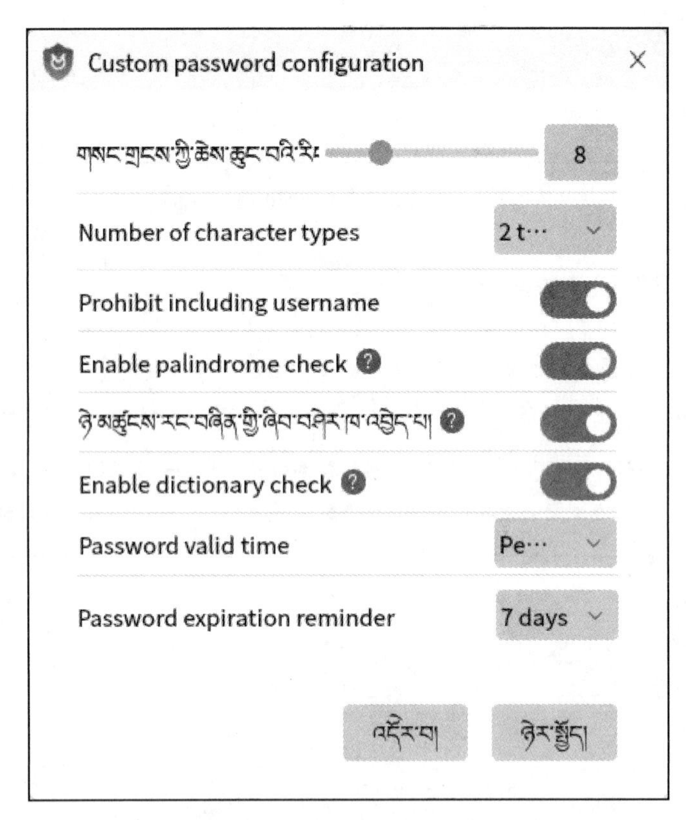

དཔེ་རིས5-26 གསང་ཨང་དྲག་ཚད་སྒྲིག་འགོད།

5.3.3 དྲ་རྒྱ་སྲུང་སྐྱོབ།

དེས་མི་འགོག་ཀྱང་དང་བཀོལ་སྤྱོད་དྲ་སྦྲེལ་ཚོད་འཛིན་བྱེད་ནུས་མཁོ་འདོན་བྱེད་ཡོད།

བཀོལ་ཐབས། མདུན་ངོས་ཀྱི“དྲ་རྒྱ་སྲུང་སྐྱོབ”མཐེབ་གནོན་ལ་ཆིག་རྡེབ་བྱེད་པ། དཔེ་རིས 5-27 ལྟ་བུ།

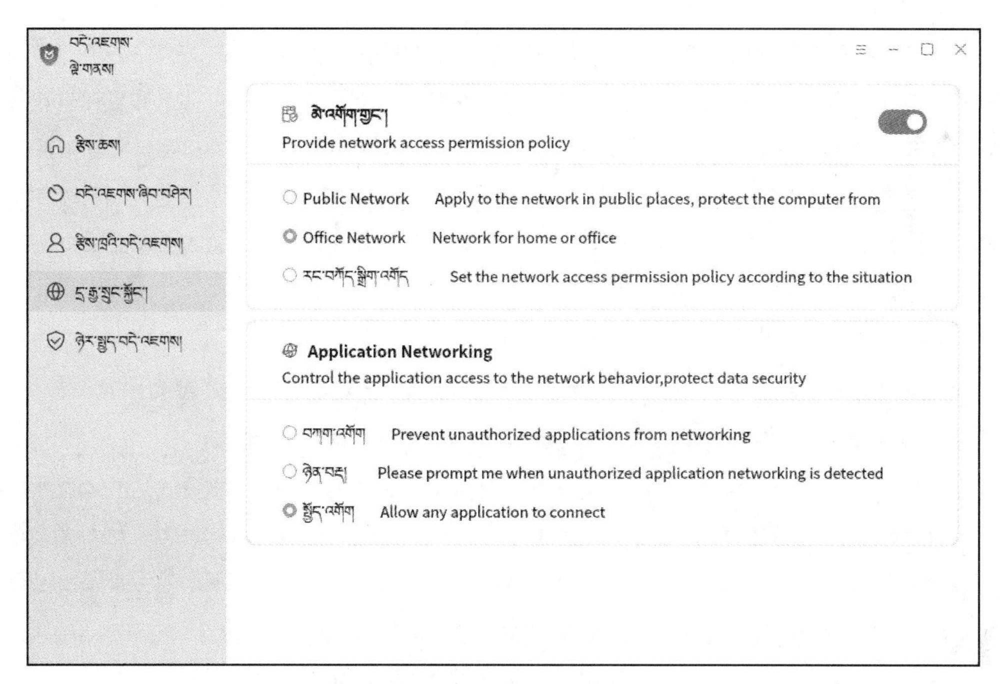

དཔེ་རིས5-27　དྲ་རྒྱ་སྲུང་སྐྱོབ།

༧ མེ་འགོག་གྱང་།

མེ་འགོག་གྱང་ཕྱི་རོལ་གྱི་བཀོལ་སྤྱོད་རྒྱུད་ཁོངས་སུ་འབྲེལ་མཐུད་བྱེད་པར་སྲུང་སྐྱོབ་བྱ་བྱེད་ལ་སྤྱོད། དེས་སྤྱི་པའི་དྲ་རྒྱ་དང་ལས་སྒྲུབ་དྲ་རྒྱ། རང་བཟོ་ཞིབ་སྒྲིག་བཅས་ཐབས་ཇུས་རིགས་གསུམ་མཁོ་འདོན་བྱས་ཡོད་དེ། “རང་བཟོ”བདམས་རྗེས། ཞིབ་སྒྲིག་འཆར་ངོས་དཔེ་རིས 5-28 ལྟར་ཡིན།

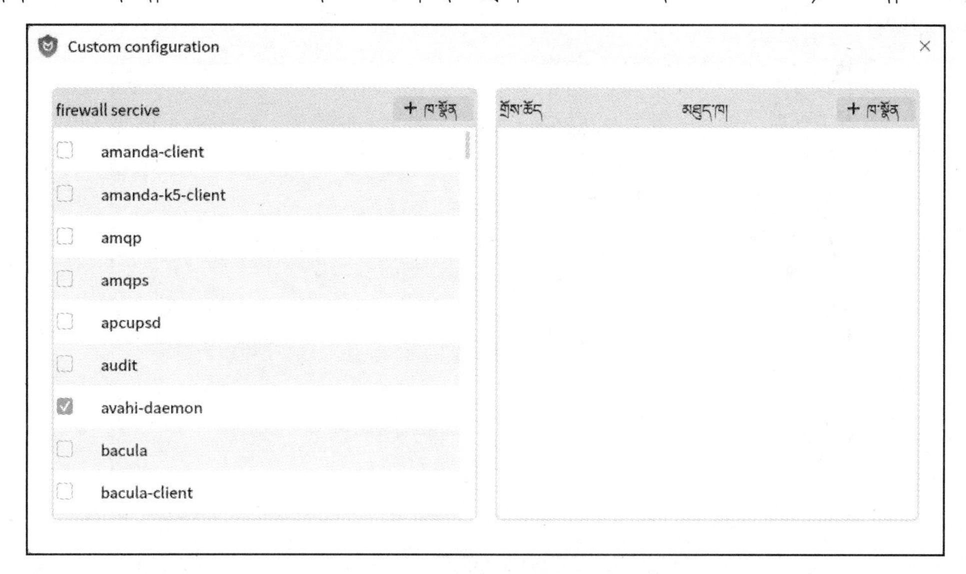

དཔེ་རིས5-28　མེ་སྒོག་གྱང་མཚན་ཉིད་རང་འདོགས་ཞིབ་སྒྲིག

"མི་འགོག་ཀྱང་ཞབས་ཞུ"རེའུ་མིག་ལས་མིག་སྟར་རྒྱུད་ཁོངས་ཀྱིས་སྲིད་སྒྲིག་བྱས་པའི་མི་འགོག་ཀྱང་གི་ཞབས་ཞུ་མངོན་ཡོད། གཡས་ཟུར་གྱི་རེའུ་མིག་ལས་མིག་སྟའི་ཞབས་ཞུའི་འོག་གི་སྲིད་སྒྲིག་ཚོད་འཛིན་གྱི་གྲོས་མཐུན་དང་མཐུད་ཁ་མངོན་ཡོད། བདམས་ཐག་བཅད་རྗེས་ཞབས་ཞུའི་སྲིད་སྒྲིག་དེ་སྤྱོད་འགོ་ཚུགས་པ་མཚོན་གྱི་ཡོད་ལ། སྤྱོད་མཁན་གྱིས་ཁ་སྐོན་དང་བསྒྱུབ་པ། རྩོམ་སྒྲིག་བྱེད་ནུས་མཐེབ་གནོན་བརྒྱུད་ནས་ཞབས་ཞུའི་རེའུ་མིག་དང་མཐུད་ཁ། གྲོས་ཆིངས་ལ་བཟོ་བཅོས་བྱ་ཆོག

༢ བཀོལ་སྤྱོད་བྱ་རིམ་དྲ་སྲིལ།

བཀོལ་སྤྱོད་བྱ་རིམ་དྲ་སྲིལ་ལ་རྣམ་པ་རིགས་གསུམ་ཡོད་དེ། དཔེ་རིས 5-27 ལྟ་བུ།

(1)བཀག་འགོག བཀོལ་སྤྱོད་བྱ་རིམ་དྲ་སྲིལ་ཡོད་ཚད་བཀག་འགོག་བྱེད་པ།

(2)ཉེན་བརྡ། གལ་ཏེ་བཀོལ་སྤྱོད་བྱ་རིམ་དེ་ཚོད་འཛིན་རེའུ་མིག་ཏུ་བསྣན་ཟིན་ཚེ། བཀོལ་སྤྱོད་སྲིད་སྒྲིག་བྱས་པའི་དྲ་རྒྱའི་ལྟ་སྤྱོད་ཐབས་ཇུས་ལ་གཞིགས་ནས་ཚོད་འཛིན་བྱ་རྒྱུ་དང་། གལ་ཏེ་བཀོལ་སྤྱོད་བྱ་རིམ་དེ་ཚོད་འཛིན་རེའུ་མིག་ཏུ་ཁ་སྐོན་བྱས་མེད་ཚེ། བདེན་དཔང་ར་སྤྲོད་ཀྱི་གླིང་སྒྲོམ་མངོན་ནས་སྤྱོད་མཁན་གྱིས་བྱ་རིམ་གདམ་ག་བྱས་ཏེ་དྲ་སྲིལ་བྱེད་མིན་ལ་བལྟ་དགོས།

(3)སྤྱོད་འགོག བཀོལ་སྤྱོད་བྱ་རིམ་ཡོད་ཚད་དྲ་བ་དང་སྲིལ་ཆོག

5.3.4 བཀོལ་སྤྱོད་ཚོད་འཛིན་དང་སྲུང་སྐྱོབ།

ལག་བསྟར་ཚོད་འཛིན་འཁོར་སྐྱོད་སྒྲིག་འགོད་དང་། རྒྱུད་ཁོངས་མིང་ཐོ་དཀར་པོས་སྲུང་སྐྱོད་མཁོ་འདོན་བྱས་ཡོད།

བཀོལ་ཚུལ། མདུན་ངོས་ཀྱི"བཀོལ་སྤྱོད་ལག་བསྟར་ཚོད་འཛིན"མཐེབ་གནོན་ལ་ཆིག་རྡེབ་བྱེད་པ། དཔེ་རིས5-29ལྟ་བུ།

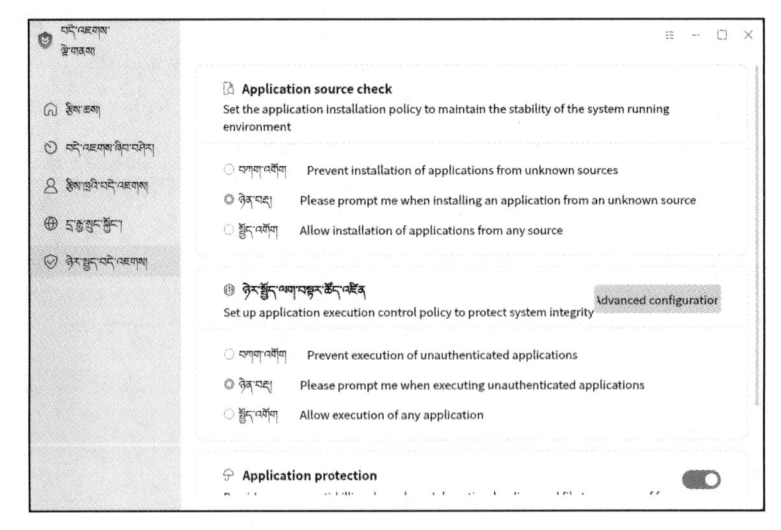

དཔེ་རིས5-29 བཀོལ་སྤྱོད་ལག་བསྟར་ཚོད་འཛིན།

༡ བཀོལ་སྤྱོད་བྱ་རིམ་འབྱུང་ཁུངས་ཞིབ་བཤེར།

བཀོལ་སྤྱོད་བྱ་རིམ་ཆ་ཚང་རང་བཞིན་ཞིབ་བཤེར་ལ་རྣམ་པ་གསུམ་ཡོད་དེ།

(1)བཀག་འགོག　　ར་སྤྲོད་མ་བྱས་པའམ་ཆ་ཚང་རང་བཞིན་ལ་གཏོར་བརླག་བཏང་བའི་བཀོལ་སྤྱོད་བྱ་རིམ་ལག་བསྟར་བྱེད་མི་ནུས།

(2)ཉེན་བརྡ།　སྤྱོད་མཁན་གྱིས་ར་སྤྲོད་མ་བྱས་པའམ་ཆ་ཚང་རང་བཞིན་ལ་གཏོར་བརླག་བཏང་བའི་བཀོལ་སྤྱོད་བྱ་རིམ་ལག་བསྟར་བྱེད་མིན་འདེམས་པ།

(3)སྤྱོད་འགོག ཞིབ་བཤེར་མི་བྱེད་པར་བཀོལ་སྤྱོད་བྱ་རིམ་ཡོད་ཚད་ལག་བསྟར་བྱ་ཆོག

༢ བཀོལ་སྤྱོད་བྱ་རིམ་ལག་སྟར་ཚོད་འཛིན།

བཀོལ་སྤྱོད་བྱ་རིམ་ལག་བསྟར་ཚོད་འཛིན་ཐབས་ཇུས་སྒྲིག་འགོད་དུ་སྤྱོད་པ་དང་།　རྒྱུད་ཁོངས་འཁོར་སྐྱོད་ཆ་ཚང་རང་བཞིན་སྲུང་སྐྱོབ་བྱེད་པ། དེར་རྣམ་པ་གསུམ་དུ་དབྱེ་སྟེ་དཔེ་རིས5-30ལྟར་ཡིན།

(1)བཀག་འགོག ར་སྤྲོད་མ་བྱས་པའི་བཀོལ་སྤྱོད་བྱ་རིམ་ལག་བསྟར་བྱེད་པ་འགོག་པ།

(2)ཉེན་བརྡ། ར་སྤྲོད་མ་བྱས་པའི་བཀོལ་སྤྱོད་བྱ་རིམ་ལག་བསྟར་བྱེད་སྐབས་གསལ་བརྡ་རྒྱག་པ།

(3)སྤྱོད་འགོག བཀོལ་སྤྱོད་བྱ་རིམ་གང་ཟུང་ལག་བསྟར་བྱ་ཟུང་པ།

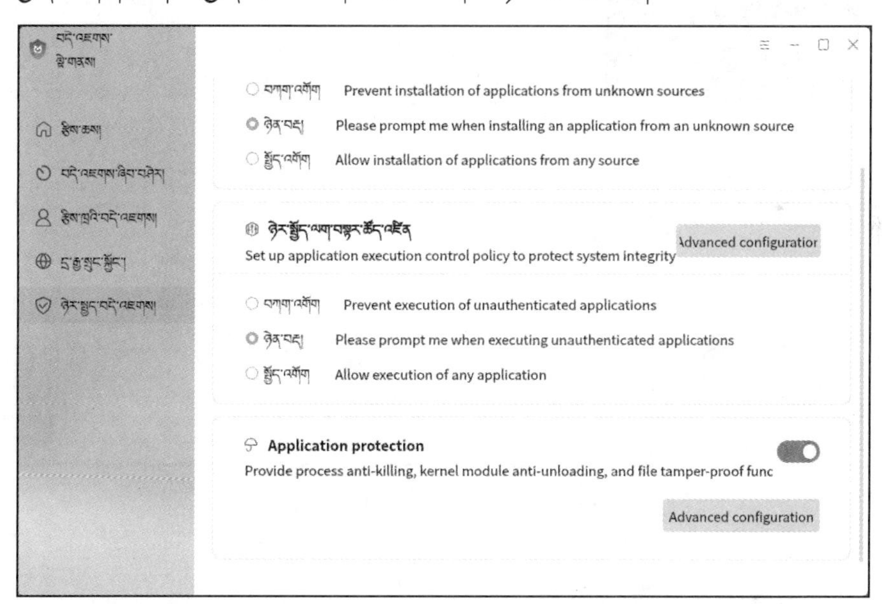

དཔེ་རིས5-30　བཀོལ་སྤྱོད་བྱ་རིམ་ལག་བསྟར་ཚོད་འཛིན།

6 མཉེན་ཆས་ངོ་དམ།

སྤྱོད་མཁན་སོ་སོའི་དགོས་མཁོ་མི་འདྲ་བ་འགྲུབ་ཆེད། རྩིས་འཁོར་གྱི་བཀོལ་སྤྱོད་རྒྱུད་ཁོངས་སྟེང་དུ་ཉེར་སྤྱོད་མཉེན་ཆས་མི་འདྲ་བ་སྣ་ཚོགས་སྒྲིག་འཇུག་བྱ་དགོས། ཆི་ལིན་བཀོལ་སྤྱོད་རྒྱུད་ཁོངས་སྟེང་དུ་ཆི་ལིན་མཉེན་ཆས་ཚོང་ཁང་གིས་མཉེན་ཆས་འཚོལ་ཞིབ་དང་། སྒྲིག་འཇུག བཤིག་འདོན་སོགས་ཀྱི་ངོ་དམ་བྱ་ཆོག ཆི་ལིན་མཉེན་ཆས་ཚོང་ཁང་གིས་སྐྱུད་ཐོག་སྒྲིག་འཇུག་དང་། མཐེབ་གཅིག་བཤིག་འདོན། ཉེར་སྤྱོད་བཤེར་འཚོལ། ཉེར་སྤྱོད་རིམ་སྤོར། མཉེན་ཆས་འབྱུང་ཁུངས་ལ་རྩོམ་སྒྲིག་སོགས་ཀྱི་ནུས་པ་མཁོ་འདོན་བྱས་ཡོད། འཆར་ངོས་གཙོ་བོ་དཔེ་རིས6-1ལྟ་བུ།

དཔེ་རིས6-1 ཆི་ལིན་མཉེན་ཆས་ཚོང་ཁང་།

6.1 ཐོ་འཇུག་དང་ཐོ་འགོད།

6.1.1 ཐོ་འཇུག

གཡོན་སྟེང་ཟུར་གྱི་ཐོ་འཇུག་རིས་རྟགས་མནན་ཚེ། དཔེ་རིས6-2ལྟར། ཐོ་འགོད་བྱས་ཟིན་པའི་རྩིས་ཐོ་ལྟར་ཐོ་འཇུག་བྱ་ཆོག

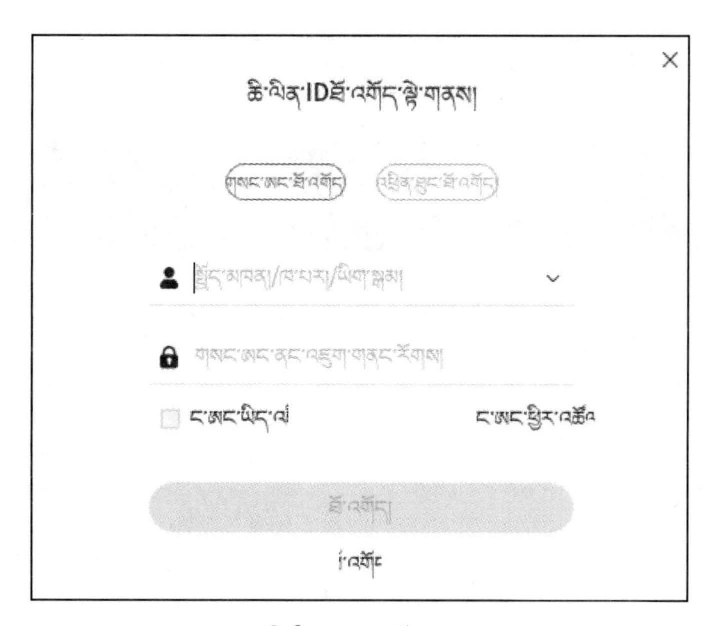

དཔེ་རིས6-2 ཐོ་འཇུག

6.1.2 ཐོ་འགོད།

གལ་སྲིད་རྩིས་ཐོ་མེད་ཚེ། དཔེ་རིས6-2ལྟར་གྱི་སྒེའུ་ཁུང་ནང་གི"ཐོ་འགོད"ལ་ཚིག་རྗེབ་བྱས་པ་དང་། སྤྱོད་མཁན་གྱི་རིགས་འདེམས་པ། དཔེ་རིས6-3ལྟ་བུ།

དཔེ་རིས6-3 སྤྱོད་མཁན་གྱི་རིགས་འདེམས་པ།

སྤྱོད་མཁན་གྱི་ཆ་འཕྲིན་ཕྲིས་ཟིན་རྗེས"ཐོ་འགོད"ལ་ཚིག་རྗེབ་བྱོས། དཔེ་རིས6-4ལྟ་བུ།

དཔེ་རིས6-4 ཐོ་འགོད།

6.2 མཉེན་ཆས་ཀྱི་བཤེར་འཚོལ་དང་བབ་ལེན།

6.2.1 མཉེན་ཆས་བཤེར་འཚོལ།

བཤེར་འཚོལ་སྒྲོམ་ནང་དུ་གནད་ཡིག་ནང་འཇུག་བྱེད་པ། དཔེར་ན“wechat”(འཕྲིན་ཕྲན)ལྟ་བུ། མཐེབEnterཡང་ན་རིས་རྟགས་འཚོལ་བཤེར་མནན་ཆོ། གནད་ཡིག་ཚུད་པའི་ཉེར་སྤྱོད་མངོན་ཐུབ། དཔེ་རིས6-5ལྟ་བུ།

བཤེར་འཚོལ་ལ་ཁྱོན་ཡོངས་བཤེར་འཚོལ་དང་ཞིབ་འདེམས་བཤེར་འཚོལ་གཉིས་ཚུད་ཡོད། ཁྱོན་ཡོངས་བཤེར་འཚོལ་ནི་མཉེན་ཆས་ཀྱི་ཁུངས་འོག་ཏུ་ཉེར་སྤྱོད་མཉེན་ཆས་ཐམས་ཅད་བཤེར་འཚོལ་བྱེད་པ་དང་། བཤེར་འཚོལ་ཐུབ་པའི་མཉེན་ཆས་ལ་བཀོལ་སྤྱོད་བྱེད་མི་ཐུབ་པ་ཡང་ན་སྤུས་ཚད་ཀྱི་གནད་དོན་གཞན་དག་ཡོད་སྲིད། ཞིབ་འདེམས་བཤེར་འཚོལ་ནི་ཚོད་ལྟའི་གདམ་གསེས་བྱས་པའི་མཉེན་ཆས་ཁྲོད་ནས་འཚོལ་བཤེར་བྱེད་པ་ཡིན་ལ། སོར་བཞག་ནི་ཞིབ་འདེམས་བཤེར་འཚོལ་ཡིན།

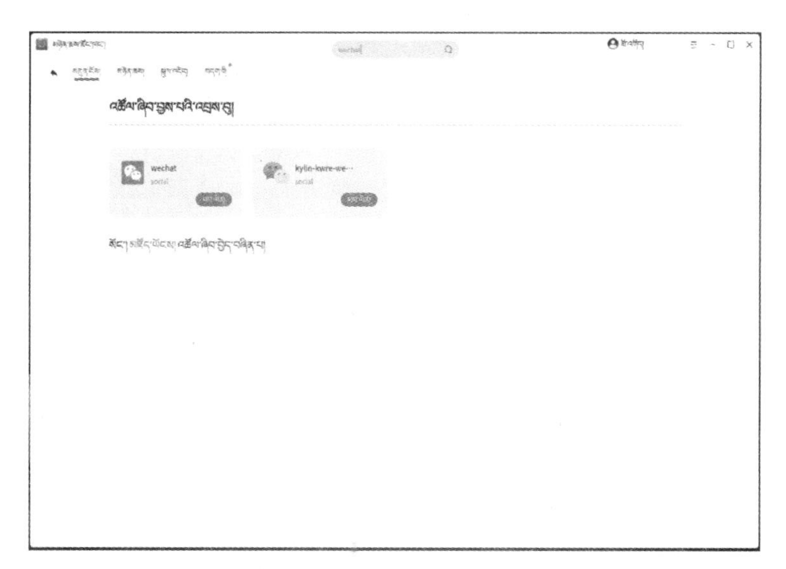

དཔེ་རིས6-5 མཉེན་ཆས་བཤེར་འཚོལ།

མཉེན་ཆས་རིམ་སྒྲིར། བཤིག་འདོན་བཅས་འཆར་ངོས་ཀྱི་བཤེར་འཚོལ་ནི་མིག་སྔའི་གཏོང་འཛར་ཐོག་ངོས་འོག་གི་མཉེན་ཆས་འཚོལ་བ་ཡིན།

6.2.2 ཕབ་ལེན་དང་སྒྲིག་འཇུག

མཐེབ་གནོན“ཕབ་ལེན”མནན་ནས་ཕབ་ལེན་སྒེའུ་ཁུང་ལ་བལྟ་ཐུབ། དཔེ་རིས6-6ལྟ་བུ།

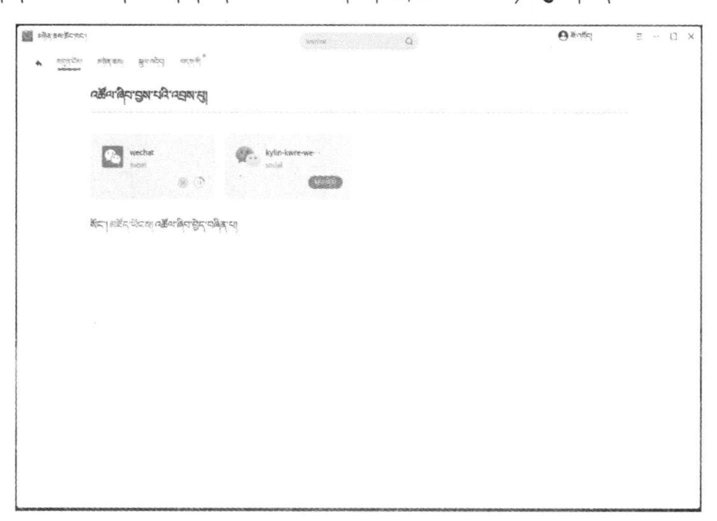

དཔེ་རིས6-6 མཉེན་ཆས་ཕབ་ལེན།

ཕབ་ལེན་བྱས་ཟིན་རྗེས་མཐེབ་གནོན“སྒྲིག་འཇུག”མནན་ཚེ། “སྒྲིག་འཇུག”ལེགས་གྲུབ་ཡོང་སྲིད། དཔེ་རིས6-7ལྟ་བུ།

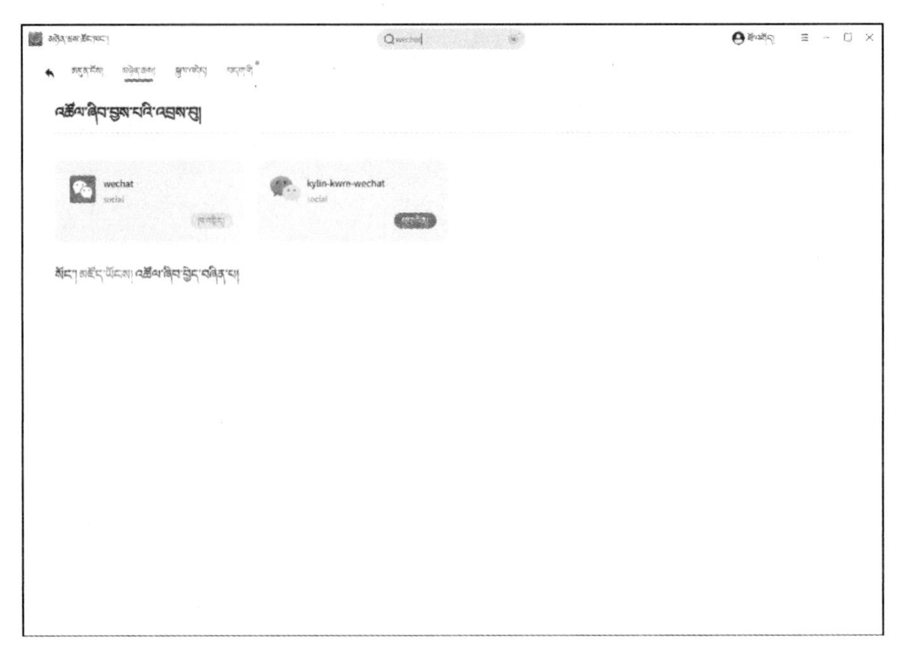

དཔེ་རིས6-7　མཉེན་ཆས་སྒྲིག་འཇུག

6.2.3　རིགས་དབྱེའི་འཚོལ་ཞིབ།

མཉེན་ཆས་ཚོང་ཁང་གིས་མཉེན་ཆས་ལ་རིགས་དབྱེ་ཡོད།　　རིགས“མཉེན་ཆས”ཡང་ན“སྐྱུལ་འདེད”མནན་ནས་རང་ཉིད་ཀྱི་ཉེར་སྤྱོད་མགྱོགས་མྱུར་དང་འཚོལ་ཐུབ། དཔེ་རིས6-8ལྟ་བུ།

དཔེ་རིས6-8　རིགས་དབྱེའི་འཚོལ་ཞིབ།

འཆར་ངོས་སྙིང་གི་མཇེན་ཆས་གང་ཉུང་ཞིག་མནན་ཚེ། མཇེན་ཆས་ཀྱི་ཞིབ་ཕྲའི་འཆར་ངོས་སུ་ཞུགས་ཤིང་། དེའི་ཁྲོད་ནས་མཇེན་ཆས་ཀྱི་མིང་དང་། མིག་སྟོའི་པར་གཞི། མཇེན་ཆས་ཀྱི་ངོ་སྤྲོད། སྐར་གྲངས་དཔྱད་བསྡུར་དང་སྤྱོད་མཁན་གྱི་དཔྱད་གཏམ་སོགས་ཀྱི་ཆ་འཕྲིན་ལ་ལྟ་ཐུབ་པའོ།།

7 ཉེར་སྤྱོད་མཉེན་ཆས་གཞན་དག

རྒྱུད་ཁོངས་ནང་དུ་སོར་བཞག་གི་ཉེར་སྤྱོད་མཉེན་ཆས་མང་པོ་ཞིག་ཚུད་ཡོད་པས། ནམ་རྒྱུན་གྱི་དགོས་མཁོའི་ཕྱོགས་མང་པོར་ཁེབས་ཡོད། སྤྱོད་མཁན་གྱིས"འགོ་རྩོམ་འདེམས་བྱང"།"བྱ་རིམ་ཡོད་ཚད"བརྒྱུད་ནས་ཉེར་སྤྱོད་མཉེན་ཆས་ལ་བལྟ་ཐུབ།

7.1 སྒྲ་བརྙན་དང་བརྙན་ཟློས་ཀྱི་མཉེན་ཆས།

7.1.1 "རོལ་དབྱངས"གཏོང་ཆས།

"རོལ་དབྱངས"གཏོང་ཆས་ཀྱིས་རོལ་དབྱངས་ཀྱི་རྣམ་གཞག་སྣ་ཚོགས་གཏོང་རྒྱུར་རྒྱབ་སྐྱོར་ཐུབ་པ་མ་ཟད། དེར་རོལ་དབྱངས་ཕྱིར་གཏོང་དང་། རོལ་དབྱངས་འདྲེན་འཇུག གཞས་ཚིག་མངོན་པ་སོགས་ཀྱི་ནུས་པ་ལྡན་པ། དཔེ་རིས7-1ལྟ་བུ།

དཔེ་རིས7-1 རོལ་དབྱངས་གཏོང་ཆས།

7.1.2 སྒྲ་བརྙན་ཕབ་ཆས།

"སྒྲ་བརྙན་ཕབ་ཆས་(སྒྲ་ཕབ་ལེན)"དེ་སྒྲ་བརྙན་ཕབ་བཟོ་ལ་སྤྱོད། དཔེ་རིས7-2ལྟ་བུ།

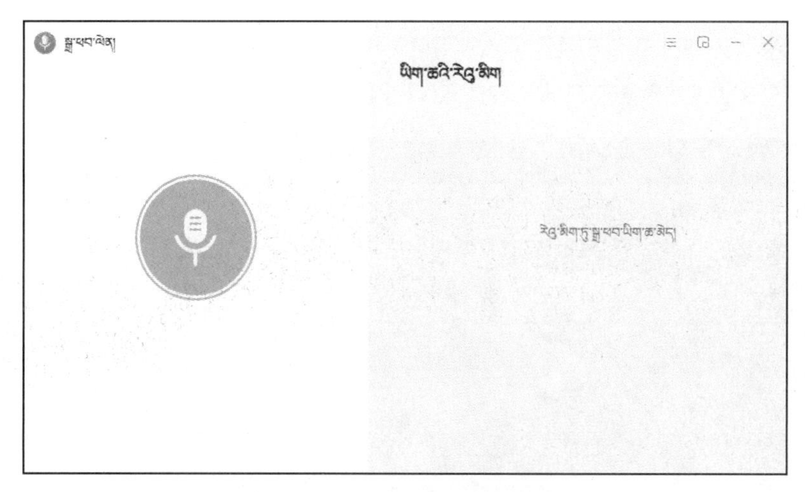

དཔེ་རིས7-2 མཉེན་ཆས"སྒྲ་སྒྲོས་ཕབ་ཆས"

སྒྲ་སྒྲོས་སྒྲིག་འགོད་ཀྱི་གདམ་བྱང་ཁ་ཕྱེ་ནས་ད་དུང་གཤམ་གྱི་སྒྲིག་འགོད་བྱ་ཆོག

(1) སྒྲ་སྒྲོས་ཁུངས་ཀྱི་སྒྲིག་འགོད།

(2) སྒྲ་ཕབ་ཡིག་ཆའི་རྣམ་གཞག་སྒྲིག་འགོད།

(3) བྱུར་སྟོན་སྒྲིག་འགོད། ཉར་ཚགས་གནས་ས་བཟོ་བཅོས་དང་། སྒྲ་སྒྲོས་སྒྲིག་ཆས་ཀྱི་སྒྲིག་འགོད། ཕབ་བཟོའི་བཀའ་བརྡ་ཞིགས་སྒྲིག་སོགས།

7.1.3 སྒྲ་བརྙན།

"སྒྲ་བརྙན(སྒྲ་གཟུགས)"ནིMPlayerདངMPVལ་བརྟེན་པའི་བརྙན་སྒྲོས་གཏོང་བའི་མཉེན་ཆས་ཤིག་ཡིན། དཔེ་རིས7-3ལྟ་བུ།

དཔེ་རིས7-3 མཉེན་ཆས"སྒྲ་བརྙན"

སྤྱོད་མཁན་གྱིས་གཡས་སྐྱེང་ཟུར་གྱི་རིས་རྟགས་བཀོལ་ནས་མཉེན་ཆས་ལ་ཡིག་ཆ་ཁ་ཕྱེ་བ་དང་སྒྲིག་འགོད་སོགས་ཀྱི་བཀོལ་སྤྱོད་བྱ་ཚོག དཔེ་རིས7-4ལྟ་བུ།

དཔེ་རིས7-4 གཏོང་ཐབས་སྒྲིག་འགོད།

7.1.4 བརྙན་མིག

"བརྙན་མིག"ནི་འདྲ་པར་ལེན་པ་དང་། བརྙན་ཕབ་བྱེད་པར་སྤྱོད་པ་མ་ཟད། མགོ་ཡུ་འཁོར་བ་དང་གུག་པའི་རིགས་ཀྱི་མཐོང་འཕྲས་ནུས་ཁ་སྟོན་སོགས་བྱ་བྱེད་ཡིན། དཔེ་རིས7-5ལྟ་བུ།

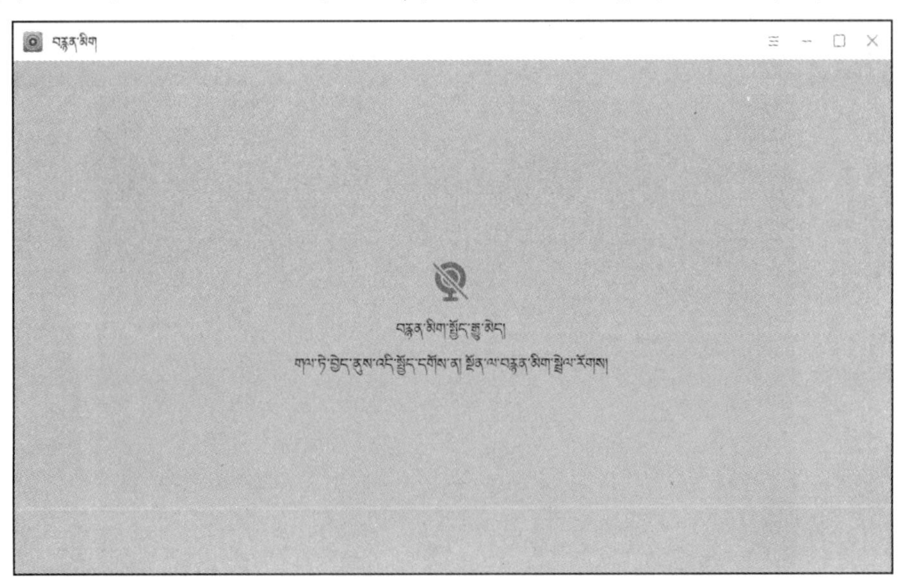

དཔེ་རིས7-5 བརྙན་མིག

7.2 བརྙན་རིས་མཉེན་ཆས

7.2.1 རིས་འབྲི།

“རིས་འབྲི”ནི་སྟབས་བདེའི་རི་མོ་འབྲི་བའི་བྱ་རིམ་ཞིག་ཡིན་ཞིང་། དེ་ནི་བཀོལ་སྤྱོད་རྒྱུད་ཁོངས་ཀྱི་ཐོན་བསྒྲིགས་མཉེན་ཆས་ཤིག་ཡིན།“རིས་འབྲི”བྱ་རིམ་ནི་གནས་རིས་རྩོམ་སྒྲིག་ཆས་ཤིག་ཡིན་ཞིང་། རྣམ་གཞག་སྣ་ཚོགས་ཀྱི་གནས་རིས་རི་མོར་རྩོམ་སྒྲིག་བྱ་ཆོག་པ་དང་། སྤྱོད་མཁན་རང་ཉིད་ཀྱིས་རི་མོ་འབྲི་ཆོག་ལ། བཤར་འབེབས་བྱས་པའི་པར་རིས་ལ་རྩོམ་སྒྲིག་བཟོ་བཅོས་ཀྱང་བྱ་ཆོག རྩོམ་སྒྲིག་བྱས་རྗེསBMPདང་། JPG GIFསོགས་ཀྱི་རྣམ་གཞག་ཐོག་ནས་ཡིག་ཚགས་སུ་ཉར་ཆོག དཔེ་རིས7-6ལྟ་བུ།

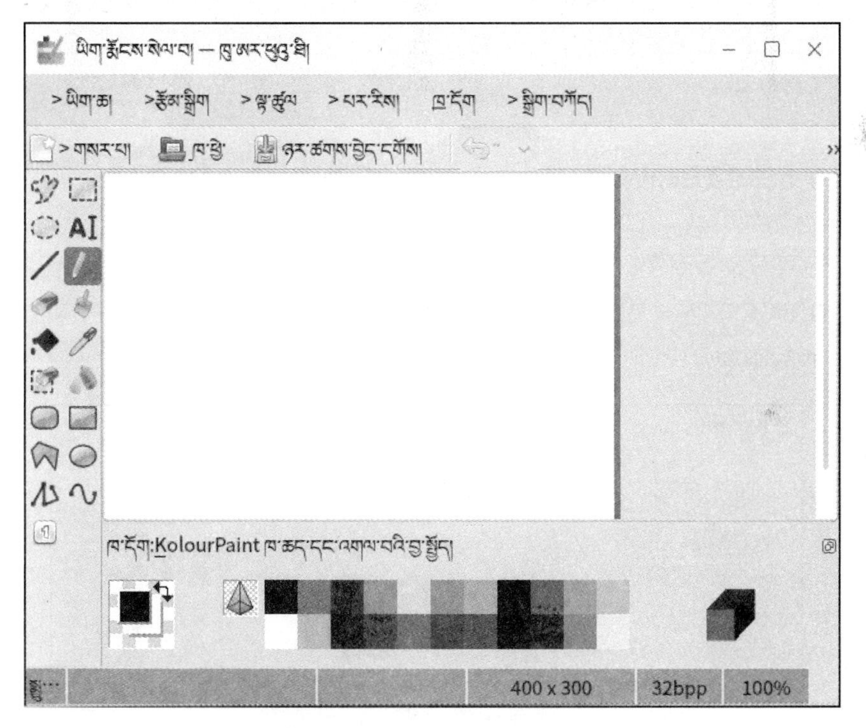

དཔེ་རིས7-6 མཉེན་ཆས“རིས་འབྲི”

7.2.2 རིས་ལྟ།

“རིས་ལྟ(པར་རིས)”ཡིས་རྣམ་གཞག་འདྲ་མིན་སྣ་ཚོགས་ཀྱི་རི་མོ་ཁ་ཕྱེ་ཐུབ་ཅིང་། རི་མོ་ཆེ་རུ་གཏོང་བ་དང་། སྒྲོན་བརྙན་གྱིས་རི་མོ་མངོན་པ། ཡོལ་བཀང་། བསྡུས་རིས་སོགས་ལ་རྒྱབ་སྐྱོར་བྱ་ཐུབ། དཔེ་རིས7-7ལྟ་བུ།

དཔེ་རིས7-7　མཉེན་ཆས“རིས་ལྟ”

7.2.3　བཤར་འབེབས།

“བཤར་འབེབས”ནི་སྟབས་བདེ་བའི་ཡིག་ཆ་བཤར་འབེབས་ཀྱི་ལག་ཆ་ཞིག་ཡིན་ཞིང་། དེས་ཡིག་ཆ་བཤར་འབེབས་དང་། དྲས་གཅོད། སྐོར་བ། ཡང་བསྐྱར་རིམ་སྒྲིག་སོགས་ཀྱི་རྩོལ་ནུས་མགོ་འདོན་བྱས་ཡོད། དཔེ་རིས7-8ལྟ་བུ།

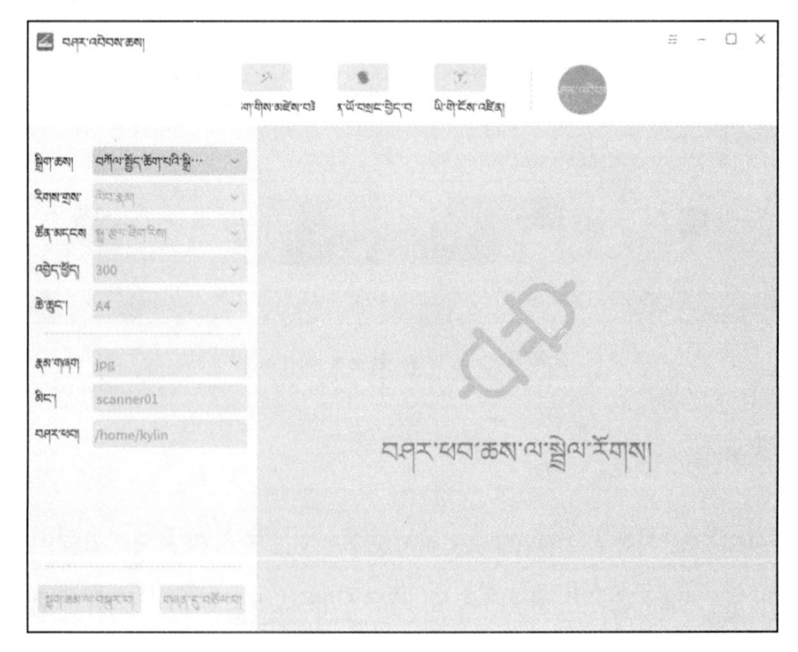

དཔེ་རིས7-8　བཤར་འབེབས།

7.2.4 རིས་གཅོད།

"རིས་གཅོད"ཡིས་ཅོག་ངོས་རྩིལ་པོ་དང་། མིག་སྔའི་སྒེའུ་ཁུང་ངམ་ཡང་ན་བཅད་ལེན་བྱེད་པའི་ཁུལ་ཁོངས་འཛིན་ཐུབ་ལ། དུས་འགྱངས་བཅད་རིས་ལའང་སྒྲིག་འགོད་བྱ་ཐུབ། དཔེ་རིས7-9ལྟ་བུ།

དཔེ་རིས7-9　རིས་གཅོད།

7.3 ཡིག་ཚགས་དོ་དམ་ཆས།

"ཡིག་ཚགས་དོ་དམ་ཆས"ནི་ཡིག་ཆ་སྡུད་སྒྲིལ་དང་སྐྱམ་འགྲོལ་ལ་སྤྱོད་པ་ཡིན། གཙོ་བོའི་འཆར་ངོས་དཔེ་རིས7-10ལྟ་བུ།

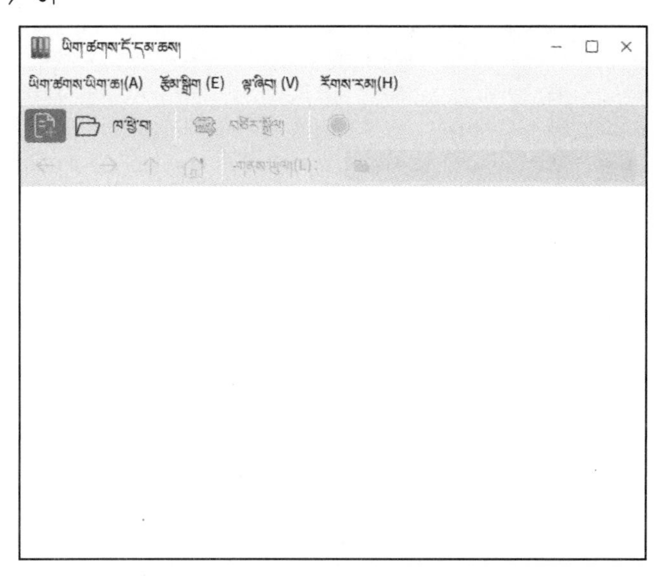

དཔེ་རིས7-10　ཡིག་ཚགས་དོ་དམ་ཆས།

7.4 རྒྱུད་ཁོངས་ཀྱི་ལག་ཆ།

7.4.1 བགོས་ཁུལ་རྩོམ་སྒྲིག་ཆས།

"བགོས་ཁུལ་རྩོམ་སྒྲིག་ཆས"ཡིས་རང་སའི་རྩིས་འཁོར་གྱི་གསོག་འཇོག་སྒྲིག་ཆས་ཚང་མར(དཔེར་ན། རང་སའི་སྲ་སྡེར་དང་། སྒོ་ཐུང་སྲ་སྡེར། Uསྡེར་སོགས)ལྟ་ཞིབ་དང་རྩོམ་སྒྲིག་བྱ་ཆོག(བགོས་ཁུལ་གསར་པ་བཟོ་བ་དང་། བགོས་ཁུལ་སུབ་པ། རྣམ་བཞག་ཅན་དུ་བསྒྱུར་བ་སོགས་སྟུད་སྡེར་དང་འབྲེལ་བའི་བཀོལ་སྤྱོད་ལ་སྤྱོད་པ།) དཔེ་རིས7-11ལྟར། གཡས་སྟེང་ཟུར་གྱིས་མིག་སྔའི་སྲ་སྡེར་མཚོན་པ་དང་། མར་འགྲེམས་གདམ་བྱང་གིས་རྒྱུད་ཁོངས་ཀྱི་སྟུད་སྡེར་ཡོད་ཚད་བལྟ་ཐུབ། སྟུད་སྡེར་བགོས་ཁུལ་ནང་གི་ཚོན་ཁྲ་ལེབ་མོས་བགོས་ཁུལ་སོ་སོའི་ཆེ་ཆུང་མཚོན་པ་དང་། གཤམ་གྱི་རེའུ་མིག་བགོས་ཁུལ་མིང་དང་ལྟོས་པ་ཡིན། རེའུ་མིག་ཁུལ་དུ་བགོས་ཁུལ་མི་འདྲ་བའི་ཞིབ་ཕྲའི་ཆ་འཕྲིན་བསྟན་ཡོད། དཔེར་ན། བགོས་ཁུལ་གྱི་མིང་དང་། འདེགས་གནས་སོགས་བསྟན་པ་ལྟ་བུ་ཡིན།

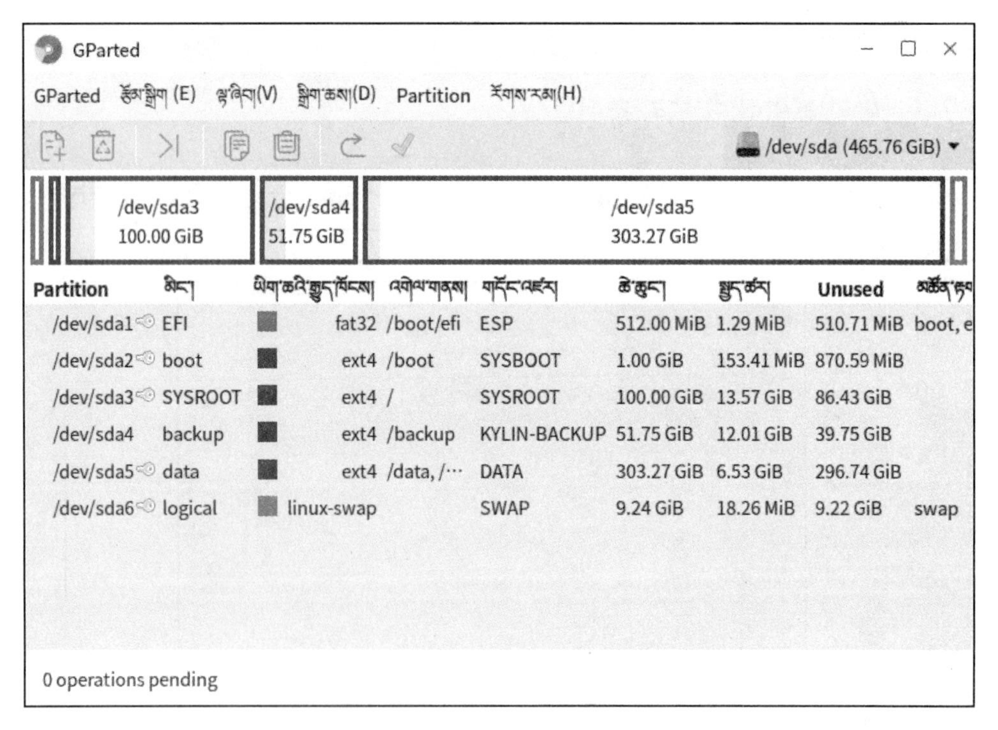

དཔེ་རིས7-11 བགོས་ཁུལ་རྩོམ་སྒྲིག་ཆས།

བགོས་ཁུལ་རྩོམ་སྒྲིག་ཆས་ཀྱི་ལག་ཆའི་གསལ་བཤད་རེའུ་མིག7-1ལྟར།

རེའུ་མིག7-1 བསྐོས་ཁུལ་རྩོམ་སྒྲིག་ཆས་ཀྱི་ལག་ཆའི་གསལ་བཤད།

རིས་རྟགས།	རྩོལ་ནུས་ཀྱི་གསལ་བཤད།	རིས་རྟགས།	རྩོལ་ནུས་ཀྱི་གསལ་བཤད།
	བདམས་པའི་བགོས་མེད་པའི་བར་སྟོང་ནང་དུ་བགོས་ཁུལ་གསར་པ་ཞིག་བཟོ་བ།		སྦྱར་པང་ནས་བགོས་ཁུལ་སྦྱར་བ།
	བདམས་པའི་བགོས་ཁུལ་སུབ་པ།		གོང་གི་བཀོལ་སྤྱོད་ཕྱིར་འཐེན་པ།
	ཆེ་ཆུང་ལེགས་སྒྲིག/བདམས་པའི་བགོས་ཁུལ་སྒྱུ་བ།		བཀོལ་སྤྱོད་ཚང་མར་སྤྱོད་པ།
	བདམས་པའི་བགོས་ཁུལ་སྦྱར་པང་དུ་འདྲ་ཕབ་བྱེད་པ།	/dev/sda (465.76 GiB)	མིག་སྔའི་སྒྲིག་ཆས་ཀྱི་ཆ་འཕྲིན།

7.4.2 རྒྱུད་ཁོངས་སོ་ལྟ་ཆས།

"རྒྱུད་ཁོངས་(མ་ལག)སོ་ལྟ་ཆས"ནི་འཕེལ་རིམ་དང་། ཐོན་ཁུངས། ཡིག་ཆའི་རྒྱུད་ཁོངས་ལ་ལྟ་བའི་རིས་དབྱིབས་ཅན་གྱི་ལག་ཆ་ཞིག་ཡིན། འགྲུལ་རྣམ་གྱིས་རྒྱུད་ཁོངས་བེད་སྤྱོད་ཚུལ་ལ་ལྟ་བ་ཡིན། དཔེ་རིས7-12ལྟ་བུ།

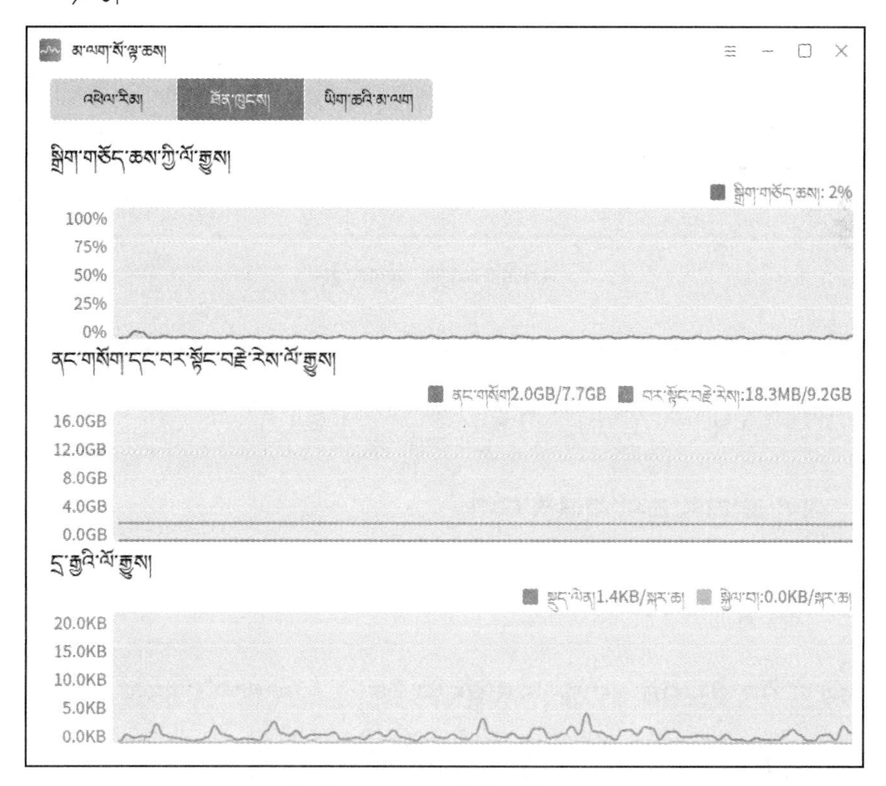

དཔེ་རིས7-12 རྒྱུད་ཁོངས་སོ་ལྟ་ཆས།

7.4.3 མཐའ་སྣེ།

"མཐའ་སྣེ"ཡིས་རིས་དབྱིབས་འཆར་ངོས་འོག་ཡིག་རྟགས་རྒྱུད་ཁོངས་ཀྱི་སྣེའུ་ཁུང་མཚོན་འདོན་བྱས་ཡོད། ཅོག་ངོས་ཀྱི་ཁོར་ཡུག་འོག་མཐའ་སྣེའི་བྱ་རིམ་བེད་སྤྱོད་ནས་སྲོལ་རྒྱུན་གྱི་བཀའ་བརྡའི་བཀོལ་སྤྱོད་ཀྱི་འཆར་ངོས་སུ་ཞུགས་ཆོག དཔེ་རིས7-13ལྟ་བུ།

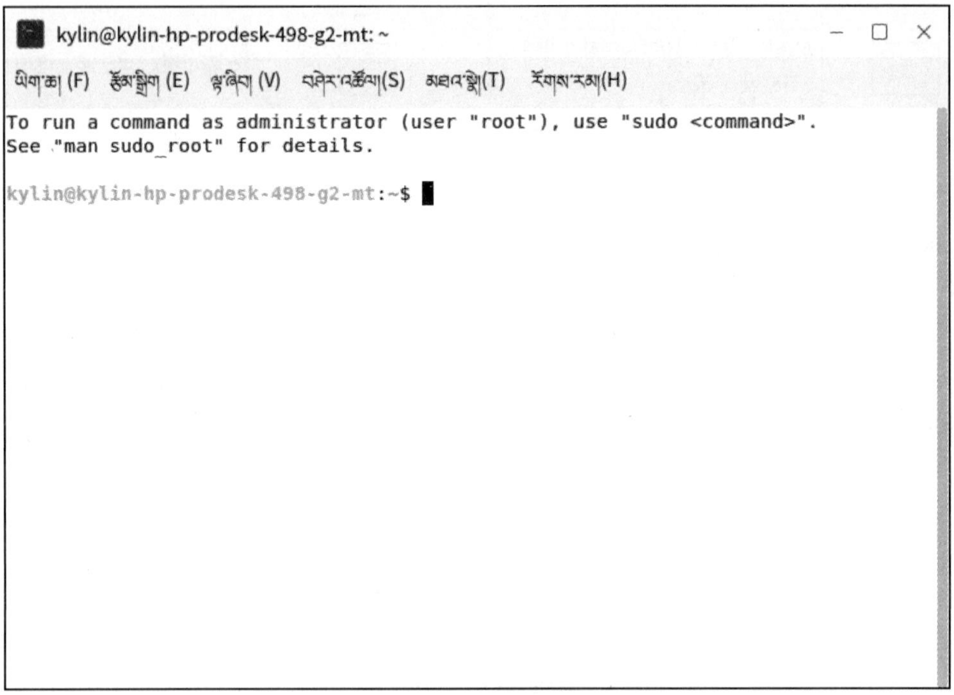

```
kylin@kylin-hp-prodesk-498-g2-mt: ~
ཡིག་ཆ། (F)  རྩོམ་སྒྲིག (E)  ལྟ་ཞིབ། (V)  བཤེར་འཚོལ།(S)  མཐའ་སྣེ།(T)  རོགས་རམ།(H)
To run a command as administrator (user "root"), use "sudo <command>".
See "man sudo_root" for details.

kylin@kylin-hp-prodesk-498-g2-mt:~$
```

དཔེ་རིས7-13　མཐའ་སྣེ།

གལ་ཏེ་མཐའ་སྣེའི་བྱ་རིམ་ལས་ཕྱིར་འབུད་དགོས་ན། མཐེབ་གནོན"ཁ་རྒྱབས"མནན་པའམ་བཀའ་བརྡ"exit"བེད་སྤྱོད་པ་དང་། ཡང་ན་མྱུར་མཐེབCrl+Dསྤྱོད་དགོས།

7.5 ལག་ཆ་ཆུང་ཆུང་གཞན་དག

7.5.1 འོད་སྡེར་ཐབ་ཆས།

"རྐོ་ཐབ"དེ་འོད་སྡེར་བརྐོ་ཐབ་བྱེད་པར་སྤྱོད་པ་ཡིན། དེ་ལ་གཞི་གྲངས་བརྐོ་ཐབ་དང་ཤེལ་བརྙན་བརྐོ་ཐབ་ཀྱི་རྣམ་པ་གཉིས་ཚུད་ཡོད། དེ་ཡིས་འོད་སྡེར་བརྐོ་ཐབ་དང་། འོད་སྡེར་སུབ་པ། འོད་སྡེར་གྱི་ཆ་ཚང་རང་བཞིན་ལ་ཞིབ་བཤེར་སོགས་ཀྱི་ནུས་པ་མཚོན་འདོན་བྱས་ཡོད། དཔེ་རིས7-14ལྟ་བུ།

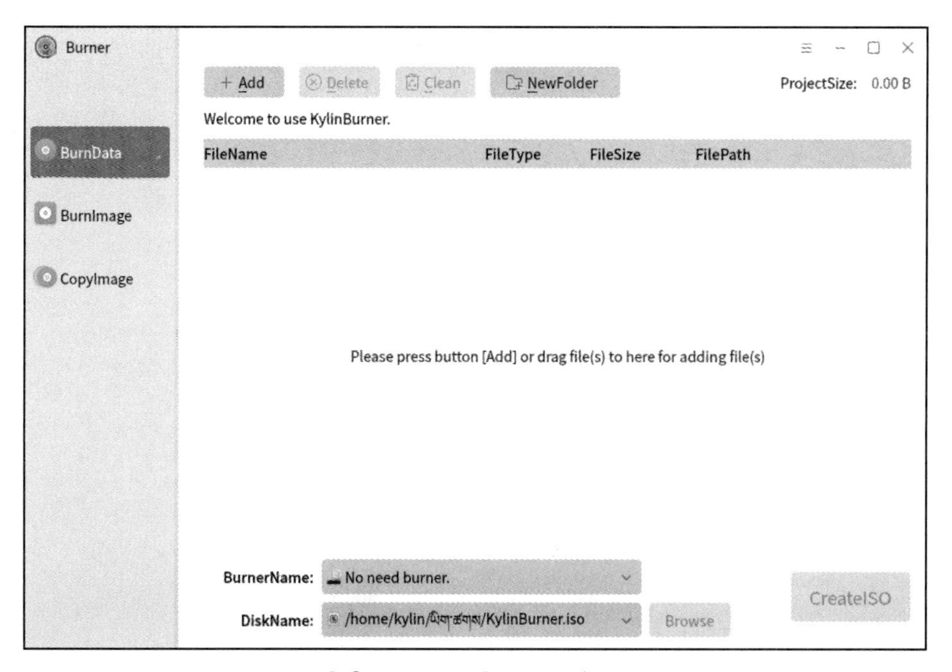

དཔེ་རིས7-14 མཉེན་ཆས"སྲེ་ཐབ"

༡ གཞི་གྲངས་བསྲེ་ཐབ་ཀྱི་འཆར་ངོས།

འཆར་ངོས་འདིར་ཁ་སྣོན་དང་། སུབ་པ། རྣམ་གྲངས་གཙང་སེལ། ཡིག་ཁུག་གསར་བཟོ་བཅས་མཐེབ་གནོན་བཞི་མགོ་སྤྲོད་བྱས་ཡོད།

འཆར་ངོས་ཐོག་ཁ་སྣོན་བྱས་པའི་ཡིག་ཆའི་མིང་དང་། བརྒྱུད་ལམ། ཆེ་ཆུང་། ཞིབ་བརྗོད་བཅས་མངོན་པ་དང་། གཤམ་འོག་ཏུ་འོད་སྡེར་གྱི་རིགས་གྲས་དང་། འོད་སྡེར་གྱི་ཆེ་ཆུང་། རྣམ་གྲངས་ཚོད་རྩིས་ཀྱི་ཆེ་ཆུང་བཅས་མངོན་ཡོད། གལ་ཏེ་ཤེལ་བརྙན་ཡིག་ཆ་འགྲུབ་དགོས་ན། འགྲུབ་པའི་ཤེལ་བརྙན་ཡིག་ཆ་ཡང་མངོན་པ་ཡིན།

༢ ཤེལ་བརྙན་བསྲེ་ཐབ་འཆར་ངོས།

འཆར་ངོས་འདིར་ཤེལ་བརྙན་ཡིག་ཆ་དང་འོད་སྡེར་གདམ་དགོས། རྒྱུད་ཁོངས་ཀྱིས་སྡེར་མ་ངོས་བཟུང་རྗེས། རང་འགུལ་གྱིས་བདམས་པའི་རེའུ་སྙོམ་ནང་དུ་འཆར་སྲིད།

7.5.2 རྩིས་ཆས།

"རྩིས་ཆས"ལ་རྒྱང་གཞི་དང་། མཐོ་རིམ། ནོར་དོན། བྱ་རིམ་སྒྲིག་པ་བཅས་རྣམ་པ་བཞི་ཡི་རྩིས་ཆས་འདུས་ཡོད། དཔེ་རིས7-15ལྟ་བུ།

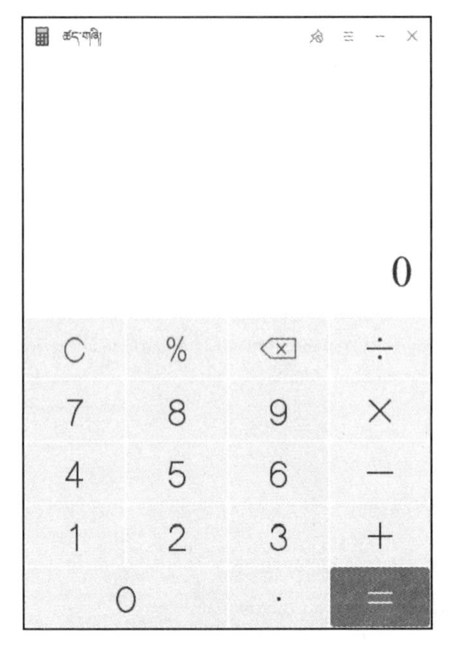

དཔེ་རིས7-15 རྩིས་ཆས།

7.5.3 བརྙན་ཡོལ་མཐེབ་གཞོང་།

“བརྙན་ཡོལ་མཐེབ་གཞོང”ནི་བརྙན་ཡོལ་སྟེང་མཐེབ་གཞོང་མངོན་ནས་མཐེབ་གཞོང་ནང་འཇུག་གི་རྩོལ་ནུས་མཐོ་འདོན་བྱས་པ་དེ་ཡིན། དཔེ་རིས7-16ལྟ་བུ།

དཔེ་རིས7-16 བརྙན་ཡོལ་མཐེབ་གཞོང་།

参考文献

ཕྱོགས་གཞིའི་དཔེ་ཆ།

[1] 麒麟软件有限公司. 银行麒麟桌面操作系统 V10 用户手册，2021.

[2] ཀྲུང་ཧྭ་མི་དམངས་སྤྱི་མཐུན་རྒྱལ་ཁབ་ཀྱི་རྒྱལ་ཁབ་ཚད་གཞི《ཆ་འཕྲིན་ལག་རྩལ། བོད་ཡིག་ཐ་སྙད》(GB/T 32391—2015) ལེ་ཚན། ཀྲུང་གོའི་རྒྱལ་ཁབ་ཚད་གཞི་དོ་དམ་ཨུ་ཡོན་ལྷན་ཁང་།༢༠༡༥ལོའི་ཟླ༡༢་པའི་ཚེས་༣༡ཉིན་བཀྲམ། ༢༠༡༧ལོའི་ཟླ༡བོའི་ཚེས༡ཉིན་ནས་སྤྱོད།

[3] བཀྲ་ཤིས་ཚེ་རིང་སོགས། བོད་རྒྱ་དབྱིན་གསུམ་ཆ་འཕྲིན་ལག་རྩལ་གྱི་ཚིག་མཛོད། ལེ་ཚན། ཀྲུང་གོའི་བོད་རིག་པ་དཔེ་སྐྲུན་ཁང་། ༢༠༠༧ལོའི་ཟླ༧པར་པར་གཞི་དང་པོ་བསྒྲིགས། ༢༠༠༧ལོའི་ཟླ༧པར་པར་ཐེངས་དང་པོ་བཏབ།

[4] སྔོངས་ཞིང་ལྔའི་བོད་རིགས་སློབ་གསོ་མཉམ་ལས་མགོ་ཁྲིད་ཚན་ཆུང་གི་གཞུང་ལས་ཁང་། རྒྱ་བོད་དབྱིན་གསུམ་ཤན་སྦྱར་རང་བྱུང་ཚན་རིག་མིང་བརྡའི་དཔེ་ཚོགས------རྩིས་འཁོར། ཁྲིན་ཏུའུ། སི་ཁྲོན་མི་རིགས་དཔེ་སྐྲུན་ཁང་གིས་པར་བསྐྲུན་བྱེད་ཐུས་ཡིན།